黄河三角洲生态护岸
和生境替代修复技术

◎ 夏江宝　屈凡柱　陆兆华　等　著

中国农业科学技术出版社

图书在版编目（CIP）数据

黄河三角洲生态护岸和生境替代修复技术 / 夏江宝等著．--北京：中国农业科学技术出版社，2022.11
ISBN 978-7-5116-5938-5

Ⅰ．①黄…　Ⅱ．①夏…　Ⅲ．①黄河-三角洲-护岸-研究②黄河-三角洲-沼泽化地-生态恢复-研究　Ⅳ．①TV882.1②P942.520.78

中国版本图书馆 CIP 数据核字（2022）第 177883 号

责任编辑　张国锋
责任校对　王　彦
责任印制　姜义伟　王思文

出 版 者　中国农业科学技术出版社
　　　　　　北京市中关村南大街 12 号　　邮编：100081
电　　话　(010) 82106625（编辑室）　　(010) 82109702（发行部）
　　　　　　(010) 82109709（读者服务部）
网　　址　https://castp.caas.cn
经 销 者　各地新华书店
印 刷 者　北京建宏印刷有限公司
开　　本　170 mm×240 mm　1/16
印　　张　21
字　　数　378 千字
版　　次　2022 年 11 月第 1 版　2022 年 11 月第 1 次印刷
定　　价　98.00 元

《黄河三角洲生态护岸和生境替代修复技术》
著者名单

夏江宝　　屈凡柱　　陆兆华　　王栋民

杨红军　　崔　倩　　孙　睿　　冯　璐

张　雷　　董聿森　　刘京涛　　孙景宽

白军红　　刘　萍

内容提要

黄河三角洲滨海湿地是我国暖温带最完整、最广阔、最年轻的湿地生态系统，同时也是世界上土地面积增长最快的地区之一、海陆变迁及海-陆生态过程最活跃的地区之一。黄河三角洲滨海区域是作为开展海陆交互作用科学研究的前沿地带。由于全球变暖、海平面上升、区域人类开发活动加剧，黄河三角洲生态和环境面临着区域河口海岸侵蚀加剧、滨海湿地生态系统退化等问题，其生境独特性、生态环境脆弱性也日益受到科研人员的重视。对黄河三角洲开展生态护岸和生境替代修复技术研究，将能为该区自然生态系统的保育和修复及可持续利用提供科学的指导和有力的决策支撑。

《黄河三角洲生态护岸和生境替代修复技术》一书基于黄河三角洲河岸与生态系统生态问题的现状，介绍了生境改善生态修复技术、护岸材料制备与性能研究、受损水体生境修复的功能化多级纳米复合材料研发、河口海岸生态护岸梯级结构设计、栖息地重建效果模拟研究。这些研究成果具有一定的科学意义和应用价值。该书的出版发行将丰富黄河三角洲的生态护岸和生境替代修复技术的成果，并为黄河三角洲乃至全国其他河口三角洲的生态系统的管理、保护与可持续发展提供参考和借鉴。

前　言

黄河是中华文明发源地之一。黄河作为我国第二大河流，中上游以山地为主，中段流经黄土高原地区，携带大量泥沙，泥沙在以平原为主的中下游大量堆积，河床不断抬高，水位相应上升。因此，黄河下游成为世界著名的"悬河"。作为我国三大河口三角洲之一的黄河三角洲，拥有我国暖温带地区，同时也拥有世界上暖温带最年轻、最广阔、保存最完整的湿地生态系统，于2013年被列为《国际重要湿地名录》。黄河三角洲地势平坦，潮间带广阔，潮滩分布广泛。在滨海区域，潮滩是海陆交互作用的前沿地带，黄河支流与周边河道是潮滩与外界海域进行物质、能量、信息交换的重要通道，同时也是水分、盐分输送的主要通道。

围绕典型河口湿地脆弱生态修复、保护研究与可持续利用问题，国家科学技术部21世纪议程管理中心于2017年启动了"我国北方典型河口湿地生态修复与产业化技术"项目，本书是在项目课题四"河口湿地生态护岸与生境替代绿色修复材料及装备"研究工作的基础上进一步总结归纳深化完成的。在课题开展的4年时间里，课题组进行了大量卓有成效的研究，取得了丰硕的成果。而今，从大量的相关成果中筛选出比较成熟、完善且逻辑关系较为紧密的部分成果，并作了相关补充，遂成此书。

本书由夏江宝、屈凡柱、杨红军、崔倩等组织撰写和统稿。全书共七章，其中第一章为绪论；第二章至第五章介绍了黄河三角洲基本概况，并介绍了与该区域相关的生境修复技术、生态护岸材料、生境修复材料；第六章介绍了河口海岸浅水位、潮间带和潮上带生态护岸梯级结构设计与整体构型；第七章模拟了河口海岸生态护岸栖息地重建效果。各章的主要内容和作者分工如下。

第一章：总结了河口海岸的生态环境问题，概括了生态护岸与生境修复技术的研究现状，由夏江宝、董聿森、陆兆华、白军红撰写。

第二章：通过相关研究，展示了黄河三角洲潮沟分布与植被盖度、地下水位对土壤种子库的影响、土壤结皮对维管植物建植的影响，以及植物对土壤重金属污染的响应及富集规律等涉及黄河三角洲河道与生境的基本概况。由刘露雨、栗云召、冯璐、杨红军、屈凡柱撰写。

第三章：基于黄河三角洲区域生物质炭和 EM 菌对盐土植物生长和土壤质量的影响研究，进行了河口湿地生境改善生态修复技术研究，提出了滨海滩涂灌草种子捕获及促芽生长构建技术，与基于种子捕获-微生境土壤改良的滨海盐碱裸地修复等技术。由崔倩、夏江宝、刘萍、屈凡柱撰写。

第四章：针对应用于河道浅水位护岸结构的水泥混凝土，重点研究了长龄期浸泡下，氯盐-硫酸盐溶液对胶凝材料的腐蚀破坏机理以及离子传输规律，对应用于护岸材料的混凝土使用寿命的预测提供更加准确的理论依据；同时运用多种微观测试手段，对硫酸盐-氯盐侵蚀后的腐蚀产物进行分析，与宏观测试结果进行对照，从微观分析上解释宏观性能的变化，并对侵蚀机理进行一定的解释。追踪通过改进体积法制备了适合河道浅水区使用的生态护岸多孔混凝土材料。由张雷、王栋民、夏江宝撰写。

第五章：通过界面诱导自组装方法合成了介孔磁性磷钼酸铵多面体复合材料（mag-AMP，AMP/Fe_3O_4），利用 SEM、TEM、XRD、XPS、FTIR、TGA 等各种物理化学手段表征了复合材料的结构。结合环境污水处理和新材料领域中的磁性（mag）分离和宏观材料界面介导原位生长纳米晶的思想，构筑了易回收的 $A/Fe_3O_4/GO$（AFG）磁性纳米复合材料，同时将 Fe_3O_4 纳米粒子（Fe_3O_4 NPs）锚定在 GO 表面，制备的 PB/Fe_3O_4 和 $PB/Fe_3O_4/GO$ 两种磁性纳米复合材料和适合装柱操作的笼装纳米粒子（PB/Fe_3O_4 或 $PB/Fe_3O_4/GO$）的海藻酸钙微球（PFM 或 PFGM）；将它们用于水体和土壤中放射性铯的去除。由杨红军、夏江宝、屈凡柱撰写。

第六章：基于生态护岸梯级结构设计原则，针对浅水位、潮间带栖息地重建目标构造了适用于浅水位与潮间带的新型空腔半硬质护岸梯级结构；基于极限平衡理论，考虑岸坡的滑动稳定性，对河口海岸潮上带岸坡做了生态护岸稳定性分析；并对生态护岸梯级结构整体构型进行了相关研究。由董聿森、陆兆华、夏江宝、屈凡柱撰写。

第七章：通过相关的水力学模型和生物栖息地模型，对新型多孔质生态护岸块体铺设效果进行模拟，模拟分析了河口海岸生态护岸栖息地的水体流态及栖息地面积变化，依据栖息地面积预测模型的模拟结果，通过一种模拟重建效果量化解析模型，模拟鱼群个体数量对生态护岸梯级结构建立的响应情况，为生态护岸结构的构建提供指导性意见。由董聿森、陆兆华、夏江宝、屈凡柱撰写。

感谢国家科学技术部 21 世纪议程管理中心"我国北方典型河口湿地生态

修复与产业化技术"项目的经费支持和项目首席科学家白军红教授的指导、支持与帮助，感谢中国矿业大学陆兆华教授、王栋民教授和滨州学院孙景宽教授等对课题研究及本书撰写所给予的帮助和建议。感谢参加本书撰写的全体老师和研究生，感谢中国农业科学技术出版社编辑们的大力支持和帮助。限于作者水平，本书尚存一定的不足，真诚希望各位读者给予指正。

夏江宝

2022 年 8 月

目　　录

第一章 绪论

第一节 河口海岸的生态环境问题

一、河口海岸的定义

河口海岸是海相与陆相之间的过渡地带，是陆地与海洋的分界线。其海相一侧的边界是大陆架的边缘，而陆相一侧的边界是海洋因素（如：风暴潮、海雾、海冰和海啸等）所能影响到陆地的极限距离（高抒，2019）。河口海岸分为潮下带浅水位（以下称为浅水位）、潮间带及潮上带三区域，如图 1-1 所示。浅水位指平均低潮线以下、浪蚀基面以上的浅水区域。在这一浅水区域有着充足的阳光辐射和氧气补充、频繁的波浪活动和陆棚提供的丰富养分等条件所支撑的繁复的生态过程，故有大量的鱼类、底栖动物和藻类繁殖栖息（地质部地质辞典办公室，1981）。潮间带是平均高潮位线和平均低潮位线之间的区域，可以是一条狭长的带状生态系统（如一些太平洋岛屿：关岛和塔希提岛等），也可以是一条包含浅滩斜坡和潮汐间相互作用的宽阔区域。潮间带是生态学研究中的一个重要的模型系统，该区域的物种有高度多样性，潮汐将生物的栖息地压缩在一个相对狭窄的带状干湿循环区内，这使得研究物种习性变得相对简单。在研究动辄绵延几千千米的陆地生物栖息地时，一个观测周期可能会花费研究者数十年的时间，而由于较高强度和较频繁的扰动，潮间带的生物群落有着很高的周转率，因此，可以很容易地观测到群落和生态系统在数年间的变化（Dugan et al., 2013）。由于潮间带在浸没于海水里和暴露在空气中这两种状态间循环，该区域的生物要适应生境干燥和潮湿循环的条件，这可能给他们带来很多危险，如波涛汹涌的波浪和高温干燥的海风，因此区域典型的底栖生物，如腹足动物、软体动物和甲壳动物，会在淤泥质海岸的泥穴中或岩石海岸的石缝中寻求庇护。潮上带是指位于最大涨潮线与平均高潮线之间的一个宽大的区域，垂直海岸线方向可以延伸数十至数百千米。正常潮汐作用无法

·1·

到达该区域，但在风暴潮发生时，极高潮灾位可以影响区域环境（Dugan et al.，2013）。该区域土壤盐分含量较高、不同位点间盐分含量差异性较强、地下水埋深较浅，形成了具有独特生态型的植被群落（马克伟，1991；Aber et al.，2012）。

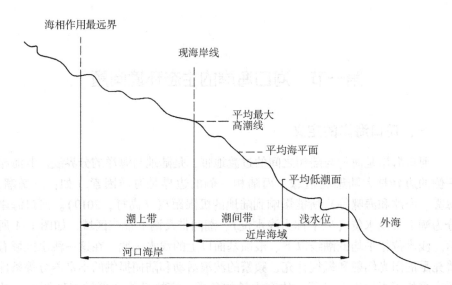

图 1-1　河口海岸结构示意

二、黄河口海岸的简介

　　黄河口地处东营市垦利区境内，北临渤海湾、东靠莱州湾，与辽东半岛隔海相望，位于现代黄河三角洲内、黄河口镇附近，同时也是我国国土唯一的"增长点"。该区域属温带大陆季风性气候，四季分明，光照充足，雨热同期。河口三角洲是由黄河挟带泥沙向海淤进造陆而成，是河流冲积物覆盖海相的二元复合结构，具有陆相三角洲和波浪三角洲二相性（王万战和张华兴，2007）。由于黄河含沙量大、近河口区流速缓慢、受水海域水深较浅，巨量的黄河冲积物在河口区淤积、填海造陆，使得河口海蚀基面不断抬升，河道坡降变缓，泄洪及排沙能力变差。当淤积到一定程度便会发生下游河道改道，入海口会发生改变。河口区流路按照淤积—抬高—摆动—改道规律不断发生变化，海岸线不断向海推进（张林，2016）。黄河口海岸遍布由黄河决口、改道形成的地貌地形，分布着类似沙土、黏土等不同土质结构和盐碱化程度不同的各类盐渍化土壤（吕海燕，2005）。现代黄河三角洲，河口海岸生境独特，有丰富的泥沙输入和强烈的潮汐作用，属淤泥质堆积海岸，发育成为宽广平缓的低海拔、冲积型三角洲海岸平原。黄河三角洲新的堆积区不断形成以及老的堆积区被反复淤淀造成三角洲平原宏观上平整，而微地貌复杂的地貌特征（中共山东省委党史研究室，2015）。人类活动使得区域内作为地表物质循环与能量流动、地表产流和地下水活动的主要控制因子的微地貌地形发生了翻天覆地的变化（姚志刚等，1996）。

黄河口海岸是典型的三角洲河口海岸，黄河从上游带来的丰富泥沙和营养盐沉积于河口海岸区，形成了面积很大的冲积扇，渐渐发育为三角洲。黄河口三角洲属于波能低、潮差大、沿岸流弱、滨外坡度小的弱潮河口三角洲，黄河带来淤积于海岸的泥沙不易被近岸流带走。区域不仅存在坡度较大且被淤泥淤积改变冰后期海蚀溺谷形态的海岸，同时也存在与海岸垂直的坡度极缓指状发育的沙洲（Wright & Coleman，1972）。河口海岸受上游水资源不合理利用等人为因素和潮汐、风浪和突发灾害等自然因素影响，表现为河口海岸岸线蚀退和生物栖息地碎片化等生态环境胁迫状态（Cai et al.，2009；Zhao et al.，2011；Stephenson et al.，2013）。河口滩涂的浪蚀基面不同于河口海岸，其整个潮坪体系坡度极缓，垂直海岸线方向包括完整的浅水位、潮间带、小部分或不含潮上带。由于有着较高的潮差和极为平缓的潮坪，河口滩涂浪蚀基面在水平面的投影可向海延伸极长的距离（李从先等，1995）。

黄河三角洲新生的陆相生态系统是海陆变迁及海-陆生态过程最活跃的地区，其生境独特，生态环境脆弱，但又对海-陆生态系统平衡有极其重要的作用（丁晨曦，2011）。该区域独特的地理条件造就了其特殊的生态系统结构，并发挥着重要的物质循环、能量流动和信息交流功能，在维持生态系统稳定方面有着重要意义（Gedan et al.，2011）。河口海岸为鱼类提供了重要的栖息地，尤其是高度依赖河口海岸的洄游性鱼类（Thorman et al.，1986）。如今，河口三角洲区域已被划入黄河三角洲国家级湿地自然保护区进行保护。

三、黄河口海岸面临的生态环境问题

随着我国滨海地区不断增长的人口压力和高速发展的经济水平，区域人类与自然的冲突不断加剧。人类为了生存和社会、经济发展的需要，通过围海造陆的方式大肆拓展生存和发展的空间；通过围堤、固岸等方式削弱潮汐作用对河口海岸的侵扰维持下垫面的稳定（马田田等，2015；Mackinnon et al.，2012）。诚然，这些人类主导的改造自然的实践活动对经济发展起着决定性作用，但同时也会导致区域生态环境的结构和功能发生剧变，表现出生物多样性的栖息地丧失、河口海岸生境斑块破碎化以及区域水文、生物和信息连通性消殆等胁迫状态（Bulleri et al.，2010）。由于区域管理的无序和发展规划的整体缺失，导致我国河口海岸生态环境的整体退化，生态服务功能不断衰退。更加严重的是，这种生态系统尺度上退化的恢复是需要花费极高的人力和物力，甚至是无法逆转的（He et al.，2014）。随着我国沿海经济飞速发展、人口急速膨胀，河口海岸区域经济社会因素与生态环境因素间的冲突愈加凸显，因此，构建适宜的生态护岸方式，既满足经济发展对海岸稳定的需要，又不损害区域生态环境的利益，对河口海岸生态系统可持续发展尤为重要。

（一）岸线蚀退加剧

黄河口海岸在过去的几十年间一直被认为是我国国土面积的"增长点"，1950—1990年，黄河三角洲的面积以平均每年 22km² 的速度增长。然而，1996年以来，黄河三角洲当年的蚀退面积已大于黄河入海口新增面积，以平均每年 7.2km² 的速度蚀退（张治昊等，2007），其中黄河三角洲北部黄河故道区域侵蚀尤为严重（李光天等，1992）。

黄河口海岸岸线的塑造是海岸淤积推进和侵蚀强度间动态平衡的结果，岸线的变化受自然因素和人为控制因素共同影响（衣伟虹，2011），主要原因可以概括为以下几点。其一，黄河口水沙过程的变异是黄河三角洲淤进减缓甚至出现蚀退现象的根本原因。陆相对海相水沙输入是河口造陆成滩的基础，由于水沙输入量变异，陆相对海相水沙输入量急剧减少，河口海岸造陆速率明显变慢甚至出现负增长（张治昊，2007；Byrnes et al.，1995）。其二，气候也是海岸侵蚀过程的控制因素。黄河口海岸带所处的暖温带半湿润大陆性季风气候为区域带来了丰沛的降水，同时也为径流带来了由地表产流等主导的丰富的水沙补充，作为河口冲淤造陆的物质保证（衣伟虹，2011）。其三，海岸动力作为长时段、大范围的控制影响因素，通过波浪、潮汐等影响潮滩的侵蚀和淤进状况。黄河口海岸线是一条凸出向海的弧线，海岸线外不存在任何岛、礁、洲的保护，海洋能量在河口区积聚，表现为将河流运送的泥沙向海转移，冲散了淤进态未稳的新生岸线，最终导致海岸蚀退（Bagnold，1940）。其四，风暴潮是海洋动力中一个短时、突发因素，风暴潮期间海洋动力突然加强，海岸带在短时间内会发生强侵蚀或大量淤进（徐卢笛等，2019）。风暴潮虽然持续时间短，但高水位续存时间可达 2~3h，海滨地区连续浸没在高涨的水位线下。风暴潮带来的大浪加强了泥沙向海输送动力，输送量可达平常时期的几十倍，一次大的风暴潮对海岸的侵蚀作用可能会超过其他正常时海洋动力对海岸侵蚀作用长达几个月之和（Morton et al.，1995）。此外，风暴潮所带来的强波浪，无论是对海底深处水体还是对海底陆地均有较强的影响，而随之带来的侵蚀剖面常常形成侵蚀性断崖，海岸无法自然恢复到原来状态，使得岸线破坏性后撤且无法恢复（冯增昭，2012）。其五，黄河口海岸带受绝对海平面变化和相对海平面变化影响。其中绝对海平面变化是指由于全球气候变暖所引起的海水热膨胀和冰川融化所带来的海平面上升，而相对海平面变化是指由于河口海岸带局部地质变化引起的地面沉降相对抬高了海平面（Sukhachev et al.，2014）。海平面上升对海岸带的侵蚀作用是长时间尺度的，很难在短期内观察到侵蚀效应。海平面上升对侵蚀作用的影响是使波浪、潮流的影响范围向内陆推进，侵蚀基面扩大，使原本的河口海岸带稳定体系的平衡被打破。在新的海洋动力条件下，构建新的河口海岸带侵蚀-淤进平衡系统，使得侵蚀现象加重。而人类活动是河口海岸带不可忽略的重要影响因素。人类活动不仅在河口海岸通过改变地形地貌影响岸线的自然演变，而且有关流域的水利建设，包括上游截留、用水量增大等，都是河流入海水沙量的显著控制因素。黄河三角洲沿海大力发展养殖业、采油业，建造了大量的鱼池、虾池、盐场和采油建筑，使得地形地貌发生较大的变化（马妍妍，2008）。同时，黄河流域大规模的调水调沙、围海造田，使得黄河口海岸带在一个极短的时间内完成了泥沙入海的迅速堆积（张建华等，2004）。

（二）生物栖息地丧失

栖息地的概念是一定范围内环境和生物因素的总和，这些因素的综合为生物提供成长必需的物质能量条件和躲避天敌、自然灾害的避害条件，生物按照各自的喜爱条件选择栖息地（孙儒泳，2001）。潮下带浅水位最具特色的生物栖息地是海草床和珊瑚礁，黄河口海岸以海草床为主。在热带、温带滨海河口水域中大量连片的海草着根于淤泥质沉积物上，由陆地向海迁移生长便形成了大量海洋生物赖以生存的海草床栖息地，具有极高的生态学价值（黄小平等，2006）。在海草床发育健康的区域内，生活的物种可以超过100种，平均每平方米生物总数可达5万。相反的，不存在海草床的区域生物种数不超过60种，平均每平方米生物个数少于1万。海草床，不仅是河口海岸生物赖以生存的栖息地，同时也是一座巨大的海洋生物基因库。海草床既是河口海岸生物的栖息地，又是整个食物网中的关键一环，同时又能够稳固近海浪蚀基面沉积相与海岸线。大量的底栖生物、浮游生物、鱼类和蟹类等海洋生物在此繁殖栖息，依靠海草床的庇护对抗水体富营养化的不利影响，同时也是海鸟食物的主要来源。海草本身是一种生长在河口海岸淤泥质沉积相上的具根茎植物，可以稳定海岸物理结构，消弱波浪能量，对岸线的巩固和防护起到极为重要的作用（Harlin et al.，1981）。

2003年联合国环境规划署发表了针对沿海地区海草床生态环境的调查报告，报告指出，在过去10年中，共有2.6万km²的海草床生态环境完全消失，占全世界海草床总数的14.7%。主要原因是环境污染和人类不当活动。河口淤进区上游排放的污染物质，包括过量的营养盐和悬浮颗粒物，降低了河口海岸水体阳光投射度，影响海草的光合作用，进而导致整个海草床生态系统受损直至衰落。区域人类围海造田、养殖和过度捕捞均对海草床造成不可逆的物理器质性损伤，是海草床生态环境的主要威胁（Bester，2000）。

潮间带生物栖息地是河口海岸生态系统的重要组成部分，与陆相、海相间生态过程繁杂、生态环境多变，是植被生长的依托，为底栖动物提供多样性的栖息地（Godet et al.，2009）。近年来受全球变暖海平面上升、河流来水来沙量骤降和生物入侵等自然因素影响，以及兴修围海工程、港口航道工程等人为因素影响，生态抗性较弱的河口海岸潮间带发生巨变，其生态系统结构和服务功能遭受严重破坏（Zharikov et al.，2005）。

潮上带生态系统演替现象显著，区域环境相较潮间带更加稳定，植被等级更高。潮上带主要是植被、鸟类、昆虫等的栖息地，生物群落表现为：物种丰富度较低，但单一种丰度较高。人类在此区域诸如伐林造田、建造渔场盐场等活动，使得地表裸露程度增大，生境斑块状破碎化，土壤盐分随水分蒸失在地表大量累积形成盐碱裸斑（郭爱娟等，2013），不仅土壤质量急剧下降，同时由于大量植被消失，区域生物栖息地消逝殆尽。土壤是人类赖以生存的宝贵自然资源，土壤的质量不仅是区域生态环境的重要自然属性，也是人为扰动下的反馈响应结果（Karlen et al.，2003）。土壤在特定气候、地质、地貌、水文等自然因素和人类改造自然、适应自然等人为因素的一系列影响下会表现出容重高、质地紧实、孔隙度低、渗透能力差、盐渍化程度高、干时板结、养分贫瘠等生态系统遭受破坏的特征，失去支撑植物生长的生态服务功能。从时间变化来看，现代黄河口海岸潮上带存在黄河故道和黄河现河道，得到了更多的淡水补充，表现为相较近代黄河三角洲更低的土壤盐渍化程度（刘庆生等，2006）。盐渍化在不同土层间差异性显著，随土层加深土壤盐渍化程度降低。从空间分布来看，2005年有84.2%的重盐碱地分布在滩涂和平地（刘庆生等，2010）。这无一不对区域本已恶化的生态环境雪上加霜，此外，植被的大面积消失使得区域整体性地失稳，坡面滑动形成侵蚀沟加剧了岸线蚀退。

（三）水文、生物连通及信息交流隔断

水文连通性是指区域景观在横向、纵向、垂向三维尺度上和附加时间尺度上以水为媒介保持物质循环和能量流动（Pringle，2001）。区域水文连通性对于生态系统的形成和发展、群落的演替有着极为重要的作用。由于区域人类活动和硬质护岸工程建立导致海陆间水文连通隔断，进而影响洄游性鱼类的生殖规律，鱼群的栖息地及产卵场遭受破坏，导致水平方向生物连通隔断（He et al.，2014）。硬质工程性护岸构筑物降低了自然条件河口海岸坡面具有的糙度，改变了区域原有的变化梯度缓和且层级间异质性较强的生物垂向栖息结构，使得原本不在同一层级间的生物群落集中同一层级，增大了区域环境间种群数量，加强了生物种间竞争强度，破坏了原本区域内生物的多样性和稳定的生物量，干扰阻断了垂向生物连通性（Yan et al.，2015）。生态系统的各个成员间存在着链接彼此的信息交流。生态系统的信息交流包含个体、物种和群落等不同水平上的信息，这种传递、接收信息的能力是长期进化的结果。生态系统的信息类型有物理信息、化学信息、营养信息和行为信息四大类。人为的硬质护岸工程几乎割裂了区域间全部的信息交流，以一例说明，硬质护岸工程阻断了潮汐作用，遏制了河口海岸生态系统内植物种子的扩散，使得种子内含的遗传化学信息无法向外界传播，植物的分布模式从大面积广布转为小面积的积聚，逐步的斑块破碎化（崔保山等，2017）。

第二节　生态护岸和生境修复技术研究现状

一、岸坡侵蚀的应对方式

护岸是指在自然河口海岸的基础上采取人工的工程手段，来抵御海浪、遏制侵蚀、维持海岸线稳固。护岸材料的结构类似海堤，按其物理形态可分为坡式护岸结构、直立式护岸结构和二者混合的复合式护岸结构。现实应用依据需求护岸的地形地貌进行选择与调整。我国现有并已经实际应用的护岸模式可分为工程护岸模式、景观护岸模式和生态护岸模式三大类。工程护岸模式在对岸坡进行固化处理时，仅仅从抵抗波浪、水量输送、港口航运的角度出发，将原本的天然河口海岸人为改造成以混凝土、块石堆砌成的硬质刚性护岸模式。诚然，这样的处理方式具有诸如设备耐冲击性好、耐腐蚀性强、价格低廉和安装方便等从传统工程学角度看的优点，但从生态学的角度来看，这类护岸模式破坏了河口海带原有的岸坡自然生态系统和其提供的海–陆间的水文连通能力以

及为生物提供栖息地的功能。景观护岸模式也被称为亲水性护岸模式，是指在护岸工程实施时不仅考虑工程的有效性、安全性和经济性，同时满足人类的感官享受。但是就其实质来说，同样是割裂了海相和陆相之间的水文联通性，以及剥夺了依岸而生的大量底栖动物赖以生存的栖息地，破坏了本就脆弱的河口海岸生态系统的结构，使其丧失了生态服务功能，阻断了区域繁复的生态过程。生态护岸模式是指不仅要考虑稳固化岸坡方案的技术性和人文性，更要从生态角度、环境角度出发去考虑问题，注重河口海岸带脆弱的生境特征，考虑区域食物链、食物网的复杂性，不隔断海-陆间水文连通性，并积极为当地水生生物、两栖动物等提供、补充、重建栖息空间（何旭升等，2016）。

传统的高工程性、低生态效益的硬质护岸和景观护岸方式无法适应人们逐渐提高的生态环境意识，进入 21 世纪，我国对环境保护的力度愈来愈大，在河口海岸治理方面也开始重视护岸施工对生态环境的影响，并开展了一系列的理论研究和技术探索。"生态水工学"的概念糅合了生态学和水工学，并认为水工学不仅应该满足人们对水的需求，还应满足水生态系统的完整性（董哲仁，2003）。结合土石方工程，辅以三维网覆盖，香根草和百喜草可用于多种岸堤的边坡上进行固土护坡（夏汉平等，2002），即使在如水位多变、水量较大的严苛条件下，出于生态学角度思考设计的亲水性生态护岸模式，不仅可以满足人们的各种需求，在保持水域生态系统的完整性方面同样具有较好的表现（俞孔坚等，2002）。在我国一些非刚需硬质护岸区域已经将这种粗犷的、具有生境割裂特征的硬质护岸模式视为一种生态风险因子，需要人们站在生态的角度加以修复（齐成红等，2016；汤渭清，2014）。但目前为止，我国主要沿海省份的海岸护岸模式仍然以硬质护岸为主，如图 1-2 所示。

从全世界来看，生态护岸工程从中世纪开始出现，到 17 世纪兴盛，20 世纪达到鼎盛。生态护岸以欧洲特别是中欧、西欧地区研究和实践起步较早。早在 1938 年，便有德国学者提出"近自然河溪整治"的概念。时至 1950 年，又发展为"近自然河道治理工程学"，并成为早期生态护岸建设的主要理论基础。1991 年生态工程国际会议将河道护岸列入会议的探讨内容，并由此正式提出了一系列生态护岸的设计原则和方法。随后相继提出的"自然型护岸技术""近自然河道设计技术"等使得出于生态角度思考的护岸模式被世界护岸工作者所接受。当前，世界流行的护岸模式构建思路是保证护岸工程安全性的同时充分考虑工程的生态效益，把河岸由硬质护岸改造成为水体-土壤-生物相互连通并且适合生物生活的仿自然护岸（Evette et al.，2009；Stokes et al.，2014；Campbell et al.，2008）。而在欧洲及美洲国家常见的是采用土壤生物工

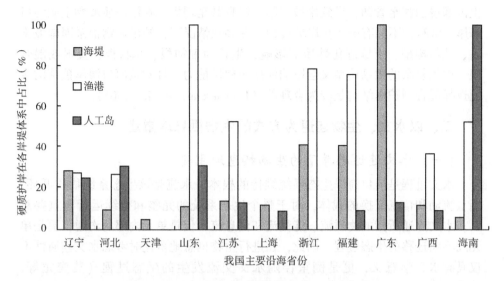

图1-2 我国沿海省份主要临海构筑物硬化比率

程（Soil Bioengineering，SBE）的生态护岸技术（David et al.，2008）。

SBE是结合生态原则和工程措施，构建以活体植物材料为主体的、可持续的、自我维持的生态系统。SBE的理念在20世纪初开始逐渐应用到护坡工程中。20世纪70年代后，SBE技术在欧洲、美洲得到了广泛发展和应用，并且逐渐形成了完整的理论和技术体系。近30年，欧洲区域广泛应用SBE进行坡面治理，并做了大量的理论研究和技术研发。21世纪初期，随着技术的成熟和完善，SBE开始在非洲、亚洲、南美洲、大洋洲等一些发展中国家应用（Giupponi et al.，2015；Aamir et al.，2015；Cavaillé et al.，2015；Lammeranne et al.，2005）。

SBE技术虽然能增加河岸生物多样性，提高河岸景观斑块连通性，有效改善生物及水文连通性，但是SBE仍有其缺点，并在许多理论和技术方面需要进一步深入研究。多数采用SBE技术的护岸，工程实施后的生态效益并没有进行评估。在美国实施的37 000个河流修复项目中，只有10%进行了评估或监测。研究表明，硬质护岸、SBE护岸和混合护岸（硬质护岸与SBE相结合）等不同类型护岸中，混合护岸具有最高生物多样性，而不是只采用SBE技术的护岸（Rey et al.，2005；Dhital et al.，2013）。

SBE护岸技术除了已知的优越性之外，仅采用植物护岸有可能导致一些问题。植物易受到风吹、水流冲刷影响而倒伏，其根系生长会影响土壤结构，产生内部侵蚀甚至管涌，导致岸坡下陷、漫顶甚至坍塌。在淤泥质或黏土质河口海岸，SBE并不能有效防止岸坡侵蚀。在多数情况下，护岸植物根系因岸坡土质、几何构型、土壤理化性质等影响，生长为匍匐根、丛状根、直根或混合根，而较复杂的根系构型又会影响河岸防侵蚀能力。针对黄河口海岸独特的生境选择混合型护岸结构是较为合理的（Lammeranner et al.，2005）。

二、以水文、生物连通为方式的生物栖息地重建

（一）水文连通思考下的生物栖息地重建

水文过程是河口海岸生态系统维持的根本，水流是该生态系统物质循环、能量流动和信息交换的载体，对于整个生态系统的完整和持续运行有重要意义。水文连通所指的物质流、能量流和信息流不仅是单元内部的沟通，更是单元间不断迁移的生态过程。因此，在进行生物栖息地重建时考虑水文连通性不仅具有水文学意义，更是侧重伴随水文交流发生的生态过程（黄奕龙等，2003）。

河口海岸水文连通是三维空间过程。原本经硬质护岸结构隔断水文连通的栖息地在进行重建时，会改变其整体结构，河口海岸各被隔断的斑块会重新连通及分布，区域水沙平衡会重新构建，进而发生高程和地形的改变。这种结构上的改变最终会影响河口海岸生态系统的服务功能，例如潮上带坡面稳定性条件、河口海岸水文周期以及群落的组成结构和分布规律（Bhattacharya et al.，2012）。原本无水文隔断区域过载的水文流动也会造成胁迫，当过载的水力条件超出生态系统生态需水量的阈值时便会造成整个系统的退化，一个极端的例子就是风暴潮，它的发生甚至可以摧毁整个生态系统（Graeff et al.，2012）。水文连通表现在生物栖息地重建上，要求重建的栖息地既要在面对较强的水力条件下有较强的抗逆稳定性、对自重及外界压力有较强的抗沉降能力和遏制漫堤对堤后生境造成危害的能力，又要保证护岸构筑物的多孔质结构以针对水文连通受阻区域进行栖息地重建恢复区域自然状况下的水文、栖息地条件。

早期关于水文连通的生物栖息地重建研究开展较晚，多是从区域生态需水量的角度依生态流量的需要而进行的，而且大多集中于淡水、弱潮生境，模拟较多而实例较少。多是构建栖息地模糊数学模型，结合生物生活特性，在不同时间尺度下参考不同体系推求生物需水生态过程（张陵蕾等，2015）。近年来开展了许多诸如河流水文与水生生物栖息地特征间的实证研究。例如建立栖息地相应的生态指标和水文条件指数间关系，研究水体慢性缺氧对生物栖息的影响（Graeff et al.，2012），探究了水体物化性质对流量变化的响应机制等

（Sabo et al.，1999a，1999b；Taylor et al.，2013）。

（二）生物连通思考下的生物栖息地重建

河口海岸生物连通性是维持区域生态环境稳定、群落生存发展的重要因素，而现今河口海岸生境的斑块状破碎化使得生物的连通性降低，区域生物正常的繁殖、迁徙等行为受到限制，最终导致物种退化、多样性降低（Lovejoy，2006）。基于生物连通性构建栖息地便是针对该问题。一般情况下，由于人为扰动因素而导致生物栖息地破碎化甚至丧失的区域，进行生物连通性恢复、栖息地重建会有显著性的恢复效果。基于生物连通性的栖息地重建研究往往将重心放在生物连通网格中的重要节点上，针对该节点进行恢复，同时加强整个网格的管理（陆寿坤，1982；周林，2016）。

现今研究者大多针对不同的研究对象，通过修复或者重建栖息地来维持生物连通网格的结构和生态功能，实现保护生物多样性和修复破损的生物连通网络的目标（Obolewski et al.，2014）。除此之外，还有研究者着眼于生态流，如种子流、花粉流、底栖动物迁移和鱼类洄游等，根据栖息地重建目标种的不同生态流构建区域生物连通网络（Kwak，2010；Dugan et al.，2010）。同时，站在加强生物连通性面对的是针对区域生态环境入侵种建立生物连通性阻碍网络。入侵种对区域生态安全产生威胁的原因之一就是极强的种间竞争能力、环境适应能力和迁移能力，表现为较强的在区域生态系统内的生物连通性。从抑制生物入侵种的角度来说，减弱、隔断其连通性可以维持原有自然生态系统的稳定和健康（Ramos et al.，2015）。生物连通性表现在栖息地重建上是要求重建的生物栖息地对所选目标种进行针对性设计，保证目标生物的生活行为（产卵、筑巢等）顺利、完整地进行，不在相应环境因素的影响下产生负面响应状态。

为了保护不断蚀退的岸线，黄河三角洲河口海岸实施了许多直接护岸工程，构建以浆砌封闭和块石堆积为代表的工程型护岸方式，将原本的天然海岸改造为硬质海岸。诚然，这样的刚性护岸工程取得了诸如抗冲击、耐腐蚀等从工程水力学来看安全经济的效果。但同时也导致海陆间水文连通效应的割裂和破碎化的生物栖息地的完全消弭等极为严重的生态环境负面效应。本书期望构建一种从生态角度出发思考的梯级护岸结构，保证河口海岸的防洪、景观、生态配合效应最大化，重建河口海岸受损的生物栖息地，为河口海岸生态护岸研究提供理论依据和技术支撑。

参考文献

崔保山，谢湉，王青，等，2017. 大规模围填海对滨海湿地的影响与对策 [J]. 中国科学院院刊，32（4）：418-425.

董哲仁，2003. 生态水工学的理论框架 [J]. 水利学报，34（1）：1-6.

地质部地质辞典办公室，1981. 地质辞典. 二，矿物、岩石、地球化学分册 [M]. 武汉：地质出版社.

丁晨曦，李永强，董智，等，2011. 不同土地利用方式对黄河三角洲盐碱地土壤理化性质的影响 [J]. 中国水土保持科学，11（2）：84-89.

冯增昭，2012. 中国沉积学 [M]. 北京：石油工业出版社.

高抒，2019. 河口海岸状态生变，重绘蓝图势在必行 [J]. 世界科学（1）：29-31.

郭爱娟，刘存歧，王军霞，等，2013. 土地利用方式对滨海盐碱地土壤性质的影响 [J]. 重庆师范大学学报（自然科学版），30（1）：95-100.

何旭升，鲁一晖，2016. 净水护岸技术与应用 [M]. 北京：中国水利水电出版社.

黄小平，黄良民，李颖虹，等，2006. 华南沿海主要海草床及其生境威胁 [J]. 科学通报，51（增刊Ⅱ）：114-119.

黄奕龙，傅伯杰，陈利顶，2003. 生态水文过程研究进展 [J]. 生态学报，23（3）：580-587.

吕海燕，2005. 现代黄河三角洲陆海划界问题研究 [D]. 青岛：中国海洋大学.

李从先，张桂甲，李铁松，1995. 潮坪沉积的韵律性与作用因素的周期性 [J]. 沉积学报（A01）：71-78.

李光天，符文侠，1992. 我国海岸侵蚀及其危害 [J]. 海洋环境科学（1）：53-58.

刘庆生，刘高焕，范晓梅，2010. 黄河三角洲土壤盐分剖面类型时空分布研究 [J]. 山东农业科学（1）：57-62.

刘庆生，刘高焕，薛凯，等，2006. 近代及现代黄河三角洲不同尺度地貌单元土壤盐渍化特征浅析 [J]. 中国农学通报，22（11）：353-359.

陆寿坤，1982. 连通性不变定理及其在生物学中应用 [J]. 科学通报，27（20）：52-54.

马克伟, 1991. 土地大辞典 [M]. 长春：长春出版社.

马田田, 梁晨, 李晓文, 等, 2015. 围填海活动对中国滨海湿地影响的定量评估 [J]. 湿地科学, 13 (6)：653-659.

马妍妍, 2008. 现代黄河三角洲海岸带环境演变 [D]. 青岛：中国海洋大学.

齐成红, 王铭伦, 钱新举, 2016. 河道硬质护岸生态修复应用趋势分析 [J]. 中国水利 (22)：52-53.

王万战, 张华兴, 2007. 黄河口海岸演变规律 [J]. 人民黄河 (2)：27-28.

孙儒泳, 2001. 动物生态学原理 [M]. 北京：北京师范大学出版社.

汤渭清, 2014. 航道硬质护岸生态修复技术应用研究 [J]. 中国水运, 14 (6)：150-151.

夏汉平, 刘世忠, 敖惠修, 2002. 香根草生态工程及其在中国的发展与展望 [C]. 中国国际草业发展大会暨中国草原学会代表大会.

徐卢笛, 贺治国, 潘佳佳, 等, 2019. 风暴潮过程中波浪对地形冲淤演变影响的数值研究 [J]. 水力发电学报, 38 (3)：23-31.

姚志刚, 谷奉天, 1996. 黄河三角洲的形成、垦殖与持续利用 [J]. 生态学杂志, 15 (1)：7, 72-74.

衣伟虹, 2011. 我国典型地区海岸侵蚀过程及控制因素研究 [D]. 青岛：中国海洋大学.

俞孔坚, 胡海波, 李健宏, 2022. 水位多变情况下的亲水生态护岸设计——以中山岐江公园为例 [J]. 中国园林, 18 (1)：37-38.

张建华, 徐丛亮, 高国勇, 2004. 2002 年黄河调水调沙试验河口形态变化 [J]. 泥沙研究 (5)：68-71.

张林, 2016. 苏北废黄河三角洲海岸冲淤演变及其控制因素 [D]. 上海：华东师范大学.

张陵蕾, 吴宇雷, 张志广, 等, 2015. 基于鱼类栖息地生态水文特征的生态流量过程研究 [J]. 水电能源科学, 33 (3)：10-13.

中共山东省委党史研究室, 2015. 中共山东编年史 第十五卷 [M]. 济南：山东人民出版社.

周林, 2016. 三峡库区多功能生态网络的构建 [D]. 武汉：华中农业大学.

AAMIR M & SHARMA N, 2015. Riverbank protection with porcupine systems：

development of rational design methodology [J]. ISH Journal of Hydraulic Engineering, 21 (3): 317-332.

ABER J S, PAVRI F, ABER S W, 2012. Wetland soil [M]. Wetland Environments: A Global Perspective.

BAGNOLD A R, 1940. Beach for mation by waves: some model experiments in a wave tank [J]. Journal of the Institution of Civil Engineers, 15 (1): 27-52.

BESTER K, 2000. Effects of pesticides on seagrass beds [J]. Helgoland Marine Research, 54 (2-3): 95-98.

BHATTACHARYA A, 2012. Models capture hydrological processes in coastal environments [J]. Eos Transactions American Geophysical Union, 93 (41): 412-412.

BULLERI F, CHAPMAN M G, 2010. The introduction of coastal infrastructure as a driver of change in marine environments [J]. Journal of Applied Ecology, 47 (1): 26-35.

BYRNES M R, HILAND M W, 1995. Large-scale sediment transport patterns on the continental shelf and influence on shoreline response: st. andrew sound, georgia to nassau sound, florida, USA [J]. Marine Geology, 126 (1-4): 19-43.

CAI F, SU X Z, LIU J H, et al., 2009. Coastal erosion in china under the condition of global climate change and measures for its prevention [J]. Progress in Natural Science, 19 (4): 415-426.

CAMPBELL SDG, SHAW R, SEWELL R J, 2008. Guidelines for soil bioengineering applications on natural terrain landslide scars [R]. Technical Report, 227: 372-384.

CAVAILLÉ, PAUL, DUCASSE, LÉON, BRETON V, et al., 2015. Functional and taxonomic plant diversity for riverbank protection works: bioengineering techniques close to natural banks and beyond hard engineering [J]. Journal of Environmental Management, 151: 65-75.

DAVID F, POLSTER, BIO M SC RP, 2002. Soil bioengineering techniques for riparian restoration [C]. Proceedings of the 26th Annual British Columbia Mine Reclamation Symposium, 230-239.

DHITAL Y P, KAYASTHA R B, SHI J, 2013. Soil bioengineering application and practices in nepal [J]. Environmental Management, 51 (2): 354-364.

DUGAN J E, HUBBARD D M, QUIGLEY B J, 2013. Beyond beach width: steps toward identifying and integrating ecological envelopes with geomorphic features and datums for sandy beach ecosystems [J]. Geomorphology, 199: 95-105.

DUGAN P J, BARLOW C, AGOSTINHO A A, et al., 2010. Fish migration, dams, and loss of ecosystem services in the mekong basin [J]. Ambio, 39 (4): 344-348.

EVETTE A, LABONNE S, REY F, et al., 2009. History of bioengineering techniques for erosion control in rivers in western europe [J]. Environmental Management, 43 (6): 972-984.

GEDAN K B, KIRWAN M L, WOLANSKI E, et al., 2011. The present and future role of coastal wetland vegetation in protecting shorelines: answering recent challenges to the paradigm [J]. Climatic Change, 106 (1): 7-29.

GILES M L, 1978. Evaluation of a concrete building block revetment [C]. Coastal Sediments. ASCE.

GIUPPONI L, BISCHETTI G B, GIORGI A, 2015. Ecological index of maturity to evaluate the vegetation disturbance of areas affected by restoration work: a practical example of its application in an area of the southern alps [J]. Restoration Ecology, 23 (5): 635-644.

GODET L, FOURNIER J, TOUPOINT N, et al., 2009. Mapping and monitoring intertidal benthic habitats: a review of techniques and a proposal for a new visual methodology for the european coasts [J]. Progress in Physical Geography, 33 (3): 378-402.

GRAEFF T, BARONI G, BRONSTERT A, et al., 2012. Hydrological processes in a coastal area under the influence of climatic change [C]. Agu Fall Meeting Abstract.

HARLIN M M, THORNE-MILLER B, 1981. Nutrient enrichment of seagrass beds in a rhode island coastal lagoon [J]. Marine Biology, 65 (3): 221-229.

HE Q, BERTNESS M D, BRUNO J F, et al., 2014. Economic development and coastal ecosystem change in china [J]. Scientific Reports, 4: 5995.

KARLEN D L, DITZLER C A, ANDREWS S S, 2003. Soil quality: why and how? [J]. Geoderma, 114 (3): 145-156.

KWAK M, 2010. Pollen and gene flow in fragmented habitats [J]. Applied Vegetation Science, 1 (1): 37-54.

LAMMERANNER W, RAUCH H P, LAAHA G, 2005. Implementation and monitoring of soil bioengineering measures at a landslide in the middle mountains of nepal [J]. Plant and Soil, 278 (1-2): 159-170.

LOVEJOY T, 2006. Connectivity conservation: introduction: don't fence me in [J]. Dss. scwildlands. org, 451-478.

MACKINNON J, VERKUIL Y I, MURRAY N, 2012. IUCN situation analysis on east and southeast asian intertidal habitats, with particular reference to the yellow sea (including the bohai sea) [J]. Occasional Paper of the IUCN Species Survival Commission, No. 47. IUCN. Gland, Switzer Land and Cambridge, UK. 70 pp.

MORTON R A, GIBEAUT J C, PAINE J G, 1995. Meso-scale transfer of sand during and after storms: implications for prediction of shoreline movement [J]. Marine Geology, 126 (1-4): 161-179.

OBOLEWSKI K, GLIŃSKA - LEWCZUK, KATARZYNA, et al., 2014. Effects ofa floodplain lake restoration on macroinvertebrate assemblages - a case study of the lowland river (the slupia river, n poland) [J]. Polish Journal of Ecology, 62 (3): 557-575.

PRINGLE C M, 2001. Hydrologic connectivity and the management of biological reserves: a global perspective [J]. Ecological Applications, 11 (4): 981-998.

RAMOS N C, GASTAUER M, CORDEIRO A D A C, et al., 2015. Environmental filtering of agroforestry systems reduces the risk of biological invasion [J]. Agroforestry Systems, 89 (2): 279-289.

REY F, ISSELIN-NONDEDEU F & BÉDÉCARRATS A., 2005. Vegetation dynamics on sediment deposits upstream of bioengineering works in mountainous marly gullies in a mediterranean climate (southern alps, france) [J]. Plant and Soil, 278 (1-2): 149-158.

SABO M J, BRYAN C F, KELSO W E, et al., 1999. Hydrology and aquatic habitat characteristics of a riverine swamp: I. influence of flow on water temperature and chemistry [J]. Regulated Rivers Research & Management, 15 (6): 505-523.

SABO M J, BRYAN C F, KELSO W E, et al., 1999. Kelso hydrology and aquatic habitat characteristics of a riverine swamp: II. hydrology and the occurrence of chronic hypoxia [J]. River Research & Applications, 15 (6): 525-544.

SMITH A W, 1929. The behavior of prototype boulder revetment walls [C]. 18th International Conference on Coastal Engineering.

STEPHENSON W, 2013. Coastal erosion [J]. Encyclopedia of Earth Sciences, 65 (4): 4020-4399.

STOKES A, DOUGLAS G B, FOURCAUD T, et al., 2014. Ecological mitigation of hillslope instability: ten key issues facing researchers and practitioners [J]. Plant Soil, 377 (1-2): 1-23.

SUKHACHEV V N, ZAKHARCHUK E A, TIKHONOVA N A, 2014. On the mechanisms of dangerous sea level rise in the eastern part gulf of finland and possible reasons for the increase in their frequency in the second half of xx and the beginning of the xxi century [C]. Baltic International Symposium. IEEE.

TAYLOR D L, BOLGRIEN D W, ANGRADI T R, et al., 2013. Habitat and hydrology condition indices for the upper mississippi, missouri, and ohio rivers [J]. Ecological Indicators, 29: 111-124.

THORMAN S, WIEDERHOLM A M, 1986. Food, habitat and time niches in a coastal fish species assemblage in a brackish water bay in the bothnian sea, sweden [J]. Journal of Experimental Marine Biology and Ecology, 95 (1): 67-86.

WRIGHT L D, COLEMAN J M, 1972. River delta morphology: wave climate and the role of the subaqueous profile [J]. Science, 176 (4032): 282-284.

YAN J G, CUI B S, ZHENG J J, et al., 2015. Quantification of intensive hybrid coastal reclamation for revealing its impacts on macrozoobenthos [J]. Environmental Research Letters, 10 (1): 1748-9326.

ZHAO G M, YE S Y, GAO M S, et al., 2011. Change analysis on eco-environment of the estuary wetland reserve area of yellow river delta based on rs and GIS [J]. International Conference on Geoinformatics, 19: 1-4.

ZHARIKOV Y, SKILLETER G A, LONGRAGAN N R, et al., 2005. Mapping and characterising subtropical estuarine landscapes using aerial photography and gis for potential application in wildlife conservation and management [J]. Biological Conservation, 125 (1): 87-100.

第二章　黄河三角洲潮沟与生境概况

第一节　黄河三角洲潮沟分布与植被覆盖度

一、引言

黄河三角洲滨海湿地是我国暖温带最完整、最广阔、最年轻的湿地生态系统，由于地势平坦，潮间带广阔，潮滩分布广泛。在滨海区域，潮滩是海陆交互作用的前沿地带，潮沟是潮滩与外界海域进行物质、能量、信息交换的重要通道，同时也是水分、盐分输送的主要通道（Teal，1962）。潮沟系统携带的水沙通过侵蚀与沉积塑造湿地地形（French et al.，2010；Alexander et al.，2017）。同时，潮沟水系有明显的水盐梯度，是盐沼植被种子传播的主要媒介，而且潮沟漫滩的水盐交互可以改变潮滩生境，影响植被的种子来源以及定植的适宜生境，是盐沼湿地植被空间格局形成的重要驱动力（崔保山等，2016；Leal et al.，2014；Moffett et al.，2016）。

植被覆盖度是指单位面积内植被地上部分的垂直投影面积占统计面积的百分比（Gitelson et al.，2002），指示了植被的茂密程度，是一个反映地表植被群落生长态势的综合量化指标，在各个圈层都占据着重要的地位（秦伟等，2006；马娜等，2012）。潮沟是滨海相重要的地貌类型，是淡水与咸水交互作用的集中地区，同时也是陆地与海洋生态系统能量、物质和基因交流的主要通道，反映了河口区特殊的水文连通模式（Naiman et al.，1993）。

在黄河三角洲，关于植被覆盖度的研究主要集中于时空变化和驱动力方面（孙睿等，2001；赵欣胜等，2010；栗云召等，2011），关于潮沟的研究主要集中于潮沟与景观关系（于小娟等，2019）、水文连通性及生态效应等方面（骆梦等，2018；于小娟等，2018）。在探讨滨海湿地植被覆盖度与潮沟分布格局关系时，相关研究尚匮缺。鉴于潮沟和植被覆盖度是滨海湿地生态要素的重要组成，探讨两者之间的关系是分析滨海湿地要素间潜在相互作用的有益补充。本节以黄河三角洲滨海湿地的潮沟与植被覆盖度为对象，利用网格搜索法和空间分析技术，探讨两者的分布格局、变化及关系。

二、数据来源与处理

（一）数据来源

研究区矢量数据来源于国家基础地理信息系统及栅格数据矢量化；遥感影像数据来自地理空间数据云（www.gscloud.cn）（表2-1）。部分统计资料来源于东营市统计年鉴。

表 2-1 遥感影像数据信息

数据类型	日期	数量	分辨率	云量	轨道号
Landsat5/TM	2005-05-08	1	30m×30m	0	121-34
Landsat5/TM	2010-09-11	1	30m×30m	0.33	121-34
Landsat8/OLI	2017-09-30	1	30m×30m	3.08	121-34

（二）网格搜索法介绍

网格搜索法是一种基本的参数寻优方法，其主要思想是将需寻优的参数在固定范围内按等步长进行网格划分，然后对所有的参数取值进行遍历，计算对应的应用结果，取获得的最佳应用结果对应的参数作为最优参数（曲健等，2015）。本书设置的固定网格间距为2km×2km，这样格网的个数会因为潮沟的不同而不同，2005年研究区总共包含100个格网，2010年研究区总共包含104个格网，2017年研究区总共包含109个格网。

首先，对多期遥感数据以东营市1：50 000地形图为准进行统一配准、几何校正，然后进行研究区提取、重采样和波段组合。潮沟数据通过对遥感影像数据目视解译获得，植被覆盖度数据通过植被覆盖度遥感反演方法（公式2-2和公式2-3）获得。然后依据植被覆盖度等级表（表2-2）对植被覆盖度数据进行分级计算。此后，对潮沟数据和植被覆盖度数据进行网格搜索法［见本章节研究方法（三）］分析，得到单位格网内潮沟长度与植被覆盖度等级数据。最后对潮沟长度和植被覆盖度数据进行相关分析。

（三）植被覆盖度等级划分

植被覆盖度 F_c 介于0~1，参考已有研究成果（路广等，2017），并结合黄河三角洲滨海湿地实际情况，将研究区的植被覆盖等级采用等间距重分类分为五级（表2-2）。

表2-2　植被覆盖度等级

编号	植被覆盖度	土地利用类型（黄河三角洲）	植被覆盖度等级
I	$F_c < 20\%$	油田、建筑物、滩涂、水域	低植被覆盖度
II	$20\% \leqslant F_c < 40\%$	淡水沼泽、盐沼、灌丛	中低植被覆盖度
III	$40\% \leqslant F_c < 60\%$	较差农用地、淡水沼泽、盐沼、灌丛	中植被覆盖度
IV	$60\% \leqslant F_c < 80\%$	中等农用地、淡水沼泽、盐沼、有林地	中高植被覆盖度
V	$F_c \geqslant 80\%$	优良农用地、淡水沼泽、盐沼、有林地	高植被覆盖度

（四）植被覆盖度计算

研究基于植被归一化指数（NDVI）和像元二分模型来计算植被覆盖度（邓兴耀等，2017），NDVI 的计算见公式2-1。

$$NDVI = (NIR - R)/(NIR + R) \tag{2-1}$$

其中：NIR 为近红外波段；R 为红外波段。

像元二分模型是线性混合像元分解模式中最简单的模型，其假设像元只由植被与非植被覆盖地表两部分构成。光谱信息也只由这 2 个组合线性合成，它们各自的面积在像元中所占的比率即为各因子的权重，其中植被覆盖地表占像元的百分比即为该像元的 VC（贾坤等，2013），其表达式如公式2-2 所示。

$$VC = (NDVI - NDVI_{soil})/(NDVI_{veg} - NDVI_{soil}) \tag{2-2}$$

其中：$NDVI_{soil}$ 为裸土元的 NDVI 值；$NDVI_{veg}$ 为全植被覆盖的像元 NDVI 值；当 $NDVI_{soil}$ 近似取 0，$NDVI_{veg}$ 近似取 100% 时，$NDVI_{soil} = NDVI_{min}$，$NDVI_{veg} = NDVI_{max}$。但由于遥感数据被记录时都存在着不可避免的信号噪声，其数值不可以简单取为 NDVI 灰度图统计出的最大值和最小值，而是取给定置信区间的最大值和最小值。本文采用 NDVI 累计表上频率分别为 95% 和 5% 的 NDVI 值作为 $NDVI_{max}$ 值和 $NDVI_{min}$ 值（岳玮等，2009）。

最终的 VC 计算如公式2-3 所示。

$$VC = (NDVI - NDVI_{min})/(NDVI_{max} - NDVI_{min}) \tag{2-3}$$

其中：VC 为植被覆盖度；$NDVI_{min}$ 为归一化植被指数最小值；$NDVI_{max}$ 为归一化植被指数最大值。

三、2005—2017 年潮沟分布格局及变化

2005 年，黄河三角洲滨海湿地的潮沟长度为 157.88km，面积为 14.90km^2；到 2010 年，潮沟长度增长为 185.05km，面积增长为 16.86km^2；2017 年，潮沟长度和面积分别达到了 216.13km 和 22.23km^2。2005—2017 年，黄河三角洲滨海湿地总的潮沟长度和面积都在持续增加，但是研究区的南部和北部呈现不同的变化。在研究区南部，潮沟长度和面积持续快速的增加，12 年间分别增加了 54.94km 和 5.71km^2；在研究区的北部，潮沟的长度和面积从 2005—2017 年经历了"先增后减"的过程，其在 2010 年达到最大，分别为 62.89km 和 5.59km^2；而 2017 年研究区的潮沟长度和面积比 2005 年仅增长了 3.31km 和 1.62km^2，相对变化较小（表 2-3）。

表 2-3 2005 年、2010 年、2017 年潮沟长度与面积

区域	2005 年		2010 年		2017 年	
	长度（km）	面积（km^2）	长度（km）	面积（km^2）	长度（km）	面积（km^2）
研究区北部	50.37	4.22	62.89	5.59	53.68	5.84
研究区南部	107.51	10.68	122.16	11.27	162.45	16.39
研究区总计	157.88	14.90	185.05	16.86	216.13	22.23

从分布上来看，潮沟均匀分布于黄河三角洲滨海湿地的潮间带。其中，在研究区北部，大潮沟只有西北部的一条；在研究区南部，大潮沟较多，特别是南部洲体潮间带区域。2005—2017 年，随着黄河河口泥沙淤积，三角洲面积不断扩大，潮沟向海方向不断延长、发育；另外，潮沟上游随着生态修复工程大坝上溯、延伸（图 2-1）。

四、2005—2017 年植被覆盖度空间分布格局与变化

2005 年，黄河三角洲滨海湿地以低植被覆盖度为主，区域面积达 918.58km^2，占区域面积的 90.02%，其他级别的植被覆盖度区域面积在 20~33km^2，占比较小；2010 年，研究区低植被覆盖度区域面积为 852.42km^2，占区域总面积的 83.53%，高植被覆盖度区域面积为 95.27km^2，占区域总面积的 9.34%，其他面积较小；2017 年，研究区低植被覆盖度区域面积为 608.04km^2，占区域总面积的 59.58%，高植被覆盖度区域面积为 201.40km^2，占区域总面积的 19.74%，中低覆盖度面积为 132.41km^2，占区域总面积的

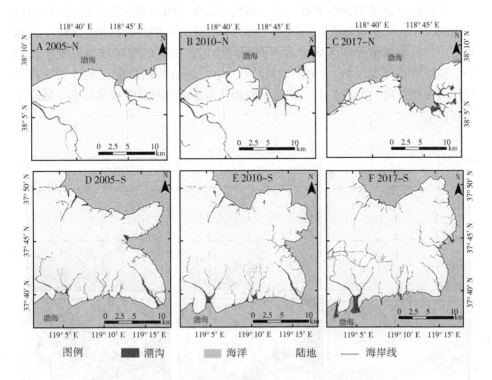

图例　■ 潮沟　　　海洋　　　陆地　　　—— 海岸线

图 2-1　研究区 2005 年、2010 年、2017 年潮沟分布

12.97%，其余面积较小（表 2-4）。

表 2-4　各级植被覆盖度区域面积及所占比例

级别	2005 年		2010 年		2017 年	
	面积（km²）	百分比（%）	面积（km²）	百分比（%）	面积（km²）	百分比（%）
I	918.58	90.02	852.42	83.53	608.04	59.58
II	26.00	2.55	26.56	2.60	132.41	12.97
III	22.75	2.23	23.50	2.30	50.58	4.96
IV	20.36	1.99	22.70	2.23	28.02	2.75
V	32.76	3.21	95.27	9.34	201.40	19.74

　　2005—2017 年，研究区植被覆盖度整体呈上升趋势。其中，低植被覆盖度区域面积减少 310.54km²，中低植被覆盖度区域面积增加 106.41km²，高植被覆盖度区域面积增加 168.64km²，其余面积变化不大（表 2-4）。

从植被覆盖度的分布来看，中、高植被覆盖度的区域主要分布在黄河两侧及内陆，中、低植被覆盖度的区域主要分布在滨海和潮间带区域。2005—2010年，中、高植被覆盖度区域由黄河两侧向周边扩散，滨海区域也出现小范围中、高植被覆盖度区域；2010—2017年，中、高植被覆盖度区域由黄河两侧向周边继续扩散，面积扩大，黄河口两侧滨海区的植被覆盖度也达到了较高水平（图2-2）。

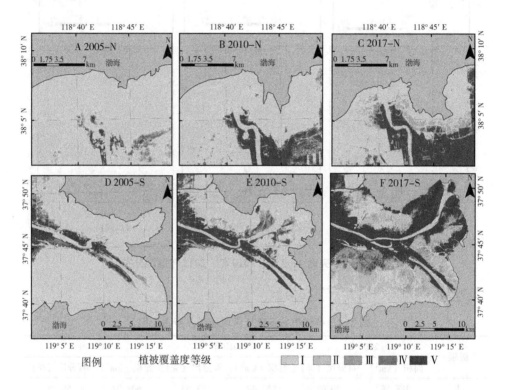

图2-2 研究区2005年、2010年与2017年植被覆盖度

五、潮沟分布与植被覆盖度相关性讨论

总体来论，黄河三角洲滨海湿地潮沟分布与植被覆盖度呈负相关关系。其中2005年，潮沟分布与植被覆盖度的相关性不显著（$P>0.05$），相关系数为-0.173；2010年和2017年，潮沟分布与植被覆盖度的Pearson分析呈显著负相关（$P<0.05$），其相关系数均为-0.197。

整体上看，2005—2017年潮沟的总长度与面积都呈现缓慢增加趋势。其原因主要如下。(1) 随着黄河三角洲滨海湿地生态修复工程的开展,部分潮沟与生态修复工程边缘的沟相连,变相延伸了潮沟长度;在有闸坝的地方,潮沟长度得到维持。(2) 由黄河泥沙每年在河口附近淤积而形成的新生湿地,在海洋动力作用下,能够发育成新的潮沟(侯西勇等,2016;Yao et al.,2016)。在黄河三角洲南部研究区由于黄河持续的水沙输送,三角洲平稳地向海洋方向推进,潮沟发育条件良好,持续扩张(刘志杰,2013);北部研究区由于河道变迁,缺乏水沙补给,海岸线向内陆持续蚀退,使部分潮沟也随之萎缩。

研究区植被覆盖度2005—2017年持续提高,原因如下。(1) 黄河三角洲每年形成约18.90km²的新生湿地(栗云召,2014),经过湿地植物群落的发育演替,由无植被和低植被覆盖的滩涂演变为先锋植物生长的盐沼,发育为草本沼泽和灌丛等,提升了植被覆盖度。(2) 滨海区域高植被覆盖度的互花米草群落面积迅速扩张,占据了原来的泥滩、光滩和盐地碱蓬等低覆盖度地区,使研究区的植被覆盖度整体提高(任广波等,2014)。(3) 研究区生态修复工程的开展,改善了湿地土壤水盐环境,为喜水植物、沼生植物的生长提供了良好的环境条件,促进了香蒲(*Typha orientalis*)、芦苇(*Phragmites australis*)等高植被覆盖度群落扩张,取代了部分水面或者低植被覆盖度区,间接提高了植被覆盖度(王兆文,2012;杨薇等,2018)。(4) 社会环保意识与力度的增强,使石油开采、滩涂养殖、晒盐等产业的扩张受到限制;同时,部分区域的退耕还湿、生态恢复工程等措施使这些低植被覆盖度区域植被逐渐恢复,植被覆盖度逐渐提高。

2005年,潮沟与植被覆盖度的相关性不显著($P<0.05$),主要原因是2005年的低植被覆盖度区域占据了绝大部分研究区,高植被覆盖度区域主要分布在黄河河岸和三角洲平原上,潮沟地区的植被覆盖度波动很小。2010年与2017年潮沟与植被覆盖度区域呈显著负相关($P<0.05$),其原因是潮沟地区的水盐梯度相当大,其分布直接影响到湿地生态环境的变化和植被的空间分布规律(Reidenbaugh et al.,1980;Spurrier et al.,1988),有研究已说明土壤盐碱化对黄河河口地区植物的生长和分布起着关键作用(Omer,2004),潮沟地区的土壤含盐量都较高,更适合耐盐、耐淹植物的生长。由于研究区内盐生植物盐地碱蓬比较适合潮沟两侧的高盐、交替水淹生境,所以潮沟两侧盐地碱蓬群落广泛分布。同时,由于盐地碱蓬肉质叶片等生理特性造成叶面积有限,其群落植被覆盖度评级多为低植被覆盖度和中低植被覆盖度。因此,如果潮沟两侧植物群落主要为盐地碱蓬群落,会呈现出潮沟越长、占据面积越大、植被

覆盖度越低的现象。同时，植物的生长发育也会对潮沟产生一定的影响，例如互花米草的生长发育，会改变潮流的动力特征和滩面物质组成，随着互花米草的形成和扩展，其强大的滞流和消浪作用，会使潮沟的水流速度变缓和滞留，潮沟变浅变窄，曲率增加，进而使得潮沟逐渐变浅甚至消失（侯明行等，2014）。此外，潮沟以外的因素也会对植被覆盖度区产生影响。例如，一些盐沼湿地的具体研究也证实了土壤化学因子会影响滨海盐沼植物的组成、空间分布及多样性（Jafari et al.，2004；Bruelheide et al.，2005）；赵欣胜等（2010）研究显示，土壤全磷（TP）、全氮（TN）、有机质、Ca^{2+} 及 Mg^{2+} 含量与植被覆盖度存在一定的关系；路广等（2017）研究发现，黄河三角洲的月降水量与植被覆盖度也存在相关性；而且植被覆盖度也受生长季节的影响，上述因素增加了植被覆盖度与潮沟关系的不确定性。

第二节　黄河三角洲潮上带湿地地下水位对土壤种子库特征的影响

一、土壤种子库的定义

土壤种子库是指存在于土壤中全部具有生活力的种子的总和（于顺利等，2003）。土壤种子库的组成一直处于动态变化过程中（图 2-3），在适宜的环境条件下只有部分种子可以萌发成幼苗（实生苗）（Hopfensperger，2007；Uriarte et al.，2017），剩余部分种子处于萌发受限（休眠、埋藏较深或延迟萌发等）状态（Baskin & Baskin，2014），在受到自身调节（Nishimura et al.，2018）或外界环境改变时（El-Keblawy et al.，2018）才可以正常萌发。

二、地下水位和盐度对土壤种子库组成特征影响的研究进展

土壤种子库的形成是植物为了适应不可预知的环境而做出的"两面下注"均摊风险策略（Ooi et al.，2009），其作为生物多样性的一个重要组成部分，在植物种群的基因多样性维持（Tellier，2019）和持续更新（Saatkamp et al.，2014）方面发挥重要作用。此外，土壤种子库与地上植被的关系密切（马红媛等，2012），在某种程度上决定了地上植物群落的结构和功能，因此一直是植物生态学研究的重要内容。

黄河三角洲滨海湿地是世界上极具代表性的滨海河口湿地之一。由于地下水埋深较浅且矿化度高，以及强烈的蒸散发，导致黄河三角洲非潮汐湿地土壤

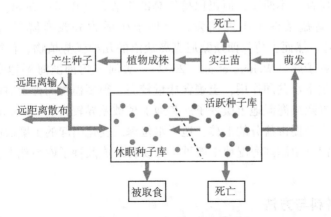

图 2-3　土壤种子库动态模型

盐渍化较为严重（Fan et al.，2012），植物多样性较低，加之人为干扰（Xie et al.，2018），原本脆弱的滨海湿地生态系统退化加剧（Jevrejeva et al.，2016）。土壤种子库对于该区域植物种群稳定更新和植被自然恢复具有重要意义。

　　地下水位是影响湿地生态系统结构和功能的重要环境因子之一（Feng et al.，2020）。目前，对土壤种子库与地下水位关系的文献报道还相对较少，已有研究报道主要集中在草地和淡水生态系统，例如，将 8 种湿草甸植物种子分别埋藏到不同地下水位深度的（-5cm、-30cm 和-70cm）生境中，其中 4 种植物种子表现出随着水位升高，种子生活力降低（Kaiser et al.，2015）；在草地采集原土于室内模拟不同地下水位（-5cm 和-30cm），研究发现高水位条件有利于湿草地植物种子的存活，而低水位条件有利于干草地植物种子的存活（Bekker，1998）；在中国塔里木河下游，随着地下水位的下降，土壤种子库密度减小、物种多样性下降、生活型逐渐单一，同时，种子库与地上植被相似性系数也随之降低（徐海量等，2008）。对于滨海非潮汐湿地而言，地下水位深度会直接影响土壤水盐运移，改变土壤的物理和化学过程。随着地下水位深度变化，地上植物群落组成，尤其是优势植物种会发生相应改变（You et al.，2018），直接影响土壤种子库的输入。同时，不同植物种子的生活力和萌发力对地下水位的响应存在种间差异。因此，滨海湿地地下水位深度变化可能导致土壤种子库物种组成呈现较大差异。

　　盐度是滨海湿地特征性环境因子之一，影响植物的生存和分布（School-master et al.，2018）。种子生活力对盐度的响应存在显著的种间和地域差异。例如，两种地中海盐沼优势植物的种子在高盐（含盐量大于 3%）条件下，种子萌发率骤降甚至不萌发，但仍保持较高的生活力（Rubio-Casal，2003）；灯芯草种子在高盐条件下不能萌发，但种子生活力并没有降低（Greenwood et al.，2006）。然而，荷兰西斯蒙尼克岛盐沼的几种优势植物，仅能形成瞬时或短期持久种子库（Wolters et al.，2002）。黄河三角洲滨海湿地受到海水和高矿化度的地下水共同作用，土壤含盐量较高，很多植物的种子对萌发条件要求较严格，导致滨海湿地土壤种子库和地上植被差异较大（Xie et al.，2018）。由于毛管水上升促进盐分的上移，地下水位深度变化引起的土壤盐度改变，可能是影响黄河三角洲滨海湿地土壤种子库物种组成及种子库与地上植被相似性的关键因子。

三、材料与方法

（一）试验样地选取

试验所用的土壤来自黄河三角洲滨海湿地生态试验站（37°45′36″N ~ 37°46′15″N，118°58′38″E ~ 118°58′58″E）的地下水控制试验平台。该平台于2014年布设，采用单因素随机区组设计，共3个地下水位深度处理，分别为−20cm、−60cm和−100cm。每个处理设4个重复，共计12个控制池，每个控制池面积为3m×3m。控制池底部用石子填充，厚度30cm，上部用原土回填，上填土厚度1.2m，地表距控制池上沿50cm。水位自动供水系统根据连通器原理，保证控制池内水位维持设定水平。

（二）地上植被调查和土壤取样方法

2018年10月，于试验站内的植物种子成熟散布后，在每个控制池内设置的面积为1m×1m的样方中（图2-4），调查统计植物物种组成和每种植物盖度，并用体积是100cm³的环刀取0~5cm和5~10cm深度土壤各3份，2份混匀用于种子库分析，1份用于土壤化学指标分析，种子库和土壤化学指标测试与控制池重复一致，均为4个重复，共计48份土样，所有土样带回实验室内4℃暗保存。

（三）种子库组成调查方法

2019年3月，在黄河三角洲生态环境研究中心的温室内进行种子库萌发试验，根据幼苗形态鉴别土壤中有萌发力的种子数量和种类（Zhang et al.，2019）。去除用于种子库分析的土样中的石块和植物根系等杂质，将每个自封袋内的土样分别平铺于24个尺寸为长宽高27cm×21cm×4.7cm的亚克力材质托盘内，土层厚度约2cm。每天喷洒定量的蒸馏水，使土壤保持适宜的湿度。

试验期间，每天观察土壤中种子萌发情况，长出的幼苗经鉴定后拔除。试验持续 5 个月，每个月翻动土壤，使种子库充分萌发，连续 2 周无幼苗萌发后结束试验。

（四）土壤化学指标测试方法

去除用于化学指标测试分析的土样中的枯枝、石块等杂质，烘干至恒重，研磨后过 2mm 网筛。分别使用台式 pH 计（FE28-Standard）和电导率仪（DDSJ-308A）测定土壤去离子水浸提液的 pH 和电导率，水土比为 5：1，土壤水溶性盐总量（TWSS）直接用电导率值表示。使用元素分析仪（Elementar Vario EL Ⅲ）测定总碳（TC）和总氮（TN）。采用重铬酸钾容量法（外加热法）测定土壤总有机碳（TOC）。采用钼锑抗比色法测定总磷（TP）和有效磷（A-P）。使用火焰原子吸收分光光度计（Shimadzu AA 6800）测定 K^+、Na^+、Ca^{2+} 和 Mg^{2+} 浓度。使用离子色谱仪（Dionex IC 2000）测定 Cl^-、SO_4^{2-} 和 NO_3^- 浓度。

四、地下水位深度变化下的地上植物群落和土壤种子库组成特征

（一）地上植物群落组成特征

所有控制池内的地上植被共有 5 种植物，属于 4 科 4 属。随地下水位深度增加，地上植物物种数随之增加，且多年生草本植物种类呈增加趋势（图 2-4 和表 2-5）。盐地碱蓬在 3 种地下水位深度条件下均为优势植物，芦苇在 3 种地下水位深度条件下均可生长，但数量较少。鹅绒藤和苣荬菜在地下水位深度为 -20cm 时，无法生长，在地下水位深度为 -60cm 和 -100cm 时，可以生长但数量极少。

图2-4 地下水位深度变化下的植物群落物种组成差异

表 2-5 地下水位深度变化下的地上植物群落物种组成

地下水位深度	物种组成
-20cm	碱蓬（*Suaeda glauca*）、芦苇（*Phragmites australis*）、盐地碱蓬（*Suaeda salsa*）
-60cm	碱蓬（*Suaeda glauca*）、芦苇（*Phragmites australis*）、鹅绒藤（*Cynanchum chinense*）、苣荬菜（*Sonchus arvensis*）
-100cm	碱蓬（*Suaeda glauca*）、盐地碱蓬（*Suaeda salsa*）、芦苇（*Phragmites australis*）、苣荬菜（*Sonchus arvensis*）、鹅绒藤（*Cynanchum chinense*）

（二）土壤种子库组成特征

土壤种子库共记录到 6 种植物，属于 4 科 5 属。不同地下水位深度的土壤种子库中，盐地碱蓬、碱蓬占比之和均超过 70%（图 2-5）。地下水位深度对土壤种子库密度无显著影响，但总体上地下水位深度为-60cm 的土壤种子库密度分别比地下水位深度为-20cm 和-100cm 的土壤种子库密度高 79.2% 和 63.8%（图 2-6-a）。随地下水位深度增加，种子库 Margalef 指数呈增加趋势。整体上，地下水位深度为-60cm 和-100cm 的土壤种子库 Margalef 指数分别显著高于地下水位深度为-20cm 的土壤种子库 Margalef 指数（$P = 0.003$；$P = 0.000$）（图 2-6-b）。随地下水位深度增加，种子库 Shannon-Wiener 指数亦逐渐增加（图 2-6-c），尽管地下水位深度变化对 Sørensen 指数无统计学上的显著影响，但可见随水位深度增加而降低的趋势（图 2-6-d）。

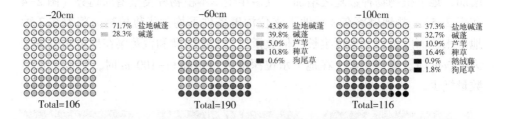

-20cm		-60cm		-100cm	
71.7% 盐地碱蓬		43.8% 盐地碱蓬		37.3% 盐地碱蓬	
28.3% 碱蓬		39.8% 碱蓬		32.7% 碱蓬	
		5.0% 芦苇		10.9% 芦苇	
		10.8% 稗草		16.4% 稗草	
		0.6% 狗尾草		0.9% 鹅绒藤	
				1.8% 狗尾草	
Total=106		Total=190		Total=116	

图 2-5 地下水位深度变化下的土壤种子库物种组成比例

（三）影响土壤种子库特征的关键环境因子

土壤化学指标与种子库密度无显著相关关系。pH 与种子库的 Margalef 指数和 Shannon-Wiener 指数呈显著的正相关关系，TWSS、A-P、Na^+、Ca^{2+}、Cl^- 和 SO_4^{2-} 浓度均与 Margalef 指数和 Shannon-Wiener 指数呈显著的负相关关系。TC、TOC、TP 和 SO_4^{2-} 浓度与 Sørensen 指数呈显著的正相关关系（图 2-7）。

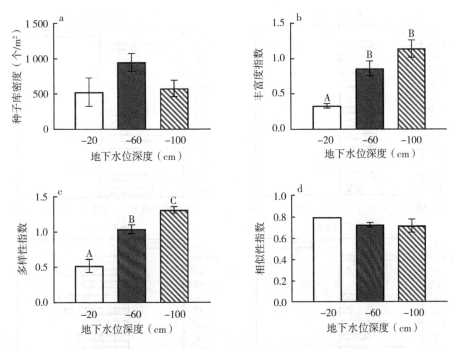

图2-6　地下水位深度变化下的土壤种子库特征指标

　　土壤化学指标的主成分分析结果显示，13 个因子可概括为 2 个主成分，累计贡献率为 93.192%。第 1 个主成分主要由土壤盐决定，贡献率为 69.482%，其中 TWSS、Na^+、Ca^{2+} 和 Cl^- 有较高载荷。第 2 个主成分主要由土壤养分决定，贡献率为 23.710%，其中 TC、TN 和 TP 有较高载荷（表2-6）。选择与种子库特征指标显著相关且在主成分分析中载荷较高的 8 个土壤化学指标（TWSS、TC、TN、TP、A-P、Na^+、Ca^{2+}、Cl^-）作为自变量，分别与因变量土壤种子库密度、Margalef 指数、Shannon-Wiener 指数和 Sørensen 指数进行多元逐步回归分析。分析结果显示，对 Margalef 指数筛选出有显著影响的因子为 TWSS 和 A-P；对 Shannon-Wiener 指数筛选出有显著影响的因子为 TWSS、A-P 和 TP；对 Sørensen 相似性指数筛选出有显著影响的因子为 TP。

　　土壤化学指标对种子库 Margalef 指数的直接作用系数的绝对值由大到小依次为：TWSS>A-P 浓度>TP 浓度>TN 浓度>TC 浓度>Ca^{2+} 浓度>Na^+ 浓度>Cl^- 浓度；对种子库 Shannon-Wiener 指数的直接作用系数的绝对值由大到小依次为：

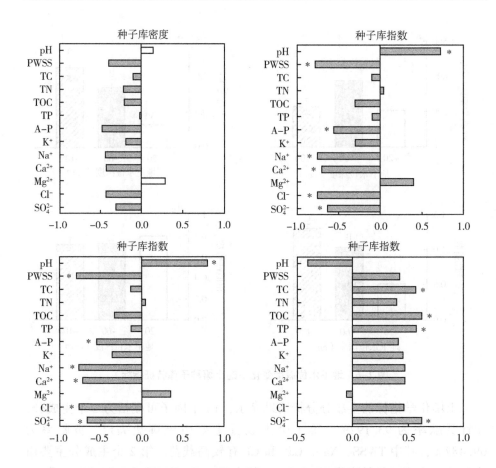

图 2-7　土壤化学指标与种子库密度、Margalef 指数、Shannon-
Wiener 指数及 Sørensen 指数的相关关系

"*"表示显著相关（$P<0.05$）。

TWSS>A–P 浓度>TP 浓度>Na$^+$浓度>Cl$^-$浓度>TC 浓度>Ca^{2+}浓度>TN 浓度；对 Sørensen 指数的直接作用系数的绝对值由大到小依次为：TP 浓度>TN 浓度>Na$^+$浓度>Cl$^-$浓度>TWSS>Ca^{2+}浓度> A–P 浓度>TC 浓度。

表 2-6　土壤化学指标的主成分分析

主成分	成分 1	成分 2
pH	−0.830	−0.278
土壤水溶性盐总量	0.994	0.066

（续表）

主成分	成分1	成分2
总碳浓度	0.290	0.930
总氮浓度	0.247	0.919
有机碳浓度	0.520	0.818
总磷浓度	0.236	0.953
有效磷浓度	0.893	0.357
钾离子浓度	0.531	0.824
钠离子浓度	0.990	0.128
钙离子浓度	0.968	0.242
镁离子浓度	-0.412	0.754
氯离子浓度	0.990	0.134
硫酸根离子浓度	0.855	0.505
贡献率	69.482	23.710

TWSS 和 A-P 共同对种子库 Margalef 指数影响率为 77.7%（$R^2 = 0.777$，$P<0.001$），其中 TWSS 为直接负作用，A-P 通过 TWSS 表现为间接负作用（表2-7）；TWSS、A-P 和 TP 共同对种子库 Shannon-Wiener 指数的影响率为 89.9%（$R^2 = 0.899$，$P<0.001$），其中 TWSS 为直接负作用，A-P 通过 TWSS 表现为间接负作用，TP 通过 A-P 表现为间接正作用；TP 对种子库 Sørensen 指数的影响率为 33.2%（$R^2 = 0.332$，$P<0.05$），为直接正作用（表2-8）。

表2-7　主要因子对土壤种子库 Margalef 指数的通径分析

因子	相关系数	直接通径系数	间接通径系数	
			TWSS	A-P
TWSS	-0.790*	-1.680*	—	0.889
A-P	-0.565*	0.972*	-1.537	—

注：TWSS 为水溶性盐总量；A-P 为有效磷浓度。

表2-8　主要因子对土壤种子库 Shannon-Wiener 指数的通径分析

因子	相关系数	直接通径系数	间接通径系数			
			TWSS	A-P	TP	合计
TWSS	-0.802	-2.187		1.482 3	-0.097 632	1.384 668
A-P	-0.556	1.62	-2.001 105		-0.174 246	-2.175 351
TP	-0.135	-0.339	-0.629 856	0.832 68		0.202 824

注：TWSS 为水溶性盐总量；A-P 为有效磷浓度；TP 为总磷浓度。

五、地下水位影响土壤种子库组成的机制探讨

不同地下水位深度的土壤种子库中，盐地碱蓬和碱蓬种子数量均占较大比例。土壤种子库物种组成很大程度上取决于种子库的输入和种子持久性。黄河三角洲滨海湿地一年生植物种数比例高达 31.21%（张绪良，2009），其中以盐地碱蓬和碱蓬分布最广，它们生产的种子体形较小且近球形，更易进入土壤（Thompson，1993）。然而，该区域的其他优势植物，如芦苇（*Phragmites austr-alis*）、白茅（*Imperata cylindrica*）、柽柳（*Tamarix chinensis*）等植物种子外部结构十分相似，均具有附属物且质量较轻，不易进入土壤，因此从种子库输入角度可以解释，该区域土壤种子库中盐地碱蓬和碱蓬种子所占比例最高的原因。根据种子生活力（种子发芽的潜在能力或种胚具有的生命力，Seed viability）维持时间长短划分，生活力短于 1 年的种子构成的种子库为瞬时种子库，介于 1~5 年的为短期持久种子库，超过 5 年的为长期持久种子库（Thompson，1997）。瞬时种子库对地上植被及时补充，持久种子库决定生态系统在遭受干扰后的植被恢复方向。一年生植物通常形成持久种子库避免种群灭绝的风险（Lampei et al.，2017），碱蓬和盐地碱蓬均属于一年生草本植物，而芦苇、白茅、柽柳均属多年生植物。研究表明一年生植物种子的持久性普遍大于多年生植物种子（Thompson et al.，1998），在土壤盐度较高的滨海湿地生态系统，碱蓬和盐地碱蓬的种子通过多态性、休眠和萌发行为多样性等耐盐机制表现出较强的耐盐能力（张科等，2009）。因此，从种子持久性角度，也可以解释本研究中碱蓬和盐地碱蓬种子数量所占比例最高的原因。

本书中土壤种子库密度并未受到各化学指标的影响，而相似的研究表明，青藏高原草地土壤种子库密度与土壤 pH 显著负相关，与土壤湿度和有机质含量显著正相关（Ma et al.，2017），二者研究结果不同的可能原因：（1）种子库取样时间不同，本文的取样时间是 10 月，包含瞬时和持久土壤种子库，而后者的取样时间是 8 月，基本为持久土壤种子库；（2）本研究中碱蓬和盐地碱蓬种子数量比例较高，在 3 种不同地下水位深度条件下，碱蓬均能很好地生长繁殖，生产大量种子，并形成持久种子库（Ma et al.，2018），因此种子库密度并未受到环境因子的影响。然而，种子库物种多样性受到土壤化学指标的显著影响，例如 Margalef 指数和 Shannon-Wiener 指数均与土壤 pH 正相关，与土壤水溶性盐总量（TWSS）、有效磷浓度（A-P）、Na^+、Ca^{2+}、Cl^- 和 SO_4^{2-} 浓度负相关。主成分分析提取的 2 个主成分，分别为土壤盐和养分，即埋藏环境的盐分和养分是影响种子库的重要因素，其中土壤水溶性盐总量是影响种子库

物种多样性的关键因子，且为直接的负作用，这与我们第 2 个假设一致。此外，土壤有效磷浓度在水溶性盐总量的影响下，显著影响种子库多样性，表现为间接的负作用，这与松嫩平原盐碱草地的土壤种子库研究结果相似，有效磷与种子库物种组成显著相关（Ma et al.，2015）。土壤有效磷浓度受到土壤自然化学属性和生物属性的影响，由土壤化学指标间的相关分析可知，土壤有效磷浓度与水溶性盐总量显著正相关，很可能是土壤盐度限制有效磷的释放。尽管本研究没有测定土壤微生物的活性，但已有研究表明，较高的土壤有效磷浓度促进微生物的代谢和增加群落多样性（Wang et al.，2018），加速部分种子的分解失活，进而可能降低种子库物种多样性。目前，对于滨海湿地而言，环境因子对土壤种子库影响研究仍相对匮乏。但本研究结果与已有的研究结论趋于一致，如位于美国路易斯安那州的滨海湿地，土壤种子库物种组成受到水淹和土壤盐度影响，持续水淹和高盐条件降低种子库的萌发和物种丰富度（Baldwin et al.，1996）；又如，天津滨海盐碱湿地，整体上土壤种子库物种组成特征受到盐度、有机质和 pH 影响较大（贺梦璇等，2014）。

六、结论

黄河三角洲滨海湿地地下水位深度变化显著影响土壤种子库物种多样性，具体表现为随地下水位升高，土壤种子库 Margalef 指数和 Shannon-Wiener 指数均降低，主要归因于地下水位变化引起的土壤水溶性盐总量改变，即种子库物种多样性随着土壤盐度升高而降低。因此，针对该区域的退化生境植被的自然恢复，可采取人为降低地下水位或土壤水溶性盐总量的措施，有效增加土壤种子库物种多样性，提高地上植被群落自然恢复潜力。

第三节　生物土壤结皮对维管植物建植的影响

一、生物结皮对种子萌发的影响研究进展

自然植物群落的组成在很大程度上受种子萌发的影响，种子萌发强烈地决定了生境中某种物种的存在与否（Bungard et al.，1997）。种子萌发是植物生命周期开始的关键阶段，这一阶段极易受到环境因素，尤其是基质的影响（Yu et al.，2016）。因此，了解不同基质类型对种子萌发的影响是了解维管植物种群和群落组成的关键。

生物土壤结皮（以下简称生物结皮）约占地球陆地表面的 12%

(Rodriguez-Caballero et al., 2018)。生物结皮由蓝藻、藻类、苔藓、地衣和真菌的不同组合构成 (Belnap et al., 2016)。生物结皮能够在水分和养分十分匮乏的生境中存活 (Ferrenberg et al., 2015), 对土壤结构 (Bowker et al., 2008) 产生积极影响, 并通过光合作用和固氮增加土壤有机质 (Maestre et al., 2013) 和氮素 (Belnap, 2002) 浓度, 为其他植物的生存创造良好条件。

关于生物结皮的分布和功能的多数认知来源于干旱到半干旱生态系统的研究 (Ferrenberg et al., 2018; Peter et al., 2016; Serpe et al., 2006)。然而, 在温带生态系统中, 生物结皮也有分布, 并在地上和地下生物过程中发挥重要作用, 但人们对该区域生物结皮的了解较少 (Corbin & Thiet, 2020)。在海岸沙丘, 生物结皮在沙丘表面呈马赛克状分布, 它们通过影响种子萌发、幼苗建立和土壤特性进而影响植物群落和土壤性质 (Thiet et al., 2014)。滨海盐碱地养分匮乏, 蒸散量大 (Schulz et al., 2016), 使得种子萌发充满挑战。然而, 生物结皮对滨海盐碱地维管植物的积极影响却很少被关注。

由于生物结皮和维管植物共存, 许多研究都关注在生物结皮对种子萌发的影响 (Gilbert & Corbin, 2019; Steggles et al., 2019)。目前研究生物结皮对种子萌发的影响, 存在 3 种观点: 积极的 (Muñoz-Rojas et al., 2018)、消极的 (Gilbert and Corbin, 2019) 或无影响的 (Prasse and Bornkamm, 2000)。积极的影响可能在于生物结皮提高表土含水率 (Concostrina-Zubiri et al., 2017)、养分 (Kakeh et al., 2018; Li et al., 2012) 或增强种子捕获 (Xiao et al., 2015)。生物结皮对种子的负面影响可能是阻碍幼苗根系渗透 (Deines et al., 2007) 或分泌具有化感作用的代谢物 (Miralles et al., 2014) 抑制种子萌发。

生物结皮的类型主要分为藻类为主、地衣为主、苔藓为主和混合型生物结皮, 它们各自的物理化学特征不同, 对种子萌发的影响也不同。一项荟萃分析研究显示, 苔藓主导的生物结皮促进了植物的生长发育, 而地衣主导的生物结皮抑制了植物的生长发育 (Havrilla et al., 2019)。因此, 种子萌发对生物结皮的响应差异可能是由于不同类型生物结皮的理化特性不同造成的。据报道, 以苔藓为主的生物结皮比以藻类为主的结皮 (Su et al., 2007) 或地衣为主的结皮 (Deines et al., 2007; Sedia & Ehrenfeld, 2003) 更利于种子萌发。这可能是因为苔藓比藻类或地衣能吸收并贮存更多的水分, 刺激种子发芽 (Peter et al., 2016)。

生物结皮、未结皮土壤和维管植物通常呈镶嵌斑块景观, 并通过土壤环境的物理和化学特征的差异营造出生境异质性 (Concostrina-Zubiri et al.,

2013）。种子的形态特征也可能影响种子的萌发，有芒的种子可能更容易被留在土壤表面，因此容易被动物捕食，但无芒的小种子很容易滑入生物结皮的裂缝中（Zhang & Belnap，2015）。因此，生物结皮对种子萌发的影响受生物结皮类型和种子种类的影响，进而可能最终影响植物群落结构。

大多数种子，包括盐生植物的种子，在萌发和出苗阶段对盐胁迫非常敏感。盐度通过限制水分供应（渗透效应），对某些代谢过程造成特定伤害（离子效应），或同时通过这两种过程对种子萌发产生不利影响（Berrichi et al.，2010）。在黄河三角洲滨海盐碱地，浅层咸水是植被的主要水源（Xia et al.，2016）。由于毛管效应，盐分在土壤表面聚积，盐分浓度影响着优势植被的分布格局（Zhao et al.，2019）。干旱和高蒸散发是许多生物的限制因素，然而，生物结皮却能够在干旱或半干旱生态系统中广泛分布（Thiet et al.，2014），这可能归因于生物结皮细胞外物质的积累（Lan et al.，2010）和抗氧化系统的保护（Tang et al.，2007）。过去的一项研究表明，在高海拔高山草原生态系统中，生物结皮通过营造较少的盐碱化环境对植物建立产生积极影响（Jiang et al.，2018）。因此，我们认为生物结皮可能为盐胁迫下种子的萌发提供安全的场所。

二、材料与方法

研究地点位于山东省黄河三角洲滨州港附近的滨海盐碱地（38°10′2″N ~ 38°10′31″ N，118°03′15″E ~ 118° 03′37″ E）。该地受到大规模的人类活动的影响，如堤坝和养虾池，同时也受到海水和淡水的影响。该地区具有典型的暖温带季风气候，四季分明。年平均降水量 530 ~ 630mm，近 74% 的降水发生在 6—9 月，蒸发量是降水量的 3 倍，导致土壤和地下水盐度较高（Fan et al.，2011）。土壤为粉质壤土（黏土 5.76%、淤泥 47.66% 和粉沙 46.58%），由于黄河的冲积作用，其质地细腻松散（Zhao et al.，2019）。植被主要是芦苇（*Phragmites australis*）、碱蓬（*Suaeda glauca*）、柽柳（*Tamarix chinensis*）。植物群落呈镶嵌式分布。生物结皮与维管植物和未结皮土壤共存，创造了每个斑块规模为 1 ~ 5m² 的空间马赛克景观。藻结皮在裸斑、芦苇、碱蓬和柽柳生境中占主导地位，但盖度不同。藓类结皮仅在芦苇生境中占主导地位。

2018 年 7 月，我们在裸斑、芦苇、碱蓬和柽柳生境中各采集了 4 块完整的生物结皮和 4 块未结皮土壤样品：1 组用于种子萌发试验，其余 3 组用于理化分析。共收集 96 份样品（4 种生境，2 种基质，每种生境 3 个重复，同一生境 4 个重复）。我们用喷雾器将生物结皮润湿，以提高其稳定性，然后用直径

9cm 的一次性培养皿插入结皮表面，深度为 1cm，从而收集完整的生物结皮。我们还在距离结皮样品采集处几米范围内选取未结皮生境，同样用一次性培养皿收集 1cm 深的未结皮土壤。我们将样品表面的种子、凋落物和根清除。在实验室内将生物结皮和未结皮土壤样品自然风干至恒重，然后放入 4℃ 冰箱内保存。此外，我们从藻结皮中刮出少量藻类，在显微镜下观察。结果表明，在研究地，真藻类（不是蓝藻细菌）占主导地位。

选择芦苇和碱蓬种子进行萌发试验，其中芦苇是多年生草本植物，而碱蓬是一年生草本植物。每个物种至少选择 50 株植物采集种子，采集的种子放在纸袋中室温保存。

在实验室中，将用于理化分析的生物结皮和未结皮土壤样品与种子萌发试验一起，在相同条件下的气候箱内进行培养，直至种子萌发试验完成。我们采用覆盖度估计法，通过自制网格来确定藻类盖度和苔藓盖度。种子萌发试验结束时，将生物结皮和未结皮土壤在 50℃ 下烘干至恒重，测量其含水量，研磨后过筛。使用多参数水质分析仪（Hach-hq 30d）测定浸提液的 pH。使用元素分析仪测定总碳和总氮含量。经 H_2SO_4-$HClO_4$ 消解后，用全自动化学分析仪（Smart Chem 140）测定总磷。采用火焰原子吸收光度法测定 K^+、Na^+、Ca^{2+} 和 Mg^{2+} 的浓度。采用离子色谱法测定 Cl^-、SO_4^{2-} 和 NO_3^- 浓度。

2019 年 5 月，我们用 27 个培养皿进行种子萌发试验（4 种生境×2 种基质×每种生境 3 个重复 + 3 个对照）。为了尽可能地模拟种子的自然传播，将每个物种的 30 颗种子随机放置在每个培养皿的生物结皮和未结皮土壤表面，并用滤纸设置对照。为了模拟野外自然条件，所有培养皿均敞口，并随机放置于气候箱内，设置每天 12h 的光周期，温度 25℃/20℃ 和湿度 50%。每个培养皿每天喷施 3mL 无菌蒸馏水，确保均匀湿润生物结皮和未结皮土壤。然而据观察发现，由于气候箱内设置的湿度较低，所有培养皿在次日都已干燥，这样能够模拟滨海盐碱地的高热蒸发。每 3d 记录 1 次种子的萌发情况和萌发率，直到第 18 天，以评估种子的平均发芽时间。

三、生物结皮和非结皮土壤的理化性质比较

与未结皮土壤相比，生物结皮增加了表层土壤的含水量、养分元素浓度（总碳、总氮和总磷）和大部分的盐离子浓度（图 2-8）。特别是总氮浓度，在裸斑生境，生物结皮的总氮浓度比未结皮土壤高 463%；在芦苇生境，生物结皮比未结皮土壤高 167%；在碱蓬生境，生物结皮比未结皮土壤高 634%；在柽柳生境，生物结皮比未结皮土壤高 431%。芦苇生境和柽柳生境的生物结

皮和非结皮土壤的盐离子浓度均较低。

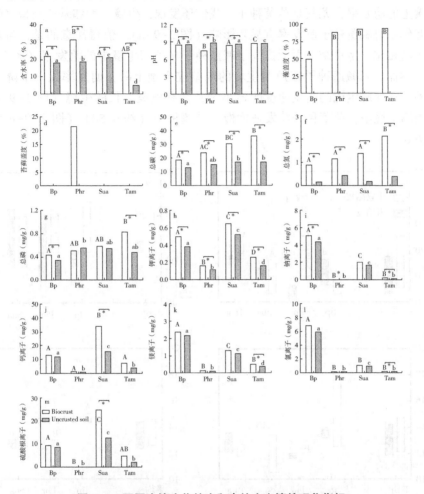

图2-8　不同生境生物结皮和未结皮土壤的理化指标

a：含水率；b：pH；c：藻盖度；d：苔藓盖度；e：总碳浓度；f：总氮浓度；g：总磷浓度；h：钾离子浓度；i：钠离子浓度；j：钙离子浓度；k：镁离子浓度；l：氯离子浓度；m：硫酸根离子浓度。大写字母表示不同生境的生物结皮理化指标的显著差异，小写字母表示不同生境的未结皮土壤理化指标的显著差异。

* 表示同一生境的生物结皮或未结皮土壤间存在显著差异（$P<0.05$）。

四、生境类型和基质类型对种子萌发的影响

我们发现，碱蓬种子在芦苇生境的生物结皮上萌发率显著高于裸斑生境和

碱蓬生境的生物结皮。整体来看，种子在生物结皮上的萌发率要高于在未结皮土壤上的萌发率，尤其是芦苇种子。我们还发现，生境类型和基质类型之间的交互作用对碱蓬种子萌发率有显著影响（图2-9-a）。值得注意的是，与未结皮土壤相比，生物结皮大大提高了碱蓬种子在芦苇生境中的萌发率（图2-9-a）。然而，当碱蓬种子在芦苇生境的未结皮土壤上时，萌发率显著下降。芦苇种子在裸斑生境的萌发速度明显小于其在有植被生长的生境（图2-9-d）。在芦苇生境中，芦苇种子萌发速度慢于碱蓬种子（约0.5d）（图2-9-c和图2-9-d）。

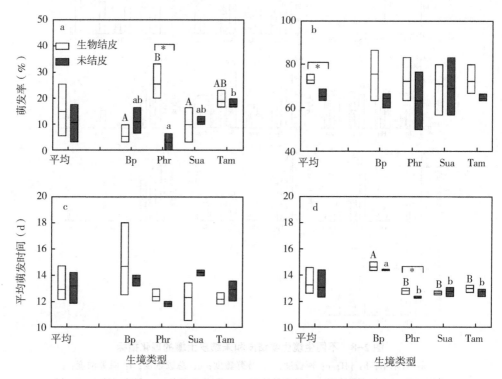

**图2-9　不同生境的生物结皮和未结皮土壤对种子萌发率
（a和b）和平均萌发时间（c和d）的影响**

Bp：裸斑生境；Phr：芦苇生境；Sua：碱蓬生境；Tam：柽柳生境。大写字母表示种子在不同生境的生物结皮上萌发率和平均萌发时间的显著差异。小写字母表示种子在不同生境的未结皮土壤上萌发率和平均萌发时间的显著差异。

* 表示同一生境的生物结皮土壤和未结皮土壤的种子萌发率或平均萌发时间存在显著差异（$P<0.05$）。

五、基质的理化性质对种子萌发的影响

藻盖度与种子萌发率显著相关，总磷浓度与种子萌发时间显著相关（图2-10）。Na^+、Mg^{2+} 和 Cl^- 浓度与碱蓬种子萌发率、碱蓬种子萌发时间和芦苇种子萌发时间呈显著相关（图2-10），说明盐离子浓度对种子萌发有强烈的影响。结构方程模型分析显示，苔藓生物结皮可为种子提供较低的 pH 值和 Mg^{2+} 浓度，进而提高碱蓬种子的萌发率（图2-11）。苔藓生物结皮的低 pH 值，间接降低芦苇种子在其自身生境的萌发速度（图2-11）。植物生长的生境可直接降低 Cl^- 浓度，间接提高芦苇种子的萌发速度（图2-11）。

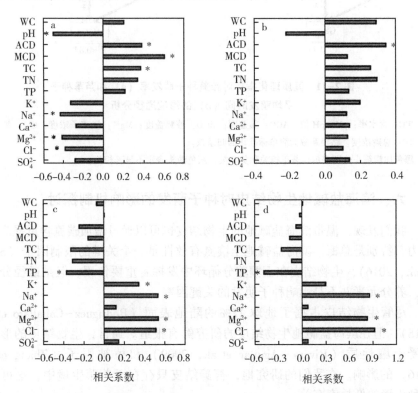

图 2-10 基质理化特性与碱蓬（a 和 c）和芦苇（b 和 d）种子萌发率
（a 和 b）和平均萌发时间（c 和 d）的皮尔森相关系数

WC：土壤含水量；pH：pH 值；ACD：藻盖度；MCD：苔藓盖度；TC：全碳；TN：全氮；TP：全磷；K^+、Na^+、Ca^{2+}、Mg^{2+}、Cl^- 和 SO_4^{2-}：上述离子的浓度。

* 表示显著相关。

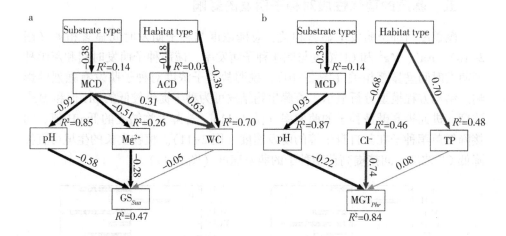

图 2-11 基质理化指标对碱蓬种子萌发率（a）和芦苇种子平均萌发时间（b）的影响通径分析

WC：含水率；pH：pH 值；ACD：藻盖度；MCD：苔藓盖度；Mg^{2+}：镁离子浓度；Cl^-：氯离子浓度；TP：总磷浓度。路径系数为简单标准化回归系数。

黑色加粗箭头分别表示显著正相关和负相关，灰色箭头表示不显著相关。

六、滨海盐碱地生物结皮对种子萌发的影响机制探讨

我们发现，温带滨海盐碱地的生物结皮也可以通过增加碳氮含量提高土壤肥力，特别是总氮。滨海盐碱地土壤氮有效性是一个关键的限制因子（Schulz et al.，2016），生物结皮在土壤养分循环中发挥着重要作用。但是通径分析表明，养分元素并不是影响种子萌发的关键因素。

尽管生物结皮占据了地球 12% 的陆地表面（Rodriguez-Caballero et al.，2018），但在滨海盐碱地生物结皮的研究鲜有报道。通常，生物结皮的形成主要受土壤性质（Rivera-Aguilar et al.，2009）和植被因子（Zhang et al.，2016）的影响。在我们的研究地，苔藓结皮只存在于芦苇生境中，这可能与该种生境的低盐度有关。

有很多研究发现，苔藓结皮对种子萌发和存活起到一定的积极作用，这是由于苔藓结皮能够提高表土的水分保持能力（Bell & Bliss，1980；Delach & Kimmerer，2002）。但本研究结果显示，水分不是影响种子萌发的关键因素。苔藓生物结皮降低了基质镁离子的浓度，间接提高了碱蓬种子的萌发率。这可能是因为苔藓生物结皮削弱了镁离子对碱蓬种子的离子效应（Berrichi et al.，

2010）。此外，芦苇生境的低 pH 值在一定程度上促进了碱蓬种子的萌发率，却抑制了芦苇种子的萌发率，进而可能引起植物空间分布的变化。已有研究表明，pH 水平和盐度所造成的环境压力，可能会为植物提供一个机会窗口，特别是在种子萌发阶段（Bui，2013）。

化感作用通常来解释促进或抑制作用的机制（Liu et al.，2020；Qin et al.，2018）。他们提出，这种积极作用可能归因于化感物质的稀释。对应本研究，我们在种子萌发过程中，每天喷洒少量蒸馏水模拟雨淋和雾淋，因此模拟了野外苔藓结皮产生的化感物质在降雨过程中被稀释（Michel et al.，2011），这些稀释后的化合物显著促进了碱蓬种子的萌发。本研究对揭示滨海盐碱地生物结皮对植物群落动态的影响机制具有一定的参考价值。

与我们的设想不同的是，生物结皮并没有为种子提供低盐基质。与未结皮土壤相比，生物结皮的大部分盐离子的浓度均有所增加，尤其是钾离子和钠离子。这是由于生物结皮表面经常会截留淤泥和黏土颗粒，这些颗粒可以结合钙离子、镁离子、钠离子和钾离子等正电荷（Chamizo et al.，2012）。此外，较强烈的蒸散发导致黄河三角洲滨海盐碱地土壤表层盐离子聚集（Fan et al.，2011）。

裸斑生境的生物结皮和未结皮土壤均降低了芦苇种子的萌发速度，这与 Cl^- 浓度较高有关。通常，盐生植物和非盐生植物的种子对盐胁迫的响应方式基本相似，其中比较明显的是初始萌发过程被延迟（Almansouri et al.，2001）。在我们的研究中，这一现象仅体现在芦苇种子中，其在裸地萌发的时间比在其他生境晚 3d。整体来看，在生物结皮和未结皮土壤上，芦苇种子萌发速度略慢于碱蓬种子约 0.5d。这进一步说明芦苇生境的生物结皮可能为碱蓬的建植提供机会。

在我们的研究中，碱蓬和芦苇的种子具有不同的萌发策略（Xiao et al.，2016），相比较而言，碱蓬种子对基质类型的敏感性更高，碱蓬种子萌发速度比芦苇种子约快 3d，芦苇种子在吸收足够的水分后才开始发芽。它们似乎一个是激进派，一个是保守派。由于沿海盐碱地缺乏淡水资源和降水分布不均匀（Chu et al.，2018），70%以上的降水主要集中在夏季。种子在有限时间内萌发是一个不小的挑战。因此，生物结皮对维管植物种子的物种特异性影响（Steggles et al.，2019），有助于严酷环境中维管植物群落的空间异质性的形成。我们用试验证明了生物结皮可能通过影响种子萌发而改变植物群落结构，研究结果有助于进一步了解滨海盐碱地生物结皮的功能。

第四节 滨海湿地植物对土壤重金属污染的响应及富集规律——以铯为例

当今，核能已被广泛应用于军事、能源、工业、航天等各个领域。目前，核能提供了约世界总能源的 6.0% 和总发电量的 16%（Key World Energy Statistics，2014），为解决世界能源危机提供了有效途径，但也带来了潜在的核污染隐忧。美国核能研究所（NEI）研究发现，每年有 2 000~2 300t 的核废物通过各种途径释放到环境中（Nuclear Waste，2011），对周围的水、土壤和大气造成放射性核污染。核污染的放射性元素成分包括铯（Cs-131、134、137）、锶（Sr 90）及碘（I-131、135）等，其中放射性铯约占 16.9%，为主要成分（Yablokov et al.，2009；Nuclear et al.，2012）。放射性同位素 ^{134}Cs 和 ^{137}Cs 的半衰期分别为 2.06 年和 30 年，在衰变过程中会释放出强辐射性的 ß 射线和 γ 射线，即使含量很低也会对人们的健康造成长期的严重威胁，甚至致畸、致癌、致突变等（Djedidi et al.，2014；Cook et al.，2009）。此外，Cs$^+$ 具有极高的水溶性（与 K$^+$ 和 Na$^+$ 类似），大气中的放射性铯可通过降雨洒落到广阔的地面，一旦沉积在土壤中，将在土壤表层长期驻留，清除困难（Smolders et al.，2011；张晓雪等，2010）。常规的物理和化学处理方法包括挖掘收集、溶剂清洗法（Deshpande et al.，1999）、吸附法、生物降解（Ryan et al.，1991）和电修复（Sun et al.，2009；Zhou et al.，2004）等，因成本高、适用范围小、容易破坏土壤结构等使其应用受限（聂惠等，2010；邓小鹏等，2011）。目前认为，植物修复技术具有操作简便、成本低、不引起二次污染等特点，成为该领域的主要研究方向（洪晓曦等，2017）。植物修复技术的关键在于超富集植物的筛选。Broadley 等（1997）研究认为，藜科、苋科、菊科对放射性铯吸收能力较强；唐永金等（2013）研究不同植物在高浓度 Sr 和 Cs 胁迫下的响应与修复植物的筛选。目前，对于植物修复土壤 Cs 污染的研究较多（Wang et al.，2012；Moogouei et al.，2017），但鲜有关于黄河三角洲地区盐地碱蓬对 Cs 富集规律的研究。

盐地碱蓬（*Suaeda salsa*）是黄河三角洲滨海湿地先锋植物，具有较高的耐盐性，是重度盐碱湿地的主要修复物种（管博等，2011）。此前对于盐地碱蓬的报道多侧重于 NaCl 胁迫（Li et al.，2005；Wang et al.，2015）、重金属胁迫等（王耀平等，2013），然而关于盐地碱蓬对放射性铯污染土壤修复的研究相对较少，这在一定程度上限制了本土盐生植物的开发与利用。由于放射性^{137}

Cs 与稳定性[133]Cs 化学性质相近，植物对二者的吸收不存在区别（朱靖等，2016）。因此，本试验以盐地碱蓬为试验对象，以稳定性[133]Cs 代替放射性[137]Cs，在温室盆栽条件下研究不同 Cs 浓度对盐地碱蓬种子的萌发和富集特征的影响，以期能够为进一步挖掘本土盐生植物在植物修复技术中的利用价值提供一定的理论依据。

一、材料与方法

（一）试验材料

供试种子采自黄河三角洲地区滨海湿地内成熟的盐地碱蓬群落。将种子处理干净，于 4℃ 冰箱内储存，备用。试验在滨州学院山东省黄河三角洲生态环境重点实验室的温室大棚内进行。花盆采用 5 号全新 PP 树脂材料砖红色花盆，外径 15.6cm，底径 11cm，高 15.4cm，重量 0.15kg，容积 1.7 L。试验用土为黄河口滨岸潮土，土壤背景值为 pH：8.13 ± 0.13，含盐量（0.6 ± 0.20）‰，总碳（5.57±1.01）%，总氮（213.4±79.5）mg/kg，总磷（249.2±56.2）mg/kg。

（二）试验设计

种子萌发试验，将经臭氧消毒的 50 粒饱满盐地碱蓬种子置于干净培养皿中（直径 10cm，内垫 2 层滤纸），分别加入浓度为 100mg/L、200mg/L、400mg/L、800mg/L 的 $CsNO_3$ 溶液各 6mL，以蒸馏水处理作为对照（CK）。封口膜密封后放置 25℃ 恒温培养箱中培养，培养周期为 7d。每天观察记录种子发芽数，培养第 7d 开始测量幼苗芽长和根长，统计种子的发芽率、发芽势、活力指数和发芽指数。

Cs 污染土壤的制备，将土壤过 1.4cm 筛，装盆，根据预试验和设计 $CsNO_3$ 用量，每盆浇 400mL $CsNO_3$ 溶液或清水（CK），使土壤达到饱和持水量，以保证土壤得到均匀污染。每一浓度梯度均设置 4 组重复，共计 20 盆。经 $CsNO_3$ 处理的土壤放置阴凉处 8 周，待土壤吸附后播种。每盆定苗 6 株/盆，每 1~2d 浇水 1 次，保持土壤持水量在 60%~70%。播种 90d 后收获，每盆取 3 株，按处理分为根、茎、叶 3 个部分。先用自来水清洗干净，再用超纯水清洗 3 次，然后用吸水纸吸去植物体表面水分，按照根、茎、叶分别编号后装入信封，最后将样品放置 70℃ 烘箱中烘至恒重，计算其生物量。

（三）测定和计算方法

盐地碱蓬种的发芽率、发芽势、发芽指数（张宇等，2013）、活力指数（张宇等，2013）分别按照公式 2-4、公式 2-5、公式 2-6、公式 2-7 进行计算。

$$发芽率 (GR) = \sum G_t / T \times 100\% \tag{2-4}$$

$$发芽势 (GP) = G_t / T \times 100\% \tag{2-5}$$

$$发芽指数 (GI) = \sum (G_t / D_t) \tag{2-6}$$

$$活力指数 (VI) = S \times GI \tag{2-7}$$

式中，G_t 为 t 日发芽数（发芽率 7d，发芽势 3d）；D_t 为相应的发芽天数；T 为种子总数；S 为根长（mm）；种子萌发第 7d 测定芽长和根长。

将盐地碱蓬根、茎、叶各部分研磨、消解后采用 AA6800 原子吸收分光光度计（日本岛津公司），测定 Cs 含量。铯的富集和转运系数分别按公式 2-8 和公式 2-9 进行计算。

$$富集系数 = 根或茎或叶内核素含量（mg/kg）/土壤中核素含量（mg/kg） \tag{2-8}$$

$$转运系数 = 茎或叶中核素含量（mg/kg）/根系中核素含量（mg/kg） \tag{2-9}$$

（四）数据分析

采用 Excel 2013 作图，SPSS 17.0 进行数据计算及相关性分析。

二、结果与分析

（一）$CsNO_3$ 对盐地碱蓬萌发特性的影响

由表 2-9 可知，与空白对照（CK）相比，不同浓度 $CsNO_3$ 处理对盐地碱蓬发芽率、发芽势和发芽指数影响均不显著。由表 2-10 可知，不同浓度 $CsNO_3$ 处理对盐地碱蓬幼苗生长的影响不同，表现为"低促高抑"的双重作用。当浓度 ≤100mg/L 时，对胚根、胚芽生长及活力指数具有显著的促进作用（$P<0.05$）；当浓度 >100mg/L 时，对胚根、胚芽生长及活力指数具有显著的抑制作用（$P<0.05$），且随着 Cs 浓度的升高对胚根抑制作用大于对胚芽的抑制作用。说明胚根对环境中的 Cs 更敏感，亦表明高浓度 Cs 对盐地碱蓬胚根的生长造成了一定的损害。

表 2-9 不同浓度 $CsNO_3$ 处理下盐地碱蓬萌发特性比较

$CsNO_3$ 质量浓度（mg/L）	发芽率（%）	发芽势（%）	发芽指数
0（CK）	95.3±0.2[a]	80.7±0.3[a]	71.40±2.12[a]

（续表）

$CsNO_3$质量浓度（mg/L）	发芽率（%）	发芽势（%）	发芽指数
100	96.7±0.1[a]	84.5±0.3[a]	72.10±2.45[a]
200	96.7±0.2[a]	84.7±0.4[a]	72.19±2.21[a]
400	95.3±0.2[a]	80.7±0.2[a]	70.14±2.05[a]
800	94.7±0.1[a]	80.0±0.3[a]	66.94±1.98[a]

注：不同小写字母代表不同处理间在0.05水平上差异性显著。

表2-10　不同浓度 $CsNO_3$ 处理下盐地碱蓬发芽特性比较

$CsNO_3$质量浓度（mg/L）	芽长（mm）	根长（mm）	活力指数
0（CK）	21.65±2.06[b]	17.75±1.62[b]	154.61±16.15[b]
100	23.76±1.56[a]	19.35±1.02[a]	170.34±14.26[a]
200	15.88±0.43[c]	10.33±0.06[c]	114.62±3.10[c]
400	10.22±0.21[d]	8.78±0.47[d]	71.66±1.46[d]
800	9.90±0.38[d]	5.54±0.52[e]	66.25±2.55[e]

注：不同小写字母代表不同处理间在0.05水平上差异性显著。

（二） $CsNO_3$ 对盐地碱蓬各部位生物量的影响

人们通常用生物量、酶活性和叶绿素含量来评价植物对核素胁迫的响应（聂小琴等，2010；高奔等，2010），其中生物量作为评价植物抗胁迫能力的关键指标。由图2-12可知，在不同Cs浓度条件下对盐地碱蓬各部位干重的影响不同。当土壤Cs浓度为100mg/kg时，盐地碱蓬各部位生物量比对照组各部位的生物量略有增加，之后随着Cs浓度的升高，盐地碱蓬各部位生物量逐渐降低。在土壤Cs浓度为800mg/kg时，盐地碱蓬各部位生物量达到最低值，根部、茎段和叶片的生物量比对照组分别降低40.0%、66.56%和58.26%。

（三） $CsNO_3$ 在盐地碱蓬体内的富集规律

由图2-13可知，盐地碱蓬各部位积累的Cs含量均随着处理浓度的升高而显著增加（$P<0.05$）。在不同Cs浓度下盐地碱蓬各部位的富集情况也不同，但叶片中的Cs含量始终高于根部和茎段。当土壤Cs浓度≤200mg/kg时，盐地碱蓬各部位积累的Cs含量表现为叶>根>茎；当土壤Cs浓度>200mg/kg时，盐地碱蓬各部位积累的Cs含量变为叶>茎>根；当土壤Cs浓度达到800mg/kg

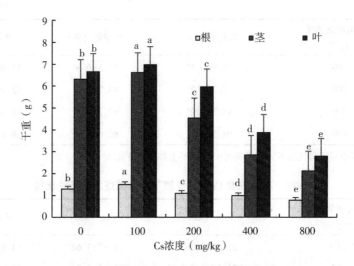

图 2-12　不同浓度 Cs 对盐地碱蓬各器官干重的影响

时，根部、茎段和叶片积累的 Cs 含量达到最大，分别为 1.69mg/kg、2.48mg/kg、4.18mg/kg。

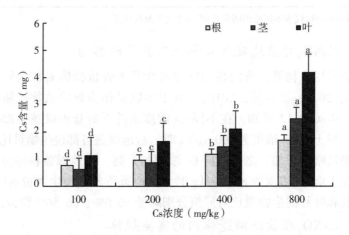

图 2-13　Cs 在盐地碱蓬体内分布

富集系数反映的是盐地碱蓬对 Cs 的富集能力，转运系数反映的是盐地碱蓬对 Cs 的转运能力。由图 2-14 可知，在浓度为 100mg/kg 时，盐地碱蓬根、茎、叶的富集系数最大，之后随着土壤 Cs 浓度的增加富集系数逐渐降低，在 Cs 浓度为 800mg/kg 时达到最低值，比浓度在 100mg/kg 时根、茎、叶分别降低 72.23%、49.59%、53.39%。由图 2-15 可知，随着土壤 Cs 浓度的增加，盐地碱蓬茎段和叶片的转运系数逐渐增大，在土壤 Cs 浓度为 800mg/kg 时达到最大值，比在 100mg/kg 时茎和叶转运系数分别提高 81.48%、67.57%。

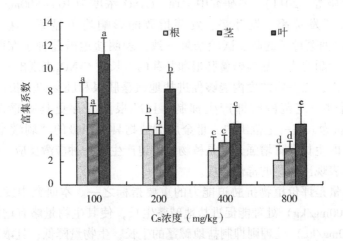

图 2-14　盐地碱蓬各器官对 Cs 的富集系数

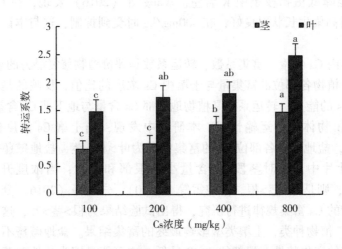

图 2-15　盐地碱蓬茎、叶对 Cs 的转运系数

三、讨论

铯与钾为同主族元素，在化学性质上具有相似性，进入细胞中的 Cs^+ 能结

合在 K+ 相应的结合位点上，但不能激活需 K+ 活化的多种蛋白酶，因此在某些生理功能上 Cs+ 不能代替 K+（Hampton et al.，2004）。对植物的研究发现，当根部 Cs 浓度大于 200mmol/L 时，会造成植物体内 K 的缺乏，影响植物正常生长（陶宗娅等，2011）。本研究中发现，CsNO3 浓度为 100~800mg/L 时，对盐地碱蓬种子发芽率、发芽势、发芽指数的影响均不显著，这与陶宗娅等（2011）对油菜种子的萌发试验结果一致，表明盐地碱蓬种子在萌动期对 Cs 具有较强的耐受力。盐地碱蓬胚根和胚芽的生长对 CsNO3 表现出一定的剂量效应：一方面，在一定浓度内能够促进盐地碱蓬胚根和胚芽的生长；另一方面，当浓度超过一定范围时即产生抑制，且胚根比胚芽更具敏感性。Patra 等（2010）认为，在一定范围内，重金属对植物具有积极的"刺激作用"，表现为暂时性的生长发育增强，这是植物对胁迫产生的一种应激反应，但当超过一定浓度即表现出明显的毒性效应。

生物量是评价植物抗胁迫能力的重要指标之一。本研究中发现，低浓度 Cs（≤ 100mg/kg）处理能促进盐地碱蓬生长，使其生物量略有增加；高浓度 Cs（>200mg/kg）处理则抑制盐地碱蓬的生长，生物量降低；且浓度越高，抑制效果越明显。Hampton 等（2004）研究发现，137Cs 会降低植物枝条重量，原因是 137Cs 能降低植物枝条中 K 含量。Wang 等（2016）发现，在 Cs 浓度为 100mg/kg 时高粱生长状况良好，在 400mg/kg 时受到抑制，这与本试验得出的结果相似。

植物体内 Cs 含量、富集系数、转运系数是评价植物修复潜力的重要指标。富集系数是植物各部位的富集量与土壤中 Cs 浓度的比值，反映的是植物从土壤中富集 Cs 的能力；转运系数是植物地上部 Cs 含量与地下部 Cs 含量的比值，反映 Cs 在植物体内的运输情况。本研究中发现，当土壤 Cs 浓度低时（≤ 100mg/kg），盐地碱蓬各部位 Cs 的富集情况为叶>根>茎，盐地碱蓬将茎中的 Cs 转移到叶片中，此时茎段 Cs 含量小于根部和叶片；当浓度升高时（> 200mg/kg），则是叶>茎>根。张晓雪等（2010）、朱静等（2016）分别对鸡冠花和康定柳的 Cs 富集规律进行研究，得出试验结果为根>茎>叶，这可能是因为 Cs 浓度、植物种类、土壤类型影响最终的富集结果。盐地碱蓬不同于鸡冠花和康定柳的富集特性，根部的 Cs 含量低，这可能是因为盐地碱蓬叶片肉质化程度高，叶片内薄壁细胞组织大量增生，细胞数目多且体积大，可以吸收大量的水分，稀释从环境吸收上来的 Cs，当根部 Cs 浓度过高时，为避免 Cs 对根部的损伤，盐地碱蓬将根部的 Cs 转移至地上部分稀释，维持其正常生理功能，这个推测可通过盐地碱蓬转运系数随着土壤 Cs 浓度升高而逐渐增大得到证实。此外，随着浓度的升高，富集系数逐渐降低。富集系数与盐地碱蓬的总生物量和体内 Cs 含量有关，随着浓度的升高，盐地碱蓬的富集量也在增大，受胁迫程度增加后生物量不断降低，所以富集能力受到一定抑制。不同植物类型的富集系数差异很大，邹玥等（2016）得出，木耳菜在紫色土壤中地上部分对 Cs 的富集系数分布在 2.76~6.04；地下部分富集系数分布在 5.52~13.06。陈柯罕等（2017）通过计算得出，盐地碱蓬对 Cd 的富集系数最大达到 49.39。与邹玥、陈柯罕相比，本研究得出盐地碱蓬富集系数最大达到 11.22，处于较高水平，结合富集量与转移系数，足以说明黄河三角洲滨海湿地先锋植物盐地碱蓬对 Cs 具有较强的富集能力。

四、结论

（1）在 $CsNO_3$ 处理浓度为 100~800mg/L 时，对黄河三角洲滨海湿地盐地碱蓬的发芽率、发芽势、发芽指数影响不显著，但对胚根、胚芽的生长具有"低促高抑"的双重作用，且胚根对 Cs 更具敏感性。盐地碱蓬在低浓度（≤100mg/kg）下，生物量略有增加，盐地碱蓬具有一定抗胁迫能力；随着浓度的升高，盐地碱蓬生长受到抑制，生物量不断降低，且浓度越高，抑制程度越大。

（2）随着土壤 Cs 浓度的升高，盐地碱蓬各部位的富集量不断增大，但富集系数不断下降，为了降低 Cs 对自身的损害，盐地碱蓬会将一部分 Cs 经由根向地上部分转运，从而降低 Cs 对根的损害。黄河三角洲滨海湿地盐地碱蓬在 Cs 污染的土壤中具有良好的抗胁迫能力和转运能力，在修复滨海湿地 Cs 污染土壤中具有一定的研究价值和应用潜力。

参考文献

崔保山，蔡燕子，谢湉，等，2016. 湿地水文连通的生态效应研究进展及发展趋势 [J]. 北京师范大学学报（自然科学版），52（6）：738-746.

邓兴耀，姚俊强，刘志辉，2017. 基于 GIMMSNDVI 的中亚干旱区植被覆盖时空变化 [J]. 干旱区研究，34（1）：10-19.

贺梦璇，莫训强，李洪远，等，2014. 天津滨海典型盐碱湿地土壤种子库特征及 CCA 分析 [J]. 生态学杂志，33（7）：1762-1768.

侯明行，刘红玉，张华兵，2014. 盐城淤泥质潮滩湿地潮沟发育及其对米草扩张的影响 [J]. 生态学报，34（2）：400-409.

侯西勇，毋亭，侯婉，等，2016. 20 世纪 40 年代初以来中国大陆海岸线变化特征 [J]. 中国科学：地球科学，46（8）：1065-1075.

贾坤，姚云军，魏香琴，等，2013. 植被覆盖度遥感估算研究进展 [J]. 地球科学进展，28（7）：774-782.

栗云召，2014. 黄河三角洲滨海湿地的演变过程与驱动机制 [D]. 北京：中国科学院大学.

栗云召，于君宝，韩广轩，等，2011. 黄河三角洲自然湿地动态演变及其驱动因子 [J]. 生态学杂志，30（7）：1535-1541.

刘志杰，2013. 黄河三角洲滨海湿地环境区域分异及演化研究 [D]. 青岛：中国海洋大学.

路广，韩美，王敏，等，2017. 近代黄河三角洲植被覆盖度时空变化分析 [J]. 生态环境学报，26（3）：422-428.

骆梦，王青，邱冬冬，等，2018. 黄河三角洲典型潮沟系统水文连通特征及其生态效应 [J]. 北京师范大学学报（自然科学版），54（1）：17-24.

马红媛，梁正伟，吕丙盛，等，2012. 松嫩碱化草甸土壤种子库格局、动态研究进展 [J]. 生态学报，32（13）：4261-4269.

马娜，胡云锋，庄大方，等，2012. 基于遥感和像元二分模型的内蒙古正蓝旗植被覆盖度格局和动态变化 [J]. 地理科学，32（2）：251-256.

秦伟，朱清科，张学霞，等，2006. 植被覆盖度及其测算方法研究进展 [J]. 西北农林科技大学学报（自然科学版），34（9）：163-170.

曲健，陈红岩，刘文贞，等，2015. 基于改进网格搜索法的支持向量机在气体定量分析中的应用 [J]. 传感技术学报，28（5）：774-778.

任广波，刘艳芬，马毅，等，2014. 现代黄河三角洲互花米草遥感监测与变迁分析 [J]. 激光生物学报，23（6）：596-603.

孙睿，刘昌明，朱启疆，2001. 黄河流域植被覆盖度动态变化与降水的关系 [J]. 地理学报，56（6）：667-672.

王兆文，2012. 黄河三角洲生态修复技术研究 [J]. 农业与技术，32（5）：186-186.

杨薇，裴俊，李晓晓，等，2018. 黄河三角洲退化湿地生态修复效果的系统评估及对策 [J]. 北京师范大学学报（自然科学版），54（1）：98-103.

徐海量，李吉玫，叶茂，2008. 塔里木河下游不同地下水位下土壤种子库

特征 [J]. 生态学杂志, 27 (3): 305-310.

于顺利, 蒋高明, 2003. 土壤种子库的研究进展及若干研究热点 [J]. 植物生态学报, 27 (4): 552-560.

于小娟, 薛振山, 张仲胜, 等, 2019. 潮沟对黄河三角洲湿地典型景观格局的影响 [J]. 自然资源学报, 34 (12): 2504-2515.

于小娟, 张仲胜, 薛振山, 等, 2018. 1989 年以来 7 个时期黄河三角洲潮沟的形态特征及连通性研究 [J]. 湿地科学, 16 (4): 517-523.

岳玮, 刘慧明, 孙国钧, 2009. 基于遥感和 GIS 技术的祖厉河流域植被覆盖动态变化监测 [J]. 兰州大学学报 (自科版), 45 (s1): 6-11.

张绪良, 叶思源, 印萍, 等, 2009. 黄河三角洲滨海湿地的维管束植物区系特征 [J]. 生态环境学报, 18 (2): 600-607.

张科, 田长彦, 李春俭, 2009. 一年生盐生植物耐盐机制研究进展 [J]. 植物生态学报, 33 (6): 1220-1231.

赵欣胜, 崔保山, 孙涛, 等, 2010. 黄河三角洲潮沟湿地植被空间分布对土壤环境的响应 [J]. 生态环境学报, 19 (8): 1855-1861.

ALEXANDER C R, HODGSON J Y S, BRANDES J A, 2017. Sedimentary processes and products in a mesotidal salt marsh environment: insights from groves creek, georgia [J]. Geo-Marine Letters, 37: 345-359.

ALMANSOURI M, KINET J M, LUTTS S, 2001. Effect of salt and osmotic stresses on germination in durum wheat (*triticum durum* desf) [J]. Plant and Soil, 231: 243-254.

BALDWIN A H, MCKEE K L, MENDELSSOHN I A, 1996. The influence of vegetation, salinity and inundation on seed banks of oligohaline coastal marshes [J]. American Journal of Botany, 83 (4): 470-479.

BASKIN C C, BASKIN J M, 2014. Seeds: ecology, biogeography and evolution of dormancy and germination [M]. 2nd edn. San Diego: Elsevier Academic Press.

BEKKER R M, OOMES M J M, BAKKER J P, 1998. The impact of groundwater level on soil seed bank survival [J]. Seed Science Research, 8 (3): 399-404.

BELL K L, BLISS L C, 1980. Plant reproduction in a high arctic environment [J]. Arctic Antarctic and Alpine Research, 12: 1-10.

BELNAP J, 2002. Nitrogen fixation in biological soil crusts from southeast utah, USA [J]. Biology and Fertility of Soils, 35: 128-135.

BELNAP J, WEBER B, BÜDEL B, 2016. Biological soil crusts as an organizing principle in drylands. in: weber b, büdel b, belnap j (ed) biological soil crusts: an organizing principle in drylands [M]. Springer, Cham. 3-13.

BERRICHI A, TAZI R, BELLIROU A, et al., 2010. Role of salt stress on seed germination and growth of jojoba plant *simmondsia chinensis* (link) schneider [J]. IUFS J Biol, 69: 33-39.

BOWKER M A, BELNAP J, CHAUDHARY V B, et al., 2008. Revisiting classic water erosion models in drylands: the strong impact of biological soil crusts [J]. Soil Biol Biochemistry, 40: 2309-2316.

BUI E N, 2013. Soil salinity: a neglected factor in plant ecology and biogeography [J]. Journal of Arid Environment, 92: 14-25.

BUNGARD R A, DALY G T, MCNEIL D L, et al., 1997. Clematis vitalba in a New Zealand native forest remnant: does seed germination explain distribution [J]. New Zealand Journal of Botany, 35: 525-534.

BRUELHEIDE H, UDELHOVEN P, 2005. Correspondence of the fine-scale spatial variation in soil chemistry and the herb layer vegetation in beech forests [J]. Forest Ecology & Management, 210: 205-223.

CHAMIZO S, CANTÓN Y, MIRALLES I, et al., 2012. Biological soil crust development affects physicochemical characteristics of soil surface in semiarid ecosystems [J]. Soil Biology and Biochemistry, 49: 96-105.

CHU X J, HAN G X, XING Q H, et al., 2018. Dual effect of precipitation redistribution on net ecosystem CO_2 exchange of a coastal wetland in the yellow river delta [J]. Agricultural and Foresrt Meteorology, 249: 286-296.

CONCOSTRINA-ZUBIRI L, HUBER-SANNWALD E, MARTÍNEZ I, et al., 2013. Biological soil crusts greatly contribute to small-scale soil heterogeneity along a grazing gradient [J]. Soil Biology and Biochemistry, 64: 28-36.

CONCOSTRINA-ZUBIRI L, MOLLA I, VELIZAROVA E, et al., 2017. Grazing or not grazing: implications for ecosystem services provided by biocrusts in mediterranean cork oak woodlands [J]. Land Degradation and Development, 28: 1345-1353.

CORBIN J D, THIET R K, 2020. Temperate biocrusts: mesic counterparts to their better-known dryland cousins [J]. Frontiers in Ecology and the Environment, 18: 456-464.

DEINES L, ROSENTRETER R, ELDRIDGE D J, et al., 2007. Germination and seedling establishment of two annual grasses on lichen-dominated biological soil crusts [J]. Plant and Soil, 295: 23-25.

DELACH A, KIMMERER R W, 2002. The effect of polytrichum piliferum on seed germination and establishment on iron mine tailings in new york [J]. The Bryologist, 105: 249-255.

EL-KEBLAWY A, AL-SHAMSI N, MOSA K, 2018. Effect of maternal habitat, temperature and light ongermination and salt tolerance of Suaeda vermiculata, a habitat-indifferent halophyte of arid arabian deserts [J]. Seed Science Research, 28: 140-147.

FAN X M, PEDROLI B, LIU G H, et al., 2011. Potential plant species distribution in the yellow river delta under the influence of groundwater level and soil salinity [J]. Ecohydrology, 4: 744-756.

FAN X M, PEDROLI B, LIU G H, et al.2012. Soil salinity development in the yellow river delta in relation to groundwater dynamics [J]. Land Degradation & Development, 23 (2): 175-189.

FENG W J, MARIOTTE P, XU L G, et al, 2020. Seasonal variability of groundwater level effects on the growth of carex cinerascens in lake wetlands [J]. Ecology and Evolution, 10 (1): 517-526.

FERRENBERG S, FAIST A M, HOWELL A, et al., 2018. Biocrusts enhance soil fertility and bromus tectorum growth, and interact with warming to influence germination [J]. Plant and Soil, 429: 77-90.

FERRENBERG S, REED S C, BELNAP J, 2015. Climate change and physical disturbance cause similar community shifts in biological soil crusts [J]. PNAS, 112: 12116-12121.

FRENCH J R, STODDART D R, 2010. Hydrodynamics of salt marsh creek systems: implications for marsh morphological development and material exchange [J]. Earth Surface Processes & Landforms, 17: 235-252.

GILBERT J A, CORBIN J D, 2019. Biological soil crusts inhibit seed germination in a temperate pine barren ecosystem [J]. PloS ONE, 14: e0212466.

GITELSON A A, KAUFMAN Y J, STARK R, et al., 2002. Novel algorithms for remote estimation of vegetation fraction [J]. Remote Sensing of Environment, 80: 76-87.

GREENWOOD M E, MACFARLANE G R, 2006. Effects of salinity and temperature on the germination of phragmites australis, juncus kraussii, and juncus acutus: implications for estuarine restoration initiatives [J]. Wetlands, 26 (3): 854-861.

HAVRILL A CA, CHAUDHARY V B, FERRENBERG S, et al., 2019. Towards a predictive framework for biocrust mediation of plant performance: a meta-analysis [J]. Journal of Ecology, 107: 2789-2907.

HOPFENSPERGER K N, 2007. A review of similarity between seed bank and standing vegetation across ecosystems [J]. Oikos, 116: 1438-1448.

JAFARI M, CHAHOUKI M A Z, TAVILI A, et al., 2004. Effective environmental factors in the distribution of vegetation types in poshtkouh range lands of yazd province (iran) [J]. Journal of Arid Environments, 56: 627-641.

JEVREJEVA S, JACKSON L P, RIVA R E M, et al., 2016. Coastal sea level rise with warming above 2℃ [J]. Proceedings of the National Academy of Sciences of the United States of America, 113 (47): 13342-13347.

JIANG Z Y, LI X Y, WEI J Q, et al., 2018. Contrasting surface soil hydrology regulated by biological and physical soil crusts for patchy grass in the high-altitude alpine steppe ecosystem [J]. Geoderma, 326: 201-209.

KAISER T, PIRHOFER-WALZL K, 2015. Does the soil seed survival of fen-meadow species depend on the groundwater level [J]. Plant and Soil, 387 (1/2): 219-231.

KAKEH J, GORJI M, SOHRABI M, et al., 2018. Effects of biological soil crusts on some physicochemical characteristics of rangeland soils of alagol, turkmen sahra, ne iran [J]. Soil Tillage Research, 181: 152-159.

LAMPEI C, METZ J, TIELBÖRGER K, 2017. Clinal population divergence in an adaptive parental environmental effect that adjusts seed banking [J]. New Phytologist, 214 (3): 1230-1244.

LAN S B, WU L, ZHANG D L, et al., 2010. Effects of drought and salt stresses on man-made cyanobacterial crusts [J]. European Journal of Soil

Biology, 46: 381-386.

LEAL L C, ANDERSEN A N, LEAL I R, 2014. Anthropogenic disturbance reduces seed-dispersal services for myrmecochorous plants in the brazilian caatinga [J]. Oecologia, 174: 173-181.

LI X R, ZHANG P, SU Y G, et al., 2012. Carbon fixation by biological soil crusts following revegetation of sand dunes in arid desert regions of china: a four-year field study [J]. Catena, 97: 119-126.

LIU C, BU Z J, MALLIK A, et al., 2020. Resource competition and allelopathy in two peat mosses: implication for niche differentiation [J]. Plant and Soil, 446: 229-242.

MICHEL P, BURRITT D J, LEE W G, 2011. Bryophytes display allelopathic interactions with tree species in native forest ecosystems [J]. Oikos, 120: 1272-1280.

MAESTRE F T, ESCOLAR C, DE GUEVARA M L, et al., 2013. Changes in biocrust cover drive carbon cycle responses to climate change in drylands [J]. Global Change Biology, 19: 3835-3847.

MA H Y, LI J P, YANG F, et al., 2018. Regenerative role of soil seed banks of different successional stages in a saline-alkaline grassland in northeast china [J]. Chinese Geographical Science, 28 (4): 694-706.

MA H Y, YANG H Y, LIANG Z W, et al., 2015. Effects of 10-year management regimes on the soil seed bank in saline-alkaline grassland [J]. PLoS One, 10 (4): e0122319.

MA M J, DALLING J W, MA Z, et al., 2017. Soil environmental factors drive seed density across vegetation types on the tibetan plateau [J]. Plant and Soil, 419 (1/2): 349-361.

MIRALLES I, TRASAR-CEPEDA C, LEIRÓS M C, et al., 2014. Capacity of biological soil crusts colonized by the lichen Diploschistes to metabolize simple phenols [J]. Plant and Soil, 385: 229-240.

MOFFETT K B, GORELICK S M, 2016. Relating salt marsh pore water geochemistry patterns to vegetation zones and hydrologic influences [J]. Water Resources Research, 52: 1729-1745.

MUÑOZ-ROJAS M, CHILTON A, LIYANAGE G S, et al., 2018. Effects of indigenous soil cyanobacteria on seed germination and seedling growth of arid species used in restoration [J]. Plant and Soil, 429: 91-100.

NAIMAN R J, DECAMPS H, POLLOCK M, 1993. The role of riparian corridors in maintaining regional biodiversity [J]. Ecological Applications, 3: 209-212.

NISHIMURA N, TSUCHIYA W, MORESCO J J, et al.2018. Control of seed dormancy and germination by DOG1-AHG1 PP2C phosphatase complex via binding to heme [J]. Nature Communications, 9: 2132.

OMER L S, 2004. Small-scale resource heterogeneity among halophytic plant species in an upper salt marsh community [J]. Aquatic Botany, 78: 337-348.

OOI M K J, AULD T D, DENHAM A J, 2009. Climate change and bet-hedging: interactions between increased soil temperatures and seed bank persistence [J]. Global Change Biology, 15 (10): 2375-2386.

PETER G, LEDER C V, FUNK F A, 2016. Effects of biological soil crust and water availability on seedlings of three perennial patagonian species [J]. Journal of Arid Environments, 125: 122-126.

PRASSE R, BORNKAMM R, 2000. Effect of microbiotic soil surface crusts on emergence of vascular plants [J]. Plant Ecology, 150: 65-75.

QIN F C, LIU S, YU S X, 2018. Effects of allelopathy and competition for water nutrients on survival and growth of tree species in eucalyptus urophylla plantations [J]. Forest Ecology and Management, 424: 387-395.

REIDENBAUGH T G, BANTA W C, 1980. Origin and effects of spartina wrack in a virginia salt marsh [J]. Gulf Research Reports, 6: 393-401.

RIVERA-AGUILAR V, GODÍNEZ-ALVAREZ H, MORENO-TORRES R, et al., 2009. Soil physico-chemical properties affecting the distribution of biological soil crusts along an environmental transect at zapotitlán drylands, mexico [J]. Journal of Arid Environments, 73: 1023-1028.

RODRIGUEZ - CABALLERO E, BELNAP J, BÜDEL B, et al., 2018. Dryland photoautotrophic soil surface communities endangered by global change [J]. Nature Geoscience, 11: 185-189.

RUBIO-CASAL A E, CASTILLO J M, LUQUE C J, et al., 2003. Influence of salinity on germination and seeds viability of two primary colonizers of mediterranean salt pans [J]. Journal of Arid Environments, 53 (2): 145-

154.

SAATKAMP A, POSCHLOD P, VENABLE D L, 2014. The functional role of soil seed banks in natural communities//gallagher r s, ed. Seeds: the ecology of regeneration in plant communities [M]. 3rd ed. CABI, Wallingford. 263-295.

SCHOOLMASTER JR D R, STAGG C L, 2018. Resource competition model predicts zonation and increasing nutrient use efficiency along a wetland salinity gradient [J]. Ecology, 99 (3): 670-680.

SPURRIER J D, KJERFVE B, 1988. Estimating the net flux of nutrients between a salt marsh and a tidal creek [J]. Estuaries, 11: 10-14.

SCHULZ K, MIKHAILYUK T, DREβLER M, et al., 2016. Biological soil crusts from coastal dunes at the baltic sea: cyanobacterial and algal biodiversity and related soil properties [J]. Microbial Ecology, 71: 178-193.

SEDIA E G, EHRENFELD J G, 2003. Lichens and mosses promote alternate stable plant communities in the new jersey pinelands [J]. Oikos, 100: 447-458.

SERPE M D, ORM J M, BARKES T, et al., 2006. Germination and seed water status of four grasses on moss-dominated biological soil crusts from arid lands [J]. Plant Ecology, 185: 163-178.

STEGGLES E K, FACELLI J M, AINSLEY P J, et al., 2019. Biological soil crust and vascular plant interactions in western myall (*acacia papyrocarpa*) open woodland in south australia [J]. Journal of Vegetation Science, 30: 756-764.

TANG D, SHI S, LI D, et al., 2007. Physiological and biochemical responses of *scytonema javanicum* (cyanobacterium) to salt stress [J]. Journal of Arid Environment, 71: 312-320.

TEAL J M, 1962. Energy flow in the salt marsh ecosystem of georgia [J]. Ecology, 43: 614-624.

Tellier A, 2019. Persistent seed banking as eco-evolutionary determinant of plant nucleotidediversity: novel population genetics insights [J]. New Phytologist, 221 (2): 725-730.

THIET R K, DOSHAS A, SMITH S M, 2014. Effects of biocrusts and lichen-moss mats on plant productivity in a US sand dune ecosystem [J]. Plant and

Soil, 377: 235-244.

THOMPSON K, BAKKER J P, BEKKER R M, 1997. The soil seed banks of north west europe: methodology, density and longevity [M]. Cambridge: Cambridge University Press.

THOMPSON K, BAND S R, HODGSON J G, 1993. Seed size and shape predict persistence in soil [J]. Functional Ecology, 7 (2): 236-241.

THOMPSON K, HODKINSON D J, 1998. Seed mass, habitat and life history: a re-analysis of salisbury (1942, 1974) [J]. New Phytologist, 138 (1): 163-167.

URIARTE M, MUSCARELLA R, ZIMMERMAN JK, 2017. Environmental heterogeneity and biotic interactions mediate climate impacts on tropical forest regeneration [J]. Global Change Biology, 24 (2): e692-e704.

WANG T Q, YUAN Z M, YAO J, 2018. A combined approach to evaluate activity and structure of soil microbial community in long-term heavy metals contaminated soils [J]. Environmental Engineering Research, 23 (1): 62-69.

WOLTERS M, BAKKER J P, 2002. Soil seed bank and driftline composition along a successional gradient on a temperate salt marsh [J]. Applied Vegetation Science, 5 (1): 55-62.

XIA J B, ZHANG S Y, ZHAO X M, et al., 2016. Effects of different groundwater depths on the distribution characteristics of soil-tamarix water contents and salinity under saline mineralization conditions [J]. Catena, 142: 166-176.

XIAO B, ZHAO Y G, WANG Q H, et al., 2015. Development of artificial moss-dominated biological soil crusts and their effects on runoff and soil water content in a semi-arid environment [J]. Journal of Arid Environments, 117: 75-83.

XIAO Y, SUN J, LIU F, et al., 2016. Effects of salinity and sulphide on seed germination of three coastal plants [J]. Flora, 218: 86-91.

XIE T, CUI B S, BAI J H, et al., 2018. Rethinking the role of edaphic condition in halophyte vegetation degradation on salt marshes due to coastal defense structure [J]. Physics and Chemistry of the Earth, Parts A/B/C, 103: 81-90.

YAO W, XIAO P, SHEN Z, et al., 2016. Analysis of the contribution of multiple factors to the recent decrease in discharge and sediment yield in the yellow river basin, china [J]. Geographical Sciences, 26: 1289-1304.

YOU X G, LIU J L, 2018. Describing the spatial - temporal dynamics of groundwater-dependent vegetation (GDV): a theoretical methodology [J]. Ecological Modelling, 383: 127-137.

YU Y W, WANG J, SHI H, et al., 2016. Salt stress and ethylene antagonistically regulate nucleocytoplasmic partitioning of COP1 to control seed germination [J]. Plant Physiology, 170: 2340-2350.

ZHANG C H, WILLIS C G, MA Z, et al., 2019. Direct and indirect effects of long-term fertilization on the stability of the persistent seed bank [J]. Plant and Soil, 438 (1/2): 239-250.

ZHANG Y M, ARADOTTIR A L, SERPE M, et al., 2016. Interactions of biological soil crusts with vascular plants. in: weber b, budel b, belnap j. (ed) biological soil crusts: an organizing principle in drylands [M]. Springer, Switzerland, 385-406.

ZHANG Y M, BELNAP J, 2015. Growth responses of five desert plants as influenced by biological soil crusts from a temperate desert, china [J]. Ecology Research, 30: 1037-1045.

ZHAO X M, XIA J B, CHEN W F, et al., 2019. Transport characteristics of salt ions in soil columns planted with tamarix chinensis under different groundwater levels [J]. PloS ONE, 14: e0215138.

第三章 河口湿地生境改善的生态修复技术

第一节 生物质炭和 EM 菌对盐碱土
植物生长和土壤质量的影响

一、生物质炭及 EM 菌改良盐碱土的相关研究进展

(一)黄河三角洲滨海盐碱土的改良措施

土壤盐渍化是制约粮食生产安全和土地利用效率提高的主要因素，全球100 多个国家约有 10 亿 hm² 的盐碱化土壤（Liu et al.，2018）。盐碱地总面积以每年 10% 的速度增长，盐碱地具有很大的开发利用潜力（Shrivastava & Kumar，2015）。我国海岸带存在大面积的盐碱土，拥有 2 万 km² 的沿海滩涂，1.8 万 km 的沿海地区和岛屿海岸。黄河三角洲拥有土壤总面积 50.9% 的盐渍土，土壤盐渍化相当严重（姚荣江等，2007）。土地盐碱化严重制约植物的生长，土壤养分含量低，限制了植物养分的吸收和利用，导致黄河三角洲土壤退化和生产力降低，严重阻碍土地的可持续发展和生态环境保护（周健民，2015）。海水的侵入和人为活动的增加可能会加剧黄河三角洲土壤的严重退化，导致土壤盐碱化、土壤渗透性差、养分缺乏（氮、磷和土壤有机碳），植被盖度低，限制土地利用效率和微生物活性（Amundson et al.，2015）。因此，盐渍化土壤的恢复和利用是当前的迫切需要。然而，由于成本高、效率低或二次污染，用于修复滨海盐碱土的缓解技术（如排水、混沙和覆盖、土地管理）一直受到限制（Luo et al.，2017）。目前，最常用的盐碱土改良方法是添加土壤改良剂，具有低成本、效果优良、操作简单的优势，但由于不同改良剂的性质不同，导致在不同盐碱土中改良效果呈现差异。因此，开发合适、有效的土壤改良剂来改善滨海盐碱地土壤盐分，提高植物生产力，有助于提升盐碱地生态效益和环境效益。

（二）生物质炭在土壤性质和植物生长的作用

生物质炭是在高温和低氧条件下热解生物质产生的一种细颗粒、多孔和富含碳的产品，最近被认为是一种有效的土壤改良剂（Lehmann，2007）。利用生物质炭作为土壤改良剂具有诸多益处，如有效改善土壤肥力（Drake et al.，2016）、提高土壤保水能力（Saifullah et al.，2018）、减少养分浸出（Laird et al.，2010）、促进土壤酶活性（Pokharel et al.，2020）、促进植物生长和产量（Biederman & Harpole，2013；Wang et al.，2019）及土壤固碳（Liu et al.，2016）。生物质炭能够改善植物光合性能，提高植物的净光合速率、蒸腾速率、水分利用率和表观量子效率，有效缓解盐胁迫对植物生长的抑制作用（刘易等，2017；李思平等，2019）。生物质炭广泛应用于盐渍化土壤的改良，生物质炭多孔的结构具有较好的通气性，能够有效提高盐碱土的饱和含水量和田间持水量，降低土壤的盐碱胁迫，增加土壤的养分含量，提高植物的水肥利用率，增加植物的初级生产力（刘悦等，2017；Saifullah et al.，2018；El-Naggar et al.，2019）。生物质炭对盐碱地的利用可显著降低盐碱土土壤 pH 和土壤盐分，改善土壤的物理、化学和生物学特性，提高阳离子交换能力、土壤有机碳、土壤养分生物有效性和植物生长（Laghari et al.，2015；Ullah et al.，2018）。然而，生物质炭在盐碱地的不当使用对植物生长和土壤质量影响较小或有负面影响（Song et al.，2014）。此外，生物质炭对盐碱地土壤的影响取决于土壤类型和添加生物质炭的类型或用量（Jeffery et al.，2011）。因此，适宜的生物质炭修复盐碱地在提高土壤质量和植物生产力的需求越来越大。

（三）EM 菌对土壤性质和植物生长的作用

EM 菌是一种有效生物有机肥，主要包括以光合细菌、乳酸菌、酵母菌和放线菌、曲霉、青霉等发酵真菌为主的 80 余种微生物（Talaat et al.，2015）。EM 菌作为一种生物有机肥，添加 EM 菌可以减少化学施肥的负面影响，提高土壤肥力，降低土壤盐分，增加养分循环，提高盈利能力和可持续性（Talaat，2019；El-Mageed et al.，2020）。EM 菌施入土壤后，土壤有益微生物菌群及多样性明显增加，土壤的保水、保肥能力有效提高，同时产生大量的有益物质，有利于提高植物的光合能力和促进植物的健康生长。EM 菌在改善植物的光合作用、调节植物蛋白质活性和植物叶绿素含量、提高植物耐盐性上具有显著促进效果（董金星等，2015；王志远等，2018）。EM 菌可以促进有益微生物的增殖，促进种子萌发和植物光合能力，促进植物生长和产量，抑制土壤病害（Hu & Qi，2013；Talaat et al.，2015）。然而，也有研究表明，EM 菌添加对土壤肥力和植物生长的影响并不明显 （Formowitz et al.，2007；Mayer et al.，2010）。因此，EM菌的合理使用可能是改良盐碱地的一种很有前景的环保型土壤改良剂。

（四）生物质炭在黄河三角洲盐碱土改良中的应用进展

黄河三角洲是滨海盐渍土的典型代表，是陆海双重作用下大量泥沙淤积形成的缓冲带。黄河三角洲海岸带具有特定的特征，主要包括环境条件恶劣，盐度高，地下水浅，蒸发-降水比高，排水不良，次生盐渍化。因此，滨海盐碱土植被覆盖度的缺乏严重制约了土壤养分供应、土壤碳氮储量和土壤微生物活性 （Zheng et al.，2018）。目前，利用生物措施改良盐碱地，如种植耐盐植物和施用土壤调节剂是一个易于使用、有效和高度可持续的改良措施，提高土壤肥力和植物生产力 （Xia et al.，2019）。特别是选择耐盐植物和土壤改良剂对生物改良技术至关重要。田菁具有抗逆性强、耐盐碱、抗旱、耐涝、耐贫瘠等优良特性 （李成明等，2012），固氮能力强，在改良盐碱地和提高经济效益方面发挥着重要作用。有研究表明，施用生物质炭有效改良黄河三角洲盐碱地，降低盐碱胁迫，提高田菁的水肥利用率和生产力 （Luo et al.，2017）。此外，研究表明，添加生物质炭和EM菌可提高植物的生长和生产力，降低盐胁迫、脱水耐受性和养分吸收 （El-Mageed et al.，2020）。然而，有关生物质炭和EM菌对田菁的生长、光合作用和土壤质量的影响研究较少。因此，本文研究生物质炭、EM菌、生物质炭与EM菌组合对田菁生长特性、叶片气体交换参数的光响应、叶绿素荧光参数和土壤质量的影响，明确田菁维持较好生长和光合生理活性的组合及其用量，为应用生物质炭和EM菌高效改良盐碱土提供科学依据。

二、材料与方法

（一）试验材料

供试土壤为黄河三角洲盐碱土，土壤pH值为7.19，含盐量为0.7%，有机质为9.23g/kg，总氮为0.42g/kg。选用黄河三角洲入侵植物互花米草为原料来制备生物质炭，既能实现互花米草的入侵控制，又能实现其资源化利用。将互花米草用去离子水仔细清洗后切割至2~3cm，放入烘箱中65℃烘干48h，经研磨式粉碎机磨粉，过2mm筛后密封备用。由于夏季收集的互花米草秸秆含盐量较高，进行了脱盐处理。将预处理后的互花米草放置在纱布上，用去离子水冲洗多次，每次冲洗后监测水中的含盐量；当最新一次冲洗水中的含盐量为零时，将互花米草放入烘箱中65℃烘干48h。称取一定质量的样品于瓷坩埚中，放入400℃马弗炉中热解3h，保证充足的反应时间使热解充分。生物质炭样品的产率44.3%，灰分2.2%，pH值8.05，C 45.3%，N 0.7%，H 3.2%，O 43.7%，C/H 14.4，(O+H)/C 0.98，比表面积4.65m²/g。

EM菌主要由5组有益微生物组成，根据统一标准，每个EM菌含$1.3×10^7$菌落形成单位（CFU）/mL乳酸菌（植物乳杆菌、干酪乳杆菌和乳链球菌），$3.3×10^4$ CFU/mL光合细菌（沼泽红假单胞菌和菱形红杆菌），$1.3×10^4$ CFU/mL酵母酿（酒酵母和假丝酵母），10^5 CFU/mL放线菌（白链霉菌和灰链霉菌），10^5 CFU/mL发酵真菌（米曲霉、青霉和毛霉菌）。EM菌溶液稀释至1∶2 000（EM∶水，*v/v*）后添加（预试验表明，该浓度下田菁的发芽率最高）。

（二）试验设计

设置2个EM菌处理和4个生物质炭处理，每处理3个重复，共有24盆盆栽植物。EM菌处理包括：（1）不添加EM菌液的处理（EM-），加入等量的水；（2）添加EM菌液的处理（EM+），接种稀释200倍的EM菌液（预试验表明该浓度下种子萌发率最高）。生物质炭处理为B_0、B_1、B_2、B_3，添加的生物质炭量分别按土壤质量的0、0.5%、1.5%和3%与土壤混合均匀。每盆土称取400g，置于13cm×12cm×10cm的聚乙烯花盆中，调节土壤含水量为田间持水量的60%~70%。选取颗粒饱满、无斑点的田菁种子，用10% H_2O_2消毒0.5h，在饱和$CaSO_4$中浸泡12h，再用蒸馏水冲洗净后播种，每盆播种15粒种子。播种两周后进行间苗，每盆中保留5株田菁。整个试验在遮雨棚中进行，每个盆栽底部设有托盘收集因浇透水而流失的土壤，同时定期浇水除草。

1. 试验测定项目与方法

（1）生长参数测定。生长季末期，测量每个处理田菁的高度和基径。将田菁根上的泥土洗掉，分离出田菁的根、茎、叶。在80℃烘箱中烘干24h至恒重，分别称量。根冠比为地上生物量/地下生物量。

（2）光响应曲线测定。测定时段在天气晴朗的09：00—11：30，从每盆田菁植株中选择中上部健康、成熟的叶片3片，并做好标记，利用Li-6400型便携式光合作用系统（Li-Corperation, Inc. Lincoln, 美国）进行气体交换参数光响应的测定。选择6400-02B红蓝光源标准叶室，控制光合有效辐射（PAR）在0μmol/（m²·s）、50μmol/（m²·s）、100μmol/（m²·s）、200μmol/（m²·s）、400μmol/（m²·s）、600μmol/（m²·s）、800μmol/（m²·s）、1 000μmol/（m²·s）、1 200μmol/（m²·s）、1 400μmol/（m²·s）9个梯度内，每个梯度下控制120s，从高到低依次读数，3次重复。测定时设置

叶室温度为 20℃，CO_2 浓度为 $400\mu mol/（m^2 \cdot s）$。通过仪器自动记录及计算得到净光光强梯度下测量净光合速率（P_n）、蒸腾速率（T_r）、气孔导度（G_s）、胞间 CO_2 浓度（C_i）、气孔限制值（$L_s = 1 - C_i/C_a$）、水分利用效率（$WUE = P_n/T_r$）等光合参数指标。

（3）叶绿素荧光参数测定。利用 FMS-2 型便携式脉冲调制式荧光仪（Hansatech，INC，英国）对田菁叶片进行荧光参数测定。先对叶片进行暗适应处理 30min，测定初始荧光值（F_o）和最大荧光（F_m），再在自然光下适应 30min 后，测定光适应下的稳态荧光（F_s）和最大荧光（F'_m）。测算光合学效率（F_v/F_m）、实际光合学效率（Φ_{PSII}）、非循环光合电子传递效率（ETR）、非光化学淬灭系数（NPQ）等参数（张守仁，1999）。

（4）植物养分测定。在植物生长末期，将田菁的根、茎、叶烘干磨碎后测定植物根、茎、叶的总氮（TN）、总磷（TP）、总钾（TK）。采用元素分析仪测定 TN、采用钼锑比色法测定 TP，采用火焰光度法测定 TK。

（5）土壤指标的测定。在生长季末期，采集土壤，测定土壤 pH、盐分、总碳（TC）、有效磷（AP）、速效钾（AK）、有机碳（SOC）、微生物量碳（MBC）、NH_4^+、NO_3^-、蔗糖酶、脲酶和碱性磷酸酶活性。土壤 TC 和 TN 用元素分析仪测定，AP 用微量元素分析仪测定，AK 用 NH_4Ac 萃取+火焰光度法测定。采用重铬酸钾容量法测定土壤 SOC，采用 AA3 自动流动注射法测定土壤 NH_4^+ 和 NO_3^-。土壤 MBC 测定采用氯仿熏蒸-直接提取法，土壤酶活性测定参考关松荫方法测定（关松荫等，1991）。

2. 数据处理

采用直角双曲线修正模型对 PAR-P_n 光合光响应过程进行拟合，并通过直线回归推导得到表观量子效率（AQY）、最大净光合速率 [$P_{n\,max}$，$\mu mol/（m^2 \cdot s）$]、光饱和点 [LSP，$\mu mol/（m^2 \cdot s）$]、光合补偿点 [LCP，$\mu mol/（m^2 \cdot s）$]、暗呼吸速率（R_d，$\mu mol/（m^2 \cdot s）$]等（Ye，2007）。采用双因素方差分析和 Duncan 法检验生物质炭、EM 菌及其相互作用对种子萌发、生物量、植物养分、土壤性质、土壤肥力、土壤碳和氮有效性以及酶活性的影响。利用 Pearson 相关分析了植物参数、植物养分浓度与土壤质量的相关性。为确定土壤因子对植物生长的影响，利用 AMOS 软件（AMOS 17.0.2）。采用广义最小二乘估计方法将实测数据拟合到模型中。利用 SPSS 19.0 进行数据统计分析和差异显著性检验，使用单因素（one-way ANOVA）和 Duncan 法进行方差分析和多重比较（$\alpha = 0.05$）。采用 Origin 8 软件作图。

三、生物质炭和 EM 菌影响下植物生长、养分含量及光合作用的变化

（一）不同处理对田菁生长的影响

生物质炭处理和 EM 菌处理对田菁的株高、基径、根生物量、茎生物量、叶生物量、地上生物量、总生物量影响显著，对其根冠比影响不显著；生物质炭和 EM 处理的交互作用只显著影响田菁的生物量（图 3-1）。EM-B_1、EM-B_2、EM-B_3、EM+B_0、EM+B_1、EM+B_2、EM+B_3 处理田菁株高分别比 EM-B_0 显著提高 31.9%、49.6%、43.9%、37.2%、52.8%、63.4% 和 69.5%，基径分别显著提高 30.0%、67.5%、57.5%、45.0%、70.0%、80.0% 和 90.0%。EM-处理下，田菁各部分的生物量随着生物质炭量增加先增加后降低；而在 EM+处理下，田菁各部分的生物量随着生物质炭量增加而不断增加。其中，EM+B_3 的根、茎、叶以及地上生物量、总生物量比 EM-B_0 分别显著提高了

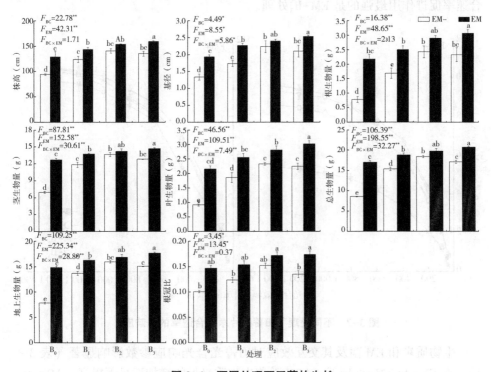

图 3-1　不同处理下田菁的生长

293.2%、110.5%、229.5%、125.9%和141.1%。可见，EM菌和生物质炭交互效应显著影响田菁生长指标，EM+B_3处理对田菁生长的促进作用最显著。

（二）不同处理对田菁叶片光响应曲线的影响

1. 净光合速率的光响应

田菁叶片P_n在不同处理下光响应曲线有显著差异（图3-2）。P_n随着PAR增加迅速增加［PAR≤200μmol/（m^2·s）］，之后P_n缓慢增加呈稳定的趋势［PAR>200μmol/（m^2·s）］。P_n在EM-处理下随着生物质炭量的增加先增大后减小，而在EM+处理下P_n随着生物质炭量的增加而增加。不同处理下，P_n均值表现为EM+B_3>EM+B_2>EM+B_1>EM-B_2>EM-B_3>EM+B_0>EM-B_1>EM-B_0，EM菌和生物质炭交互作用的P_n显著高于生物质炭处理，且P_n在EM+B_3处理下均值最高。当PAR为1 400μmol/（m^2·s）时，EM-B_1、EM-B_2、EM-B_3、EM+B_0、EM+B_1、EM+B_2和EM+B_3处理下P_n分别比EM-B_0提高58.9%、77.4%、72.3%、81.7%、91.1%、93.3%和93.8%。可见，对田菁叶片净光合速率促进作用最强的是EM+B_3处理。

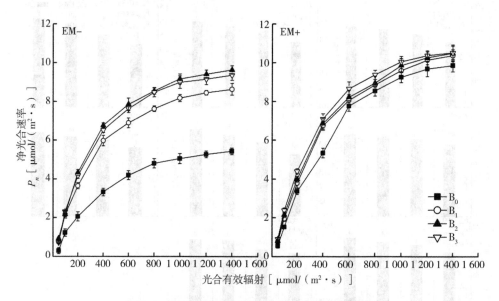

图3-2 不同处理下田菁叶片净光合速率的光响应

生物质炭和EM菌及其交互效应对田菁光合光响应参数影响显著（表3-1）。在EM-和EM+处理下，AQY随着生物质炭量的增加而显著提高，AQY在

EM-B$_2$和EM-B$_3$处理达到最大值。在EM-和EM+处理下，$P_{n\,max}$随着生物质炭量的增加均先升高后降低，在EM+B$_2$处理下达到最大值。在EM菌和生物质炭交互作用下田菁的光合能力较强，EM+B$_1$、EM+B$_2$和EM+B$_3$处理下的$P_{n\,max}$比EM-B$_0$分别增加90.2%、94.2%和88.5%。LSP在EM+处理下随着生物质炭量的增加而显著提高，在EM+B$_3$处理下最大。在EM-处理下LCP随生物质炭量的增加而增加，但在EM+处理下随生物质炭量增加而下降。可见，EM+B$_2$和EM+B$_3$处理下田菁的LSP更高，LCP更低，光照生态幅更宽，添加适量的生物质炭与EM菌能提高田菁对弱光的利用能力。

表3-1　EM菌、生物质炭及其交互作用对田菁叶片净光合速率光响应参数的影响

处理	表观量子效率 AQY （mol/mol）	最大净光合速率 $P_{n\,max}$ [μmol/ （m^2·s）]	光饱和点 LSP [μmol/ （m^2·s）]	光补偿点 LCP [μmol/ （m^2·s）]	暗呼吸速率 R_d [μmol/ （m^2·s）]
EM-B$_0$	0.017±0.002[c]	5.62±0.67[c]	1 650±115[b]	23.48±3.64[a]	0.39±0.23[c]
EM-B$_1$	0.035±0.005[a]	8.84±0.51[b]	2 076±354[a]	26.08±4.32[a]	0.87±0.44[b]
EM-B$_2$	0.044±0.006[a]	9.84±0.92[a]	2 099±410[a]	25.37±5.51[a]	1.02±0.51[a]
EM-B$_3$	0.044±0.005[a]	9.57±0.73[a]	2 053±386[a]	27.51±6.15[a]	1.11±0.59[a]
EM+B$_0$	0.028±0.003[b]	9.41±0.85[a]	2 057±423[a]	27.84±5.56[a]	0.74±0.35[b]
EM+B$_1$	0.034±0.004[a]	10.68±1.42[a]	2 092±363[a]	26.07±6.89[a]	0.85±0.46[b]
EM+B$_2$	0.036±0.005[a]	10.91±1.58[a]	2 139±212[a]	24.36±5.08[a]	0.84±0.48[b]
EM+B$_3$	0.039±0.006[a]	10.59±1.37[a]	2 165±223[a]	22.28±4.37[a]	0.82±0.50[b]
F_{BC}	59.18**	167.81**	848.75**	7.67**	38.93**
F_{EM}	0.001	358.55**	1082.62**	6.79**	0.24
$F_{BC×EM}$	10.295**	47.48**	446.25**	52.66**	20.58**

注：EM-，无EM菌添加；EM+，添加EM菌。B$_0$，0%生物质炭；B$_1$，0.5%生物质炭；B$_2$，1.5%生物质炭；B$_3$，3%生物质炭。*，$P<0.05$；**，$P<0.01$。不同小写字母表示不同处理间差异显著（$P<0.05$）。

2. 蒸腾速率和水分利用效率的光响应

田菁叶片T_r与P_n光响应曲线变化趋势类似（图3-3）。在不同处理下，T_r均值表现为EM+B$_3$>EM+B$_2$>EM+B$_1$>EM-B$_2$>EM-B$_3$>EM+B$_0$>EM-B$_1$>EM-B$_0$。当PAR为1 400 μmol/（m^2·s）时，EM-B$_1$、EM-B$_2$、EM-B$_3$、EM+B$_0$、EM+B$_1$、EM+B$_2$和EM+B$_3$处理的T_r比EM-B$_0$分别增加16.3%、33.2%、

25.9%、27.0%、34.2%、37.2%和35.1%。可见，生物质炭和EM菌交互作用对田菁叶片的蒸腾速率起到显著促进作用。田菁叶片WUE与T_r的光响应曲线变化一致，WUE在EM+B_3处理下光响应极值最大，EM-B_0、EM+B_1、EM+B_2和EM+B_3处理WUE光响应极值（PAR=1 400μmol/（m^2·s）比EM-B_0分别增加43.0%、42.5%、40.8%和43.4%。可见，EM菌和生物质炭交互作用更能提高田菁叶片的水分利用效率，且在EM+B_3处理下效果最好。

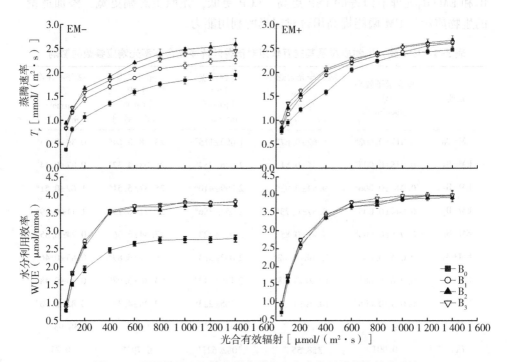

图3-3　不同处理下田菁叶片蒸腾速率和水分利用效率的光响应

3. 气孔导度、胞间CO_2浓度和气孔限制值的光响应

不同处理下田菁叶片G_s的光响应过程有显著差异，G_s的光响应过程变化趋势与T_r类似（图3-4）。G_s均值在不同处理下呈现为EM+B_3>EM+B_2>EM-B_2>EM+B_1>EM-B_3>EM-B_1>EM+B_0>EM-B_0。在EM菌和生物质炭的交互作用下，G_s对光强变化更为敏感，EM+B_3处理更有利于气孔的开放。田菁叶片的C_i和L_s的光响应过程呈相反的趋势，随着PAR的增加C_i逐渐降低，L_s逐渐升高。不同处理下C_i均值表现为EM+B_3>EM+B_2>EM-B_2>EM+B_1>EM-B_3>EM+B_0>EM-B_1>EM-B_0。而L_s呈现与C_i均值相反的趋势，在EM-B_0下值最高，在

EM+处理下随着生物质炭量增加而减小，在 EM+B$_3$下值最低。可见，在 EM+
B$_3$处理下，田菁 P_n、G_s、C_i最大，L_s最小，表明降低气孔限制值是提高田菁光
合作用的主要原因。

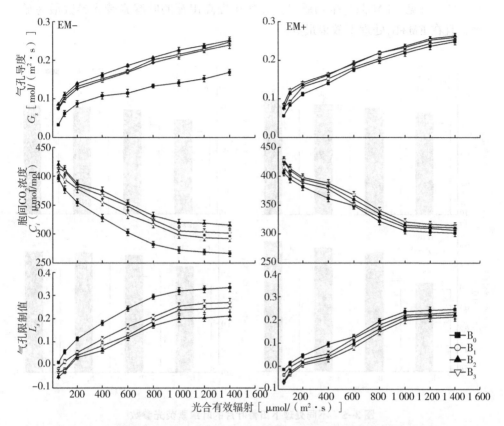

图 3-4　不同处理下田菁叶片气孔导度、胞间 CO$_2$浓度及气孔限制值的光响应

（三）不同处理对田菁叶片叶绿素荧光参数的影响

叶绿素荧光参数在 EM-处理下随着生物质炭的提高先增加后降低，而在
EM+处理下随着生物质炭的提高而不断增大（图 3-5）。与 EM-B$_0$相比，EM-
B$_1$、EM-B$_2$、EM-B$_3$、EM+B$_0$、EM+B$_1$、EM+B$_2$和 EM+B$_3$处理的 F_v/F_m分别显
著增加 10.8%、19.4%、14.5%、11.3%、16.7%、20.9%和 25.8%，Φ_{PSII}分
别显著增加 8.7%、24.3%、15.8%、15.1%、27.4%、30.2%和 31.5%。NPQ
在 EM 和生物质炭交互作用下显著增加，在 EM+B$_3$下达到最高，EM+B$_1$、EM+
B$_2$和 EM+B$_3$与 EM-B$_0$相比分别显著增加 45.3%、51.1%和 56.8%。表明生物

质炭和 EM 菌共同作用有助于提升田菁叶片热耗散能力，从而提高叶片光合效率和自我保护能力。ETR 与 $\Phi_{PSⅡ}$ 表现一致，在 EM+B$_3$ 处理下达到最大值，EM+B$_1$、EM+B$_2$ 和 EM+B$_3$ 与 EM−B$_0$ 相比分别显著增加 32.9%、35.9% 和 37.2%。可见，EM 菌与生物质炭交互作用提高田菁的叶绿素荧光参数最为显著，且在 EM+B$_3$ 处理下效果最好。

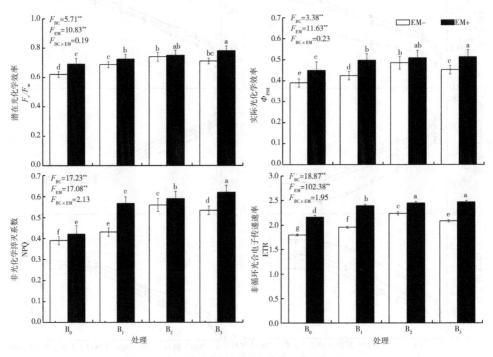

图 3-5　不同处理下田菁叶片的叶绿素荧光参数

（四）不同处理对田菁植物养分吸收的影响

添加生物质炭和 EM 显著提高了植物总氮、总磷和总钾浓度，EM 和生物质炭只对叶片总氮、地上部总磷、地上部总钾和叶片产生显著的互作效应（图 3-6）。与 EM−B$_0$ 相比，生物质炭和 EM 及交互作用显著提高了根系总氮浓度 37.81%~123.89%，茎部总氮浓度显著提高 28.38%~211.81%，叶片总氮浓度分别为 59.30%~166.28%（$P<0.05$，图 3-6-a，图 3-6-b，图 3-6-c）。与 EM−B$_0$ 处理相比，添加生物质炭、EM 及其交互作用均显著提高了根系总磷浓度 16.16%~80.05%、茎部总磷浓度 42.95%~136.48%，叶片总磷浓度显著提高 21.62%~86.62%（$P<0.05$，图 3-6-a，图 3-6-b，图 3-6-c）。而

对于总钾而言，显著提高根系总钾浓度47.21%~93.64%，地上部总钾浓度为86.67%~298.03%，叶片总钾浓度为83.62%~126.94%（$P<0.05$，图3-6-a，图3-6-b，图3-6-c）。根部和叶总氮、总磷和总钾的浓度在EM+处理中随着生物质炭添加量的增加而增加，然而在EM−处理中随着生物质炭量的增加先升高后降低。EM菌和生物质炭的综合利用对植物营养的变化比单独添加生物质炭要好，EM+B₃处理对植物总氮、总磷和总钾的提升效果优于其他处理。

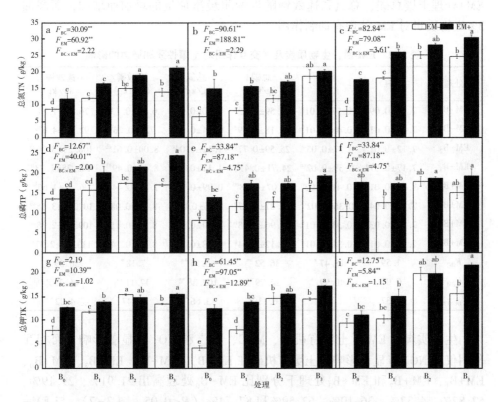

图3-6　不同处理下田菁的根全氮（a）、茎全氮（b）、叶片全氮（c）、根系全磷（d）、茎全磷（e）、叶片全磷（f）、根全钾（g）、茎全钾（h）和叶全钾（i）含量

四、生物质炭和 EM 菌影响下土壤质量的变化

（一）不同处理下土壤性质和肥力的变化

由表3-2可见，与EM−B₀处理相比，其他各处理的土壤pH均无显著差异。与EM−B₀处理相比，EM、生物质炭及其互作显著降低了土壤盐分含量

14.85%～45.49%，各处理中，EM＋B$_3$处理抑制盐渍化效果最显著（$P<0.05$）。在所有处理中，EM+B$_3$处理土壤总碳最高，比 EM-B$_0$处理高34.8%。与 EM-B$_0$处理相比，生物质炭和 EM 共添加显著提高了土壤总氮的45.17%～59.70%，而单独添加生物质炭显著提高了土壤总氮的16.68%～39.89%（$P<0.05$）。与 EM-B$_0$处理相比，生物质炭添加、EM 添加及其交互作用分别显著提高了土壤速效磷和速效钾的16.32%～35.45%和25.89%～48.19%。EM+处理土壤总碳、总氮和速效钾随生物质炭添加量的增加而增加，而添加3%生物质炭对 EM 处理有抑制作用。

表3-2　EM 菌、生物质炭及其交互作用对土壤性质和肥力的影响

处理	pH	盐分（%）	总碳（g/kg）	总氮（g/kg）	有效磷（mg/kg）	速效钾（mg/kg）
EM-B$_0$	7.23±0.09^a	0.57±0.01^a	21.59±0.62^d	0.80±0.02^e	6.53±0.13^c	76.47±1.51^c
EM-B$_1$	7.14±0.01^a	0.48±0.01^b	23.18±0.39^c	0.94±0.01^d	7.6±0.26^b	92.27±4.63^b
EM-B$_2$	7.12±0.01^a	0.37±0.05^{cd}	25.59±0.77^b	1.12±0.04^c	8.00±0.61^{ab}	108.23±3.36^{ab}
EM-B$_3$	7.17±0.07^a	0.39±0.02^c	24.71±0.41^{bc}	1.11±0.02^c	8.40±0.49^{ab}	103.28±1.73^b
EM+B$_0$	7.23±0.01^a	0.41±0.02^c	22.07±0.28^{cd}	0.99±0.02^d	7.87±0.44^{ab}	96.43±1.65^b
EM+B$_1$	7.20±0.04^a	0.36±0.02^{cd}	24.87±0.17^b	1.16±0.01^{bc}	8.57±0.08^a	107.46±3.66^{ab}
EM+B$_2$	7.10±0.03^a	0.33±0.01^d	25.96±0.38^b	1.20±0.03^b	8.77±0.11^a	109.87±2.38^{ab}
EM+B$_3$	7.11±0.01^a	0.31±0.01^d	29.12±0.64^a	1.28±0.01^a	8.85±0.14^a	113.31±2.37^a
F_{BC}	1.59	18.47**	36.52**	65.55**	7.18*	36.39**
F_{EM}	0.01	40.99**	22.79**	102.28**	12.11**	41.78**
$F_{BC×EM}$	0.37	2.61	6.11**	3.66*	1.47	4.02*

生物质炭和 EM 对土壤有机碳、MBC、NH$_4^+$和 NO$_3^-$有显著影响，而相互作用仅对 NO$_3^-$有显著影响。土壤有机碳在 EM-B$_1$、EM-B$_2$、EM-B$_3$、EM+B$_0$、EM+B$_1$、EM+B$_2$ 和 EM+B$_3$ 处理下分别比 EM-B$_0$处理高出21.91%、29.19%、57.82%、4.37%、36.19%、62.59%和87.74%（$P<0.05$，图3-7）。与 EM-B$_0$处理相比，生物质炭与 EM 菌共添加显著提高了土壤微生物量碳的45.12%～74.47%，且增幅大于单独添加生物质炭处理（$P<0.05$，图3-7）。与 EM-B$_0$处理相比，添加生物质炭、EM 菌及其互作均显著提高了土壤质量，提高了土壤 NH$_4^+$和 NO$_3^-$分别为52.06%～189.99%和28.12%～210.27%，且对土壤 NO$_3^-$的影响强于土壤 NH$_4^+$。

（二）不同处理下土壤酶活性的变化

生物质炭和 EM 菌对土壤蔗糖酶、脲酶和碱性磷酸酶活性均有显著影响，且

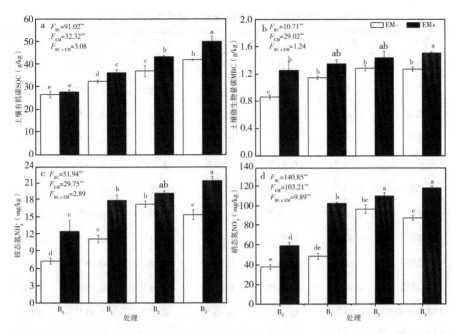

图 3-7 不同处理下土壤有机碳（a）、微生物量碳（b）、NH_4^+（c）和 NO_3^-（d）含量

两者的交互作用仅对碱性磷酸酶活性有影响（图 3-8）。与 EM-B_0处理相比，添加生物质炭、EM 菌及其互作均显著提高了土壤蔗糖酶活性 40.14%～80.86%，脲酶活性提高 21.62%～85.16%（$P<0.05$，图 3-8）。与 EM-B_0处理相比，生物质炭添加、EM 添加及其互作对碱性磷酸酶活性的影响大于蔗糖酶和脲酶，并显著提高了碱性磷酸酶活性 67.92%～101.37%（$P<0.05$，图 3-8）。

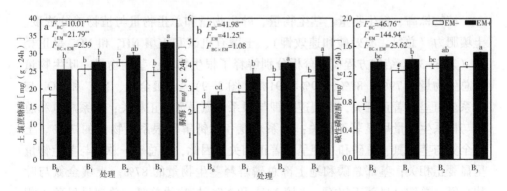

图 3-8 不同处理下土壤蔗糖酶（a）、脲酶（b）和碱性磷酸酶（c）含量

表 3-3　植物指标、植物养分和土壤质量的相关关系

指标	株高	基茎	根生物量	茎生物量	叶生物量	总生物量
根总氮	0.91 **	0.41 *	0.83 **	0.79 **	0.86 **	0.83 **
茎总氮	0.78 **	0.38 *	0.65 **	0.72 **	0.75 **	0.74 **
叶总氮	0.88 **	0.64 **	0.86 **	0.91 **	0.94 **	0.93 **
根总磷	0.75 **	0.33	0.75 **	0.68 **	0.73 **	0.72 **
茎总磷	0.88 **	0.53 **	0.82 **	0.90 **	0.91 **	0.91 **
叶总磷	0.72 **	0.43 *	0.70 **	0.69 **	0.66 **	0.71 **
根总钾	0.86 **	0.74 **	0.84 **	0.94 **	0.90 **	0.93 **
茎总钾	0.91 **	0.57 **	0.86 **	0.91 **	0.91 **	0.92 **
叶总钾	0.68 **	0.35 *	0.72 **	0.68 **	0.74 **	0.72 **
土壤总氮	0.92 **	0.51 **	0.88 **	0.88 **	0.92 **	0.91 **
土壤有效磷	0.72 **	0.39 *	0.82 **	0.82 **	0.81 **	0.84 **
土壤速效钾	0.91 **	0.62 **	0.66 **	0.90 **	0.88 **	0.91 **
NH_4^+	0.94 **	0.51 **	0.84 **	0.87 **	0.87 **	0.85 **
NO_3^-	0.86 **	0.51 **	0.83 **	0.81 **	0.88 **	0.88 **
土壤有机碳	0.77 **	0.27	0.73 **	0.70 **	0.79 **	0.74 **
盐分	-0.92 **	-0.59 **	-0.85 **	-0.87 **	-0.88 **	-0.89 **

** $P<0.01$，* $P<0.05$。

　　植物株高、根生物量、茎生物量、叶生物量和总生物量与植物养分浓度、土壤肥力（总氮、有效磷和速效钾）、土壤有机碳和土壤 NH_4^+ 和 NO_3^- 呈正相关（表 3-3）。结构方程模型分析分别解释了根生物量、茎生物量、叶生物量和总生物量的 79%、87%、89% 和 91%（图 3-9）。土壤全氮、NH_4^+ 和 NO_3^- 与根系全氮呈显著正相关，土壤速效钾与根系全氮呈显著正相关；根系总氮和总磷与根系生物量呈显著正相关；根系总氮和总钾解释根系生物量的 79%。土壤全氮与茎总氮、总磷和总钾呈显著正相关，因此，茎总磷、总钾与茎生物量呈显著正相关；茎部总磷和地上部总磷解释茎生物量的 87%。土壤全氮与叶片总氮、总磷呈显著正相关，土壤 NH_4^+ 和 NO_3^- 与叶片总氮、总钾呈显著正相关，因此，叶片总氮与叶片生物量呈正相关；叶片总氮能解释生物量总方差的

89%。总体来看，土壤总氮与植物总氮、总磷和总钾呈正相关，土壤 NH_4^+ 和 NO_3^- 与植物总钾呈正相关，因此，植物总氮、总磷与株高呈显著正相关；植物总氮和总磷能解释植物高度的 88%，植物总高度和总钾解释植物生物量的 91%。

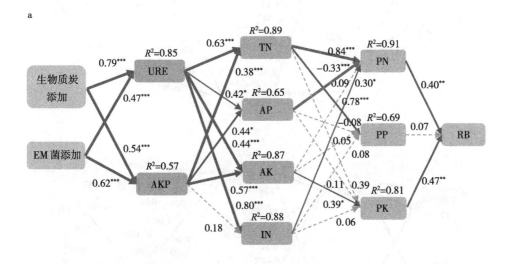

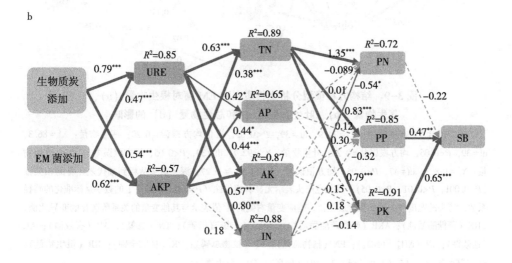

c

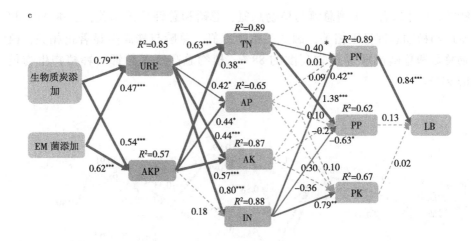

d

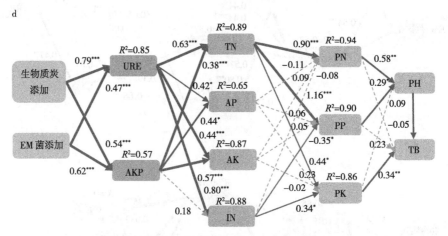

图 3-9　结构方程模型分析生物质炭和 EM 菌对根生物量（a）、
茎生物量（b）、叶生物量（c）和总生物量（d）的影响

　　模型拟合度：根生物量：$\chi^2=74.9$，df=39，$P<0.05$，近似均方根误=0.20；茎生物量：$\chi^2=86.3$，df=39，$P<0.05$，均方根误差=0.23；叶生物量：$\chi^2=92.7$，df=39，$P<0.05$，均方根误差=0.25；总生物量：$\chi^2=128.3$，df=47，$P<0.05$，均方根误差（RMSEA）=0.27；深色箭头从粗到细代表显著的相关性（$P<0.001$，$P<0.01$，$P<0.05$）；浅灰色箭头表示无显著相关性（$P>0.05$）。箭头上的数字是标准化的路径系数，箭头的宽度与关系的强度成正比。响应变量右侧的 R^2 值表示与其他变量的关系所解释的变异比例。URE（蔗糖酶活性）；AKP（碱性磷酸酶活性）；SOC（土壤有机碳）；TN（总氮）；AP（有效磷）；AK（速效钾）；IN（NH_4^+ 和 NO_3^-）；PN（植物总氮）；PP（植物总磷）；PK（植物全钾）；RB（根生物量）；SB（茎生物量）；LB（叶生物量）；PH（株高）；TB（总生物量）。

五、讨论

(一) 生物质炭和 EM 菌影响植物生长和光合作用的机制

生物质炭和 EM 菌能够提供更多的养分来源和微生物种类，提升土壤肥力和提高植物养分吸收利用率，有利于植物生长发育，同时提高植物生物量 (李思平等，2019；El-Mageed et al.，2021)。研究表明，生物质炭和 EM 菌以及交互效应对田菁的株高、基径、地上生物量、地下生物量和总生物量等生长参数都有显著提高效应，特别是在生物质炭和 EM 菌共施条件下促进作用最为明显，这与 Meng et al. (2018) 对生物质炭和 EM 菌共施促进植物生长的研究结果一致。一方面，质轻、表面积大、多孔的生物质炭作为 EM 菌的有效载体，能够吸附土壤养分并缓慢释放微生物，而且生物质炭在热解浓缩过程中本身含有一定量的 N、P、K 等元素 (袁金华等，2011)，为植物提供一定的养分供应；此外，生物质炭的施用明显降低了土壤含盐量 (Luo et al.，2017)，改善了土壤物理性质和土壤肥力 (El-Naggar et al.，2019)，增加植物对养分的吸收 (Agegnehu et al.，2017)，从而在本研究中促进植物生长。另一方面，生物质炭有效提高土壤有机质和养分含量 (Ding et al.，2016；李思平等，2019)，同时 EM 菌中的光合菌和固氮菌能为植物生长提供更多的生长因子和养分 (Tallat et al.，2015)，生物质炭与 EM 菌产生协同作用来增强植物的吸收利用能力，从而促进植物的生长。EM 菌能保护植物免受盐胁迫，促进植物生长，这主要是由于 EM 菌增加了植物的养分获取和光合能力 (Tallat et al.，2015)。生物质炭可以为 EM 菌提供适宜的生境，促进植物生长所需的养分供给和利用效率，从而改善植物的生长 (El-Naggar et al.，2019)。生物质炭和 EM 菌处理下植物生物量的提高与土壤酶活性 (脲酶和碱性磷酸酶活性)、土壤质量 (TN、AP、AK、NH_4^+ 和 NO_3^-) 和植物养分浓度 (TN、TP 和 TK) 密切相关，表明生物质炭和 EM 菌的综合利用主要通过增加植物养分吸收的直接作用及提高土壤酶活性和土壤肥力的间接作用来促进植物生物量的增加。因此，生物质炭与 EM 菌共施为植物提供丰富的养分来源，提高了土壤肥力，有效缓解盐碱胁迫，促进植物生长。

光合作用是绿色植物获得能量的来源，是提高植物养分含量、促进光合器官发育的关键生物过程 (韩忠明等，2014)。本研究表明，生物质炭和 EM 菌均能提高田菁叶片的 P_n，这与水稻、黄连木 (*Pistacia chinensis*)、玉米等植物在适宜生物质炭条件下能提高植物 P_n 的研究结果一致 (刘世杰等，2009；吴志庄等，2015；Rizwan et al.，2018），与 EM 菌能够提高桃叶、核桃幼苗等植物 P_n 的研究结果一致（艾尔买克·才卡斯木等，2018；王志远等，2018）。本研究中，EM 菌和生物质炭交互作用对提高田菁 P_n 的影响更大，且在 EM+B₃ 处理下对 P_n 的促进作用最强，这与前期研究发现 EM 菌和生物质炭提高盐碱地植物的光合作用以及生产力的结果一致（El-Mageed et al.，2020）。有研究表明，生物质炭能够提升土壤持水供水能力，进而为植物提供有力的呼吸条件（刘悦等，2017；Huang et al.，2019），通过强大的吸附力来吸附土壤中部分酚酸类化感物质并降低其危害，进而促进植物的光合作用（Wittenmayer & Szabó K，2000）。本研究中，生物质炭与生物有机肥 EM 菌之间产生协同作用，一方面生物质炭与 EM 菌结合可弥补生物质炭养分不足的缺点，提供及时的养分供应，另一方面 EM 菌为植物生长提供大量的有益物质和促生长因子，进而促进根系吸收，强化叶片的光合能力。由此，将生物质炭作为 EM 菌肥载体制备生物质炭基肥，能增强土壤养分和有益微生物含量，提高植物的光合作用，实现增产增收的目的。

叶绿素荧光参数是反映植物光合系统吸收和利用光能的能力。本研究中，生物质炭提高 F_v/F_m、Φ_{PSII}、ETR 和 NPQ 的值，这与生物质炭有效改善黄连木的叶绿素荧光参数的研究结果一致（吴志庄等，2015）。这表明适量生物质炭能够提高光系统 II 反应中心的光能转化效率、实际光合能力、潜在光合活性和开放比例，有利于减弱环境胁迫对光合能力的抑制，增强光合系统反应中心的稳定性，从而提高植物的光合性能（陈盈等，2016）。研究发现，EM-B₃ 处理对叶绿素荧光参数产生抑制作用，这与阿力木·阿布来提等（2019）发现 5%生物质炭抑制水稻叶绿素荧光特性的结果一致。这可能是由于过量生物质炭能够固定土壤中的养分，减少土壤养分的有效性，从而抑制叶绿素荧光参数。本研究中，EM 菌与生物质炭交互效应提高田菁的叶绿素荧光参数最为显著，同时减缓了 EM-B₃ 处理对叶绿素荧光参数的抑制作用。这可能是生物质炭与 EM 菌的相互结合后，有效增强植物的光合作用，使叶片的 F_v/F_m、Φ_{PSII}、NPQ 值保持在较高的水平，维持较长光合功能期（阿力木·阿布来提等，2019）；生物质炭与 EM 菌结合为土壤提供丰富的有益微生物，减少土壤养分的淋溶，进一步加速土壤有机质分解，调节并缓解过量生物质炭带来的抑制作用，促进植物根系的生长，强化叶片的光合作用保持良好的功能状态。因此，生物质炭和 EM 菌交互作用对叶绿素荧光参数的提升效果更好，显著提高田菁的光合荧光生理特性，为田菁生长发育提供更好的生长环境，促进植物生长。

生物质炭和 EM 菌以及相互作用显著提高田菁的株高、基径和生物量，改善土壤性质、肥力、土壤有机碳、微生物生物量碳、土壤氮有效性和土壤酶活性。生物质炭和 EM 菌以及交互作用显著促进田菁叶片的光合作用能力，其中 EM+B$_3$ 处理下田菁 P_n、LSP、T_r、WUE、G_s、C_i 均值最高，L_s 均值最低。EM 菌和生物质炭交互作用显著提高田菁叶片的叶绿素荧光参数，叶片 PS II 光化学量子产量增大，光合电子传递速率增加，有利于减轻盐碱胁迫对光合作用的抑制。EM 菌和生物质炭交互作用能减弱 EM-B$_3$ 处理对植物生长指标、光合参数和叶绿素荧光参数的抑制作用，且 EM+B$_3$ 处理提升效果最好。EM 和 3% 生物质炭处理在降低土壤盐分、提高土壤酶活性和土壤质量方面效果最好，植株养分吸收和生物量最高。生物质炭与 EM 菌联合施用可能是促进植物生长、改善土壤盐分的一种有效、环保的选择，同时也为改善沿海盐碱土壤提供了新的思路。研究结果可为生物质炭和 EM 菌的发展和推广提供科学依据，为黄河三角洲盐碱地改良与健康管理提供技术支持。

（二）生物质炭和 EM 菌影响土壤质量和酶活性的机制

生物质炭和 EM 菌降低了土壤盐分含量 14.85% ~ 45.49%，生物质炭与 EM 菌共添加降低土壤盐分的效果优于单独添加生物质炭。Lashari et al. (2013) 和 Chaganti et al. (2015) 均发现在生物质炭处理和未处理的对照土壤下，盐碱土壤的电导率分别降低了 42% 和 84%，这说明添加生物质炭有利于缓解土壤盐胁迫。生物质炭对土壤盐分的高吸收能力可能是本研究改善土壤盐分影响的部分原因 (Thomas et al., 2013)。此外，生物质炭通过增加土壤孔隙度和土壤导水率，加速盐分的淋溶，从而降低土壤盐分 (Saifullah et al., 2018)。施用生物质炭也可能减少咸水的上升运动 (生物质炭覆盖减少蒸发)，可能导致表层土壤盐分积累减少。此外，田菁是降低土壤盐分含量的先锋植物 (Li et al., 2016)，生物质炭和 EM 菌共同添加下改善田菁生长状况也有助于有效降低土壤盐分。

结果表明，生物质炭与添加或不添加 EM 菌均可提高土壤有机碳、有机氮、有效磷和有效钾含量，而且 EM 菌与生物质炭共添加的效果优于单独添加生物炭。土壤肥力的改善部分依赖于添加生物质炭所获得的养分供应，生物质炭本身具有养分，可以作为土壤肥力的供应 (Agegnehu et al., 2017)。此外，生物质炭由于其多孔结构和解吸特性，使养分储存和释放缓慢，从而提高了土壤肥力 (Ding et al., 2016)。此外，生物质炭还会改良土壤性质，比如增加土壤团聚体能力，增加土壤蓄水能力，有利于提高养分含量和减少养分淋溶 (ElNaggar et al., 2019)，也提高了土壤的肥力。EM 菌添加对土壤固氮和有机质分解具有积极作用，可提供多种有益微生物，在提高土壤肥力方面具有优势（Javaid，2011；Talaat et al.，2015；Talaat，2019）。在本研究中，土壤肥力与土壤酶活性正相关，表明添加生物质炭和 EM 菌后微生物活性的提高可以加速养分向土壤释放，提高养分含量（Ding et al.，2016），对植物养分吸收和植物生产至关重要（Agegnehu et al.，2017；Bai et al.，2019）。

　　生物质炭作为一种潜在的管理策略，通过改善土壤有机碳和减少温室气体的释放，增强生态系统稳定性，缓解全球气候变化（Lehmann，2007；Zimmerman et al.，2011；Biederman & Harpole，2013）。生物质炭和 EM 菌对土壤有机碳库的积极作用可能与 3 个机制有关。首先，生物质炭中丰富的多色酸具有较强的结构稳定性，能长期将碳储存在土壤中（Lehmann，2007）。其次，添加生物质炭和 EM 菌可能对土壤有机碳矿化产生负启动效应，通过增强土壤团聚体和调节微生物组成和多样性实现土壤碳汇（Biederman & Harpole，2013）。再次，土壤理化性质的变化可能促进微生物活动和植物生长，从而增加外源碳的投入，并形成内源碳（Liu et al.，2016；Ullah et al.，2018）。同时，生物质炭和 EM 菌的添加增加了土壤无机氮（NH_4^+ 和 NO_3^-）的有效性，添加生物质炭和 EM 菌后，土壤酶活性与无机氮呈正相关关系，表明微生物活性和酶活性的增加，加速土壤氮转化，增强土壤氮矿化（Lehmann et al.，2011；Ameloot et al.，2015）。EM 菌通过促进土壤有机质的分解，增强豆科植物田菁与有益微生物的固氮能力，促进土壤氮的有效性（Javaid，2011）。此外，添加生物质炭刺激了土壤固氮细菌的丰度和生长（Zhang et al.，2020），从而提高土壤 N 硝化作用和土壤 NH_4^+ 含量（Sun et al.，2017）。此外，添加生物质炭增加土壤 NO_3^- 可能是因为生物质炭促进了土壤 N 矿化，降低了土壤 N 淋溶（Laird et al.，2010）。

　　施用生物质炭和 EM 菌后，土壤微生物量碳和酶活性均有所提高，且生物质炭和 EM 菌共添加比单独添加生物质炭提高效果更明显。添加生物质炭可能对土壤 MBC 和酶活性产生启动效应，生物质炭刺激了不稳定的有机碳对微生物可用性（Zimmerman et al.，2011）。此外，生物质炭的高比表面积和细孔结构为微生物提供了适宜的微生境，并增强了土壤基质内的空气、水分和养分的运动，从而提高了微生物的生长速度和酶活性，进而增加了土壤微生物量碳（Liu et al.，2016；El-Naggar et al.，2019）。EM 菌产生许多生物活性剂，刺激有机物的分解，进而调节微生物组成，提高土壤微生物量碳和酶活性（Talaat，2019）。在本研究中，盐碱地土壤肥力的改善和植物生长是通过提高土壤氮、磷酶活性和养分生物有效性来实现的（Agegnehu et al.，2017；

Pokharel et al.，2020）。综上所述，生物质炭与EM菌组合可作为一种优良的土壤调节剂，提高土壤微生物量碳和酶活性，提高土壤肥力和植物养分吸收，从而促进盐生植物的生长。

第二节　滨海滩涂灌草种子捕获及促发芽生长的构建技术

一、种子捕获技术在泥质海岸带退化湿地生境存在的问题

泥质海岸带的滩涂地带，由于地势平坦、海水冲刷严重，造成种子难以在地表附着，发芽生长困难，导致滩涂湿地地表植被覆盖率较低，部分区域裸露严重。为改变滨海滩涂湿地植被覆盖率较低的状况，构建植物种子捕获贮存的微生境，达到引进植物种子库建立先锋植物群落的目的，以加快植物群落的恢复进程。

本节介绍的技术通过调节地表粗糙度，改变微地形条件，调控水盐运移规律，捕获灌草植被种子，为湿地种子库带入新个体。构建的微生境可促进种子发芽生长，以提高滩涂湿地的植被覆盖率和植物生产力。

二、黄河三角洲滨海滩涂种子捕获及促发芽生长技术的主要特点

（一）实施地段的生境特征

滨海滩涂灌草群落内部及周围的裸露地带，因海风较大，地势平坦，地表粗糙度低，灌草种子难以在地表附着、贮存，植被覆盖率在5%以下，潜水埋深为1.0~2.5m，土壤相对含水量为35%~40%，土壤含盐量在0.35%~0.42%。总体表现为地势平坦，潜水埋深浅，土壤处于中度盐碱状态，植被覆盖率低，灌草种子难以在地表贮存，发芽生长困难。

（二）灌草种子捕获体的主要组成

（1）该灌草种子捕获体主要有3个部分构成（图3-10），分别为捕获体外围穴体，捕获体内部收集体，以及捕获体中央蓄水槽。整个构成可形成高低不平、错落有致、凹凸对应的捕获体微区域，并在外围穴体和内部收集体的内外两侧均构建捕获区，中央处形成低洼水槽，综合考虑耐盐植物和水生植物的发芽生长区，捕获体面积以10~20m²为1个单元体，具体可依据裸露地段的面积合理设置；构建时间可在秋季的9—10月进行。

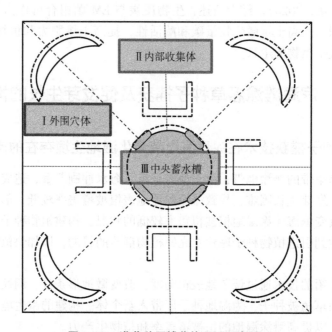

图 3-10　灌草种子捕获体平面示意图

注：Ⅰ为捕获体外围穴体；Ⅱ为捕获体内部收集体；Ⅲ为捕获体中央蓄水槽

（2）捕获体外围，在单元体对角线上设置对称分布的 4 个"∩"形穴体。

（3）捕获体内部，在"十"线型上，设置 4 个对应外围穴体空隙处均匀分布的"∏"形收集体，收集口需对外。

（4）捕获体中央处为圆形或椭圆形的蓄水槽。

（5）每个"∩"形穴体与"∏"形收集体的间隔均在 2.0~2.5m。

（三）灌草种子捕获体外围穴体的研发技术

（1）灌草种子捕获体外围，在对角线上设置 4 个"∩"形穴体（图 3-10-Ⅰ处），每穴体位置定位于所在对角线初始外端的 1.5~2.0m 处。

（2）从外到里挖深度为 5~15cm 不等的、斜坡状捕获穴，长度为 1.0m，宽度为 50~100cm；捕获穴内土壤需再做 15cm 的耕翻。

（3）挖出的土体堆砌为 5~10cm 高度不等、宽度为 20cm 的半圆形围捻。

（4）穴体的围捻外侧挖深度 10cm 的对应弧度的穴坑，宽度为 60~70cm，穴坑内的土壤须再做 15cm 的耕翻。这样可形成内外两侧共两处灌草种子捕获位置。

（四）灌草种子捕获体内部收集体的研发技术

（1）灌草种子捕获体内部，在中间的"十"线型上设置 4 个"冂"形的收集体（图 3-10-Ⅱ处），每收集体位置定位于所在"十"线型交叉点的 2.0~2.5m 处。

（2）每一"冂"形围捻的长度均为 1.0m，"冂"形中间围捻边宽度为 20cm、高度为 15cm；两侧的围捻边宽度为 20cm，但高度设置为 5~15cm 逐步增高的弧形构型，以形成较好的风力区。

（3）围捻内侧所包围的土体均需挖深度为 10cm 的穴坑，穴坑内的土壤需再做 15cm 的耕翻；"冂"形围捻外侧对应外深度 10cm、宽度为 10cm 的沟体，沟体内的土壤需再做 15cm 的耕翻。这样可形成内外两侧共两处灌草种子捕获位置。

（五）灌草种子捕获体中央蓄水槽的研发技术

（1）灌草种子捕获体中央为圆形或椭圆形的蓄水槽（图 3-10-Ⅲ处），主要用于灌草种子捕获，以及雨季蓄积降雨，利于水生草本植物的生长。

（2）蓄水槽直径为 1.0~1.5m，深度为 50~80cm，周围土埂高 10cm，土埂顶宽 10cm。

（3）蓄水槽四周，在对角线位置的土埂处，各留有宽 15~20cm、与地表面持平的低漏口，利于散播种子进入蓄水槽内。

三、效果分析

（一）土壤水盐条件得到改善

通过对微地形的改造，盐分主要聚集在灌草种子捕获体的凸起部分，即各部分堆积体的顶部，呈现明显的表聚现象，穴坑内捕获种子耕翻后的土壤含盐量降低 20%~30%。灌草种子捕获体耕翻后的土壤水分物理性质显著改善，有效饱和贮水量提高 25%~40%，有效涵蓄降雨量提高 40%~45%。

（二）灌草种子截留效果好，灌草幼苗保存率和植被覆盖率显著提高

灌草种子捕获体构建后，显著改善了微地形条件，调节了地表粗糙度，改善了土壤水盐微生境。依靠水流、风力形成的作用力，可较好滞留、贮存周围地带的灌草种子，形成以泥质海岸带典型耐盐植被盐地碱蓬、青蒿、芦苇和柽柳等乡土灌草植物的种子捕获器。

灌草种子捕获体外围"∩"形穴体的内部,灌草幼苗密度在 5 ~ 10 株/cm^2,"∩"形穴体的围捻外侧灌草幼苗密度在 10~15 株/cm^2。

灌草种子捕获体内部"⊓"形收集体的内部穴坑处,灌草幼苗密度在 11~18 株/cm^2,"⊓"形围捻外侧的灌草幼苗密度在 6~13 株/cm^2。

灌草种子捕获体中央蓄水槽内部以芦苇生长为主,边缘以芦苇和盐地碱蓬为主,平均草本密度在 12~15 株/cm^2。

整个灌草种子捕获体的灌草幼苗保存率在 75%~82%,第一年植被覆盖率在 8%~12%,第二年植被覆盖率可达 15%~17%。

第三节 基于种子捕获–微生境土壤改良的滨海盐碱裸地修复技术

一、现有技术中盐碱地区生境特征及存在的问题

滨海盐碱地区,由于地下水位及其矿化度较高,土壤次生盐渍化较重;同时地表平坦,植物种子难以被截留在土壤中,导致盐碱地区出现大面积裸斑。在裸斑区域,表面盐分积累,导致盐碱地区裸斑地块地表植被难以定植,种子发芽困难。随着时间推移,裸斑区域有增加趋势。为改善盐碱地裸斑地块植物少、种子定植较难的情况,构建植物种子捕获装置,试图通过改善捕获器微生境的土壤营养状况,达到捕获本土植物种子库、建立先锋植物区的目的,加快盐碱裸斑地植物群落的恢复进程,从而增加盐碱地植被覆盖率。

本节通过装有柽柳生物质炭的种子捕获器,提高捕获器范围内土壤 N、P 等营养素含量,捕获草本、乔灌木等植被种子,为盐碱裸斑地种子的滞留提供条件。捕获器范围内土壤养分的提高,有利于种子的发芽生长,以提高滩涂湿地的植被覆盖率和植物生产力。

二、主要技术要点

(一) 实施地段的生境特征

滨海盐碱地本土植被类型较多,包括柽柳、碱蓬、海蓬子等多种植被,但是裸斑地区地势平坦,地表盐分滞留明显,植物种子难以在地表定植、发芽,植被覆盖率在 3% 以下,在返盐时期,10cm 土壤含盐量在 4%~9%,甚至更高。在非返盐时期,土壤含盐量在 0.3%~0.5%,土壤处于中度盐碱至重度盐碱状态转变。植被覆盖率低,植物种子难以在地表滞留,发芽生长困难。

（二）种子捕获器的主要结构与功能

该种子捕获体主要由 4 个部分构成（图 3-11、图 3-12），分别为固定架、捕获器网体、柽柳生物质炭包及挡棚。整个捕获器材料采用可降解材料。

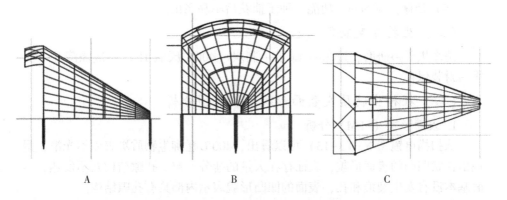

A. 正面观；B. 侧面观；C. 俯视图

图 3-11　种子捕获器

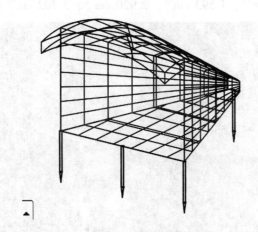

A. 固定框架；B. 网体；C. 生物质炭放置处；D. 挡棚

图 3-12　种子捕获器三维图

（1）固定架：长 20cm，高 14cm，拱高 5cm，插入钉高 5cm。功能：固定捕获器。

（2）捕获器网体：深 25cm，外部网孔 < 0.5mm，底部网孔约 1cm。功能：外部网孔小，种子捕获后，不易流失，底部网孔较大，一是增加土壤表面粗糙

度，二是种子在捕获器内分散得较好。

（3）生物质炭包：长5cm、宽5cm、厚3mm生物质炭包，含有10g生物质炭。置于捕获器底部。底部面积为25×（4+20）/2＝300cm²。功能：改善土壤养分。

（4）挡棚：宽5cm。功能：种子捕获后不易飞出。

（三）生物质炭制备工艺

洗涤烘干→研磨，过2mm筛子→制炭（400℃厌氧1h）→洗涤降盐→干燥→封装保存

（四）柽柳生物质炭表面形貌及官能团分析

1. 表面形貌（SEM）分析

从扫描电镜图（图3-13）可以看出，400℃柽柳生物质炭表面不光滑，呈现山丘状凹凸的表面形貌，表面存在大量的盐分颗粒。孔隙结构并不发达，表面基本没有发生裂痕和孔，表面的凹凸形貌表示内部具有孔隙结构。

2. 红外光谱（FT-IR）分析

从柽柳生物质炭红外光谱图（图3-14）可以看到，吸收峰在615cm⁻¹、673cm⁻¹、1 128 cm⁻¹、1 593 cm⁻¹、2 920 cm⁻¹、3 402 cm⁻¹附近。另外，在

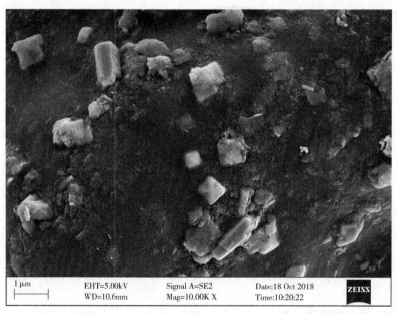

A：10 000倍

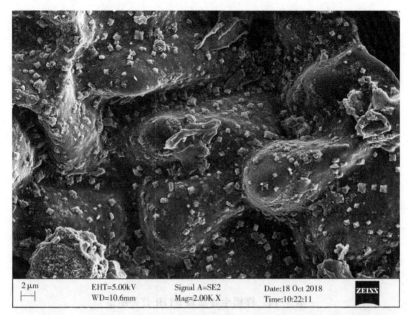

B：2 000 倍

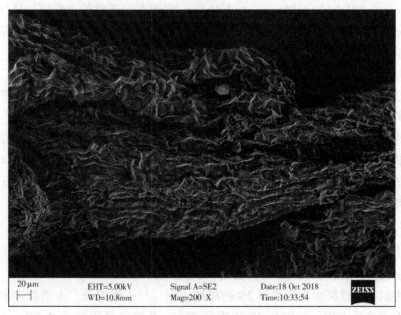

C：200 倍

图 3-13 柽柳生物质炭扫描电镜图

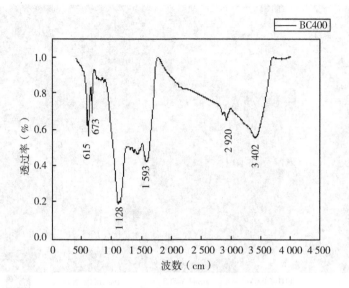

图3-14　柽柳生物质炭 FTIR 红外图谱

$769cm^{-1}$、$-831cm^{-1}$、$1\,345cm^{-1}$、$-1\,463cm^{-1}$处有几个连续的小峰值。从红外光谱图分析可知，400℃柽柳生物质炭主要含有硝基、仲胺、叔胺、酚羟基、芳香族基团等官能团。

3.XRD 测定分析

柽柳属于泌盐植物，细胞内含有大量的盐分，其衍射图谱含有明显的衍射峰，与非泌盐植物相比较，衍射峰数量多，强度大（图3-15）。其衍射图谱与盐活化过的活性炭图谱类似，也说明表面留有较多的盐。400-柽柳生物质炭在 $2\theta=25°$ 和 $2\theta=45°$ 附近具有两个比较宽的肩峰，说明400℃制备的柽柳生物质炭属于石墨微晶（002）晶面，含有乱层化的类石墨晶型结构。

（五）生物质炭改良土壤的效果

土壤采集黄河三角洲盐渍土，pH 值 8.1～8.3，盐度 0.34%，总磷 2.52g/kg，有效磷 20.8mg/kg，氨氮 3.01mg/kg。

将制备的柽柳生物质炭以 2% 的添加比例，与土壤混合。土壤盐度模拟中度至重度盐碱土，盐度用 NaCl 进行调节，盐度分别设置为 0.5%、0.8%、1.1%、1.4%和1.7%。含水量为田间持水量。

将各处理组置于人工气候箱，温度28℃，处理时间40d。结果如图3-16

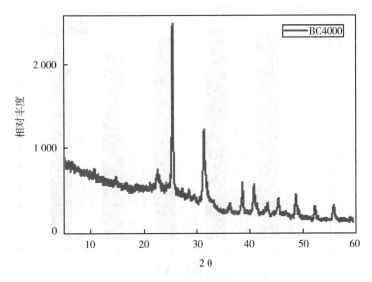

图 3-15　柽柳生物质炭 XRD 图谱

及图 3-17 所示。

添加生物质炭的盐渍土壤，其有效磷含量都有显著的提高。不同盐度之间有效磷含量并无显著差异。在重度盐渍土壤中，0.8%盐度的有效磷含量增加至 38.56mg/kg，与对照相比，增加了 80.49%，大大提高了盐碱地有效磷的含量，为植物提供了充足的磷元素。

添加柽柳生物质炭，能显著提高盐渍土壤氨氮含量。并且，随着盐度从中度到重度的增长过程中，盐度增加趋势非常显著，经方差分析，0.5%~1.1%盐度下的土壤氨氮无差异；当盐度增加至 1.4% 时，氨氮含量高达 28.83mg/kg，出现显著差异；而盐度增加至 1.7%，其氨氮含量又出现显著提高，达到 37.37mg/kg。

综上，400℃制备的柽柳生物质炭能够显著提高土壤氨氮及有效磷的含量，而这两种物质是植物生长发育所必需的两种营养素。将柽柳生物质炭包置于种子捕捉器底部，预计在自然条件下可达到提高捕捉器 300cm² 范围内的盐渍土壤的肥力，使种子定植后，能够顺利发芽与生长，从而达到提高盐渍土壤裸斑地植被覆盖率。

（六）种子截留器安置技术

夏末季节，8 月底、9 月初，盐碱地区植物种子成熟前期，将种子截留器

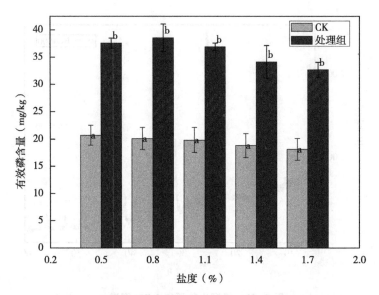

图 3-16 柽柳生物质炭对不同盐度土壤有效磷含量的影响

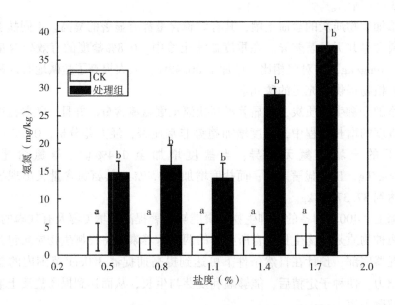

图 3-17 柽柳生物质炭对不同盐度土壤氨氮的影响

安置于盐碱裸斑地块，网口方向随机，间隔 60~120cm。植物定植后，翌年，种子截留器会风化，种子在该区域生长后，起到自然截留器的作用，以该点为中心，将不断扩大植被覆盖率。

三、效果分析

（一）土壤 N、P 营养素条件得到改善

种子截留器安置后，由于网子的遮阴效果以及生物质炭包的存在，会增加该地区土壤的湿度，盐分也会集中于生物质炭包表面，而底层的生物质炭则起到增加土壤 N、P 营养素的作用。

（二）种子截留效果好，灌草幼苗保存率和植被覆盖率显著提高

种子截留器安置后，改善了土壤微生境。依靠水流、风力形成的作用力，可较好滞留、贮存周围地带的植物种子，形成以典型耐盐植被盐地芦苇、碱蓬、青蒿、柽柳、白蜡、刺槐等乡土植物的种子捕获器。

整个种子截留器幼苗保存率在 72% ~ 85%，第一年植被覆盖率在 20% ~ 40%，第二年植被覆盖率可达 50% ~ 80%。

参考文献

艾尔买克·才卡斯木，钟海霞，张雯，等，2018. EM 菌对 NaCl 胁迫下核桃幼苗生长、光合特性及抗氧化系统的影响 [J]. 新疆农业科学，55（10）：1803-1809.

阿力木·阿布来提，姚怀柱，宋云飞，等，2019. 海涂土壤结构改良对水稻叶绿素荧光参数和产量的影响 [J]. 应用生态学报，30（10）：3435-3442.

陈盈，张满利，刘宪平，等，2016. 生物炭对水稻齐穗期叶绿素荧光参数及产量构成的影响 [J]. 作物杂志（3）：94-98.

董金星，杨梦娇，陈小芳，等，2015. 生物炭作为 EM 菌载体影响因素及其条件优化 [J]. 安徽科技学院学报，29（6）：81-86.

关松荫，张道生，张正民，1991. 土壤酶活性分析方法 [M]. 北京：农业出版社.

韩忠明，王云贺，林红梅，等，2014. 吉林不同生境防风夏季光合特性 [J]. 生态学报，34（17）：4874-4881.

李成明，张如莲，高玲，等，2012. 田菁种子发芽条件研究 [J]. 热带农

业科学，32（12）：16-18.

李思平，曾路生，李旭霖，等，2019. 不同配方生物炭改良盐渍土对小白菜和棉花生长及光合作用的影响 [J]. 水土保持学报，33（2）：363-368.

刘世杰，窦森，2009. 黑碳对玉米生长和土壤养分吸收与淋失的影响 [J]. 水土保持学报，23（1）：79-82.

刘悦，黎子涵，邹博，等，2017. 生物炭影响作物生长及其与化肥混施的增效机制研究进展 [J]. 应用生态学报，28（3）：1030-1038.

王志远，张广娜，于军香，等，2018. EM 菌结合有机物料还田对桃园土壤理化性质及桃叶片光合特性的影响 [J]. 生态学杂志，37（9）：2657-2662.

吴志庄，王道金，厉月桥，等，2015. 施用生物炭肥对黄连木生长及光合特性的影响 [J]. 生态环境学报，24（6）：992-997.

姚荣江，杨劲松，2007. 黄河三角洲地区土壤盐渍化特征及其剖面类型分析 [J]. 干旱区资源与环境，21（11）：106-112.

袁金华，徐仁扣，2011. 生物质炭的性质及其对土壤环境功能影响的研究进展 [J]. 生态环境学报，20（4）：779-785.

张守仁，1999. 叶绿素荧光动力学参数的意义及讨论 [J]. 植物学通报，16（4）：444-448.

周健民，2015. 浅谈我国土壤质量变化与耕地资源可持续利用 [J]. 中国科学院院刊，30（4）：459-467.

AGEGNEHU, G, SRIVASTAVA A K, BIRD, M I, 2017. The role of biochar and biochar-compost in improving soil quality and crop performance: a review [J]. Apply Soil Ecology, 119: 156-170.

AMELOOT, N, SLEUTEL S, DAS K C, et al., 2015. Biochar amendment to soils with contrasting organic matter level: effects on N mineralization and biological soil properties [J]. GCB Bioenergy, 7, 135-144.

AMUNDSON R, BERHE A A, HOPMANS J W, et al., 2015. Soil and human security in the 21st century [J]. Science, 348: 1261071.

BAI J H, YU Z B, YU L, et al., 2019. In-situ organic phosphorus mineralization in sediments in coastal wetlands with different flooding periods in the yellow river delta, china [J]. Sci. Total Environ., 682: 417-425.

BIEDERMAN L A, HARPOLE W S, 2013. Biochar and its effects on plant productivity and nutrient cycling: a meta-analysis [J]. GCB Bioenergy, 5, 202-214.

CHAGANTI V N, CROHN D M ŠIMŮNEK J, 2015. Leaching and reclamation of a biochar and compost amended saline-sodic soil with moderate SAR reclaimed water [J]. Agric. Water Manag, 158, 255-265.

DING Y, LIU Y, LIU S, et al., 2016. Biochar to improve soil fertility [J]. A review. Agronomy for sustainable development, 36: 35-52.

DRAKE J A, CAVAGNARO T R, CUNNINGHAM S C, et al., 2016. Does biochar improve establishment of tree seedlings in saline sodic soils? [J]. Land Degradation & Development, 27: 52-59.

EL-MAGEED T A A, RADY M M, TAHA R S, et al., 2020. Effects of integrated use of residual sulfur-enhanced biochar with effective microorganisms on soil properties, plant growth and short-term productivity of capsicum annuum under salt stress [J]. Scientia Horticulturae, 261: 108930.

EL-NAGGAR A, LEE S S, RINKLEBE J, et al., 2019. Biochar application to low fertility soils: a review of current status, and future prospects [J]. Geoderma, 337: 536-554.

FORMOWITZ B, ELANGO F, OKUMOTO S, et al., 2007. The role of effective microorganisms in the composting of banana (*musa* ssp.) residues [J]. Journal of Plant Nutrition and Soil Science, 170: 649-656.

HUANG M Y, ZHANG Z Y, ZHU C L, et al., 2019. Effect of biochar on sweet corn and soil salinity under conjunctive irrigation with brackish water in coastal saline soil [J]. Scientia Horticulturae, 250: 405-413.

HU C, QI Y, 2013. Long-term effective microorganisms application promote growth and increase yields and nutrition of wheat in China [J]. European of Journal of Agronomy, 46: 63-67.

JAVAID A, 2011. Effects of biofertilizers combined with different soil amendments on potted riceplants [J]. Chil. J. Agric. Res, 71, 157-163.

JEFFERY S, VERHEIJEN F G A A, VAN DER VELDE M, et al., 2011. A quantitative review of the effects of biochar application to soils on crop productivity using meta-analysis [J]. Agricultural Ecosystems & Environmen, 144: 175-187.

LAGHARI M, MIRJAT M S, HU Z, et al., 2015. Effects of biochar application rate on sandy desert soil properties and sorghum growth [J]. Catena, 135: 313-320.

LAIRD D, FLEMING P, WANG B, et al., 2010. Biochar impact on nutrient leaching from a midwestern agricultural soil [J]. Geoderma, 158: 436-442.

LASHARI M S, LIU Y, LI L, et al., 2013. Effects of amendment of biochar-manure compost in conjunction with pyroligneous solution on soil quality and wheat yield of a salt-stressed cropland from Central China great plain [J]. Field Crop Res., 144, 113-118.

LEHMANN J, 2007. A handful of carbon [J]. Nature, 447: 143-144.

LEHMANN J, RILLIG M C, THIES J, et al., 2011. Biochar effects on soil biota-a review [J]. Soil Biol. Biochem., 43, 1812-1836.

LI Y, LI X Y, LIU Y J, et al., 2016. Genetic diversity and community structure of rhizobia nodulating sesbania cannabina in saline-alkaline soils [J]. Syst. Appl. Microbiol., 39, 195-202.

LIU S W, ZHANG Y J, ZONG Y J, et al., 2016. Response of soil carbon dioxide fluxes, soil organic carbon and microbial biomass carbon to biochar a-mendment: a meta-analysis [J]. GCB Bioenergy, 8, 392-406.

LIU S, YANG M, CHENG F, et al., 2018. Factors driving the relationships between vegetation and soil properties in the yellow river delta, china [J]. Catena, 165: 279-285.

LUO X X, LIU G C, XIA Y, et al., 2017. Use of biocharcompost to improve properties and productivity of the degraded coastal soil in the yellow river delta, china [J]. Journal of Soils Sediments, 17: 780-789.

MAYER J, SCHEIDA S, WIDMERA F, et al., 2010. How effective are 'effective microorganisms? (EM) '? results from a field study in temperate climate [J]. Apply Soil Ecology, 46: 230-239.

MENG L, RAHMAN A, HAN SH, et al., 2018. Growth of zelkova serrata seedings in a containerised production system treated with effective microorganisms and biochar [J]. Journal of Tropical forest Science, 30: 49-57.

POKHAREL, P, MA Z, CHANG S X, 2020. Biochar increases soil microbial biomass with changes in extra-and intracellular enzyme activities: a global meta-analysis [J]. Biochar, 2: 65-79.

RIZWAN M, ALI S, ABBAS T, et al., 2018. Residual effects of biochar on growth, photosynthesis and cadmium uptake in rice (*oryza sativa* L.) under Cd stress with different water conditions [J]. Journal of Environmental Management, 206: 676-683.

SAIFULLAH, DAHLAWI S, NAEEM A, et al., 2018. Biochar application for the remediation of salt-affected soils: challenges and opportunities [J]. Science of Total Environment, 625: 320-335.

SHRIVASTAVA P, KUMAR R, 2015. Soil salinity: a serious environmental issue and plant growth promoting bacteria as one of the tools for its alleviation [J]. Saudi Journal of Biological Sciences, 22: 123-131.

SONG Y J, ZHANG X L, MA B, et al., 2014. Biochar addition affected the dynamics of ammoniaoxidizers and nitrification in microcosms of a coastal alkaline soil [J]. Biology and Fertility of Soils, 50: 321-332.

SUN H J, LU H Y, CHU L, et al., 2017. Biochar applied with appropriate rates can reduce N leaching, keep N retention and not increase NH_3 volatilization in a coastal saline soil [J]. Sci. Total Environ., 575: 820-825.

TALAAT N B., 2019. Effective microorganisms: an innovative tool for inducing common bean (*phaseolus vulgaris* L.) salt-tolerance by regulating photosynthetic rate and endogenous phytohormones production [J]. Scientia Horticulturae, 50: 254-265.

TALAAT N B, GHONIEM A E, ABDELHAMID M T, et al., 2015. Effective microorganisms improve growth performance, alter nutrients acquisition and induce compatible solutes accumulation in common bean (*phaseolus vulgaris* L.) plants subjected to salinity stress [J]. Plant Growth Regulation, 75: 281-295.

THOMAS S C, FRYE S, GALE N, et al., 2013. Biochar mitigates negative effects of salt additions on two herbaceous plant species [J]. J. Environ. Manag., 129: 62-68.

ULLAH S, DAHLAWI S, NAEEM A, et al., 2018. Biochar application for the remediation of salt-affected soils: challenges and opportunities [J]. Science of Total Environment, 625: 320.

WANG Y, VILLAMIL M B, DAVIDSON P C, et al., 2019. A quantitative understanding of the role of co-composted biochar in plant growth using meta-analysis [J]. Science of Total Environment, 685: 741-752.

WITTENMAYER L, SZABÓK, 2000. The role of root exudates in specific apple (*malus×domestica* borkh.) replant disease (SARD) [J]. Journal of Plant Nutrition and Soil Science, 163: 399-404.

XIA J B, REN R R, ZHANG S Y, et al., 2019. Forest and grass composite patterns improve the soil quality in the coastal saline-alkali land of the yellow river delta, china [J]. Geoderma, 349: 25-35.

YE ZP, 2007. A new model for relationship between irradiance and the rate of photosysthesis in *oryza sativa* [J]. Photosynthetica, 45: 637-640.

ZHANG G L, BAI J H, ZHAO Q Q, et al., 2020. Bacterial succession in salt marsh soils along a short-term invasion chronosequence of spartina alterniflora in yellow river estuary, china [J]. Microb. Ecol., 79: 644-661.

ZHENG H, WANG X, CHEN L, et al., 2018. Enhanced growth of halophyte plants in biochar-amended coastal soil: roles of nutrient availability and rhizosphere microbial modulation [J]. Plant Cell Environment, 41: 517-532.

ZIMMERMAN A R, GAO B, AHN M Y, 2011. Positive and negative carbon mineralization priming effects among a variety of biochar-amended soils [J]. Soil Biol. Biochem., 43: 1169-1179.

第四章　河道浅水区生态护岸水泥基材料的制备与性能研究

　　随着我国经济的发展和基础设施建设的不断完善，水泥、混凝土等大宗型材料由于其本身所具有的流动性好、易于操作、生产周期短的优点，在道路修筑、房屋建造、堤坝和护岸结构建设等各个领域有着广泛的应用。但同时，随着混凝土等水泥制品的大量使用，其所暴露的各种问题也日渐显现，这其中关于混凝土耐久性方面的问题（吴中伟，1982；卢木，1997；覃维祖，2001）尤为突出，尤其是将其用于水工工程，主要包括水下护岸材料、堤坝（刘荣桂等，2005；黎璐霞，2016）等设施建造。据估算，国外工业发达国家建筑业约40%的资源被都用于修复和维护既有的结构，仅60%用于新建。导致混凝土耐久性降低的物理因素主要包括表面磨损、孔隙盐结晶（主要是硫酸盐）造成开裂，有害的化学因素主要包括水泥浆体被酸液浸透，以及硫酸盐侵蚀引起膨胀开裂（亢景富，1995）和氯盐侵蚀所引起的混凝土中钢筋的锈蚀（张伟平等，2010），当然同时也包括难以进行修复的碱-骨料反应（赵瑞等，2013）。因此，研究混凝土耐久性方面的问题已经成为现代混凝土研究的方向和热点，存在巨大的挑战。

第一节　研究背景

　　自水泥这种胶凝材料问世以来，作为一种人造材料，由于其原材料简单易得、综合能耗低、适应能力强、易于浇筑成型等优点，已经在房屋建造、河道护堤、路面修复等各个领域得到了广泛的应用，成为使用量最大的建筑材料。然而，随着水泥基材料的广泛使用，问题也逐渐开始暴露，主要表现在水泥基材料耐久性较差所引发的各种问题，包括结构和材料本身。水泥混凝土的耐久性主要是指混凝土结构在使用环境、自然环境以及材料本身内部因素作用下保持自身作用能力的性能。主要包括水泥基材料本身抗渗性、抗冻性、抗酸和可溶性盐的侵蚀能力、抗碱骨料反应等。在这其中，可溶性盐（主要包括硫酸盐和氯盐）侵蚀所引起混凝土本身结构的破坏是最常见和最严重的耐久性问题之一（王智等，2000）。

黄河三角洲是我国三大河口三角洲之一，是我国北方地区最为重要的河口三角洲。其海与陆交汇，河流穿梭其中，使该地区具有独特的地理位置和优越的自然条件。黄河三角洲地区作为海与陆的交汇地区（安乐生，2012），其水质中含盐量平均为 2.61%，其中阴离子主要以 Cl^- 为主，含量为 40.3%；阳离子主要以 Na^+ 和 K^+ 为主，含量为 37.6%。阴离子主要包括 Cl^- 和 SO_4^{2-}，含量分别为 88%~92.9%、6.2%~10.8%，阳离子中 Na^+ 和 K^+ 含量分别为 84.1%、4.2%。调查研究发现（袁承斌等，2003；宋玉普，2005），水质中的 Cl^- 是引起水泥混凝土中钢筋锈蚀，进而发生破坏开裂的主要因素，而 SO_4^{2-} 是造成水泥基材料发生膨胀破坏（李凤兰等，2010）的主要因素，导致混凝土膨胀开裂、剥落、强度和力学性能的损失，安全性和结构承载力大大降低。相关资料表明，英国、加拿大、澳大利亚、韩国等国家和地区，水泥混凝土都存在盐害问题。美国由于钢筋锈蚀所引起的混凝土破坏所造成的损失占到 GDP 的 4%，每年达到 1 500 亿美元（朱爱萍等，2018）。

在黄河三角洲地区，按照岸堤所处的环境划分，主要将其分为 3 个区域，即浅水位区域（水下区）、潮间带区域（浪溅区）、水上区域。不同区域盐溶液对结构的侵蚀特征和腐蚀情况不同。浅水位区域护岸材料主要受到盐溶液长期浸泡腐蚀，潮间带除了受到盐溶液的侵蚀外，同时还受到反复的干湿循环作用，加速了水泥混凝土结构的破坏，对其耐久性非常不利。

由以上可知，用于河道护岸的混凝土结构由于长期处于可溶性盐类离子的侵蚀环境中，致使其结构的耐久性不良而往往在使用过程中遭到破坏。本文针对应用于河道浅水位护岸结构的水泥混凝土，重点研究了长龄期浸泡下，氯盐-硫酸盐溶液对胶凝材料的腐蚀破坏机理以及离子传输规律，进而对应用于护岸材料的混凝土使用寿命的预测提供更加准确的理论依据。同时，对不同孔隙率下多孔混凝土的水质净化性能和机理进行了一定的研究。

一、水泥基材料的硫酸盐与氯盐侵蚀机理研究

水泥基材料耐久性方面问题的发现由来已久，严重损害了水泥基材料的使用寿命。在水泥基材料诸多耐久性问题中，遭受可溶性盐离子的侵蚀问题尤为突出，尤其是将其应用于路面和河道护岸材料。水泥基材料的耐盐性主要是指材料本身抵抗硫酸盐和氯盐侵蚀而不发生损伤劣化的性能。

(一) 水泥基材料的硫酸盐侵蚀机理研究

当环境中的硫酸根离子因为渗透作用侵蚀进入水泥基材料内部时，会与水泥中 C_3A、AFm 等成分反应生成石膏和钙矾石（Aye & Oguchi, 2011），导致水泥基材料发生膨胀，或由于水分的蒸发导致硫酸盐在其内部产生结晶压。当膨胀所产生的应力大于水泥基材料本身的抗拉应力时会发生一系列的劣化损伤，最终导致材料的破坏。根据水泥基材料发生劣化机理的不同，可以将其分为化学侵蚀和物理侵蚀化学侵蚀主要包括石膏、钙矾石、C-S-H 分解的侵蚀；物理侵蚀主要是硫酸盐所产生的结晶膨胀导致水泥基材料的损伤。

1. 石膏型侵蚀

石膏型侵蚀，是指体系内部发生反应生成 $CaSO_4 \cdot 2H_2O$，进而产生膨胀压力使得水泥基材料发生破坏。其反应式如下。

$$Na_2SO_4 \cdot 10H_2O+Ca(OH)_2 \rightarrow CaSO_4 \cdot 2H_2O+2NaOH+8H_2O \quad (4-1)$$

在硫酸盐侵蚀过程中，外部环境中的硫酸根离子将会与水泥水化产物中的 $Ca(OH)_2$ 发生（4-1）所示的反应，生成二水石膏，产生较原有水化产物体积 1.24 倍的膨胀（田晓宇等，2015），并最终导致水泥基材料发生膨胀开裂而破坏。Wang（1994）研究了 Na_2SO_4 溶液侵蚀下的水泥基材料在不同深度的 XRD 图谱。发现石膏的生成比钙矾石的生成更易造成水泥基材料的破坏。Santhanam 等（2003）通过在 Na_2SO_4 溶液中分别侵蚀 C_3S 水泥和普通硅酸盐水泥制备的砂浆试件，试图单独研究石膏的生成对其性能的影响。采用差式扫描量热法（DSC）测得石膏的生成量随着侵蚀龄期的增加而增加，同时试件的长度也增加。表明石膏的形成会产生膨胀作用。相比纯水泥砂浆试件，C_3S 砂浆试件膨胀更厉害，主要原因是由于石膏的生成所致。

2. 钙矾石型侵蚀

钙矾石型侵蚀，主要是指渗透进入砂浆试件的硫酸根离子与体系中 C_3A、AFm 生成二次钙矾石所形成的破坏。

$$Na_2SO_4 \cdot 10H_2O+Ca(OH)_2 \rightarrow CaSO_4 \cdot 2H_2O+2NaOH+8H_2O \quad (4-2)$$
$$3(CaSO_4 \cdot 2H_2O)+4CaO \cdot Al_2O_3 \cdot 12H_2O+14H_2O \rightarrow AFt+CH \quad (4-3)$$

关于钙矾石的膨胀理论主要包括吸水膨胀理论、结晶压理论和体积增加理论等。Wang 等（2001）研究发现，处于海洋环境中的混凝土易受到硫酸根离子的腐蚀，当硫酸根离子渗透进入混凝土时，会通过成核作用形成延迟钙矾石存在于混凝土孔隙中。在这些延迟钙矾石的作用下，造成水泥基材料微损伤演变并开始发生膨胀。Taylor 等（2001）和 Hartman 等（2006）发现延迟钙矾石属于六角形晶系，晶体结构为柱状微晶，会不断沿着其晶轴生长。Ghorab 等（1980）发现，体系的湿度和温度是造成钙矾石产生膨胀的两个条件。

（二）水泥基材料的氯盐侵蚀机理研究

以往研究表明（Roventi et al.，2014；Ye et al.，2016），环境中氯盐对水泥基材料的侵蚀主要表现为外部环境中的氯离子通过渗透及扩散作用，由水泥基材料的外部扩散到内部，最终到达混凝土中钢筋表面，破坏钢筋表面的钝化膜，使部分钢筋暴露在空气和水的环境，由于钢筋表面电化学效应的存在加速了腐蚀速度和程度，最终导致钢筋的锈蚀和水泥基材料的开裂破坏。

一般来说，渗透进入水泥基材料中的氯离子主要以游离氯离子和结合氯离子两种形式存在（Roventi et al.，2014），结合氯离子的存在主要是渗透进入的游离氯离子存在于孔溶液中，与水泥水化产物发生反应生成诸如 Friedel 盐和 Kuzel 盐（Ghazy & Bassuoni，2017）（反应式为 4-4 和 4-5），该产物生成后吸附于 C-S-H 凝胶上（Verbeck，1975；Skiest et al.，1998），但不会产生膨胀。此反应有助于减少渗透进入水泥基材料中游离氯离子，而游离氯离子的存在会加速水泥基材料中钢筋的锈蚀。

$$C_3A + Ca(OH)_2 + Cl^- + 10H_2O \rightarrow C_3A \cdot CaCl_2 \cdot 10H_2O + 2OH^- \quad (4-4)$$

$$C_3A + 0.5Ca(OH)_2 + 2Cl^- + 0.5CaSO_4 + 10H_2O \rightarrow C_3A \cdot$$

$$(CaCl_2)_{0.5} \cdot (CaSO_4)_{0.5} \cdot 10H_2O + 2OH^- \quad (4-5)$$

Arya 等（1995）研究同样表明，氯离子在侵蚀进入混凝土后，一部分溶解于溶液中成为自由离子，一部分吸附在孔隙表面成为结合氯离子，对于不同种类的混凝土氯离子的吸附能力也是不同的。Hooton 等（1997）研究发现，当混凝土暴露在氯盐环境中时，氯离子迁移进入混凝土内部的机制至少有 6 种：吸附、扩散、结合、渗透、毛细作用和弥散。在这其中，扩散、毛细作用和渗透为 3 种最主要的方式。但在实际过程中，混凝土中氯离子的迁移受到各种因素的相互作用。Lindvall（2007）对在海洋环境下的混凝土进行了研究，结果发现，氯离子浓度对海洋环境中的混凝土影响较小，然而影响氯离子侵蚀混凝土结构最重要的因素是温度。余发红等（2002）根据前人的理论，提出了一个全新的氯离子扩散模型，这个模型考虑到了很多因素，主要包括：氯离子与混凝土的结合能力、混凝土的劣化效应和温度效应、氯离子扩散系数的时间效应等。

（三）水泥基材料的硫酸盐–氯盐复合侵蚀机理研究

目前，关于单一氯盐和硫酸盐溶液侵蚀混凝土的研究很多，然而，对于混凝土处于氯盐和硫酸盐复合溶液受腐蚀而发生损伤的研究相对较少。河水或海洋中存在各种各样的离子，主要包括 Na^+、K^+、Cl^-、SO_4^{2-} 等，应用于河道护岸的混凝土通常会受到河水或海洋等水体中 Cl^- 和 SO_4^{2-} 的复合侵蚀，相比较氯离子或硫酸根离子单一侵蚀有所不同。在已有的研究中，氯离子在硫酸盐存在条件下对混凝土的侵蚀机理尚不清楚。一些研究（Al–Amoudi et al.，1995；Santhanam et al.，2006；Jin et al.，2007；Lee et al.，2008；Zhang et al.，2013）表明，相比单独的硫酸盐对混凝土的侵蚀，将混凝土浸泡在氯盐和硫酸盐复合溶液中，混凝土的侵蚀破坏相对减少。归纳总结有以下几个原因：（1）渗透进入混凝土的游离氯离子可能会被 C_3A 捕获后发生反应，生成氯铝酸盐化合物，但这个过程并不会引起膨胀，同时，水泥中 C_3A 含量的减少会降低硫酸盐对混凝土的侵蚀所引起的膨胀损害；（2）相比硫酸盐，氯化物的扩散速率更快，这样就更加容易渗透进入混凝土，并首先与 C_3A 发生反应，从而限制了二次钙矾石等膨胀产物的生成；（3）相比水溶液，钙矾石在氯化物溶液中更易溶解，从另一个方面减少了钙矾石的形成；（4）硫酸根离子的存在会降低氯离子与水泥水化产物之间的结合能力，结合的氯离子会部分变成游离氯离子释放到混凝土中，造成对钢筋等的腐蚀。同时，硫酸盐的存在可以限制 Friedel 盐的形成，并使 Friedel 盐转变成钙矾石，但这相比较而言更加少量。Al–Amoudi 等（1995）研究发现，在氯化物存在条件下，硫酸盐侵蚀混凝土造成的损害减少。Feldman 等（1991）将混凝土在氯盐和硫酸盐复合溶液中浸泡 12 个月后发现，溶液中由于氯离子和硫酸根离子的同时存在降低了氯离子渗透进入混凝土的总量，表现为硫酸根离子对氯离子渗透进入混凝土的抑制作用。Dehwah 等（2002）认为，氯化物溶液中硫酸根离子的存在并不会影响氯离子引起钢筋锈蚀开始的时间，但腐蚀的速率会随着硫酸盐浓度的增大而增加。Lee 等（2008）发现，在含有氯离子的溶液中，硫酸盐腐蚀生成的钙矾石和石膏等膨胀性产物溶解度增加，同时钙矾石等产物在硫酸盐–氯盐复合溶液中有相对较小的膨胀，氯离子与 C_3A 等发生反应生成 Friedel 盐的同时减小了硫酸盐的侵蚀破坏。

二、矿物掺合料影响水泥基材料抗盐侵性能研究

在深入研究了混凝土遭受硫酸盐和氯盐侵蚀的机理后，如何增强混凝土的

耐久性，提高混凝土抗硫酸盐-氯盐侵蚀的性能变得尤为重要。很多研究表明（Shannag & Shaia，2003；Saraswathy & Song，2007；Hossain et al.，2016），通过掺加矿物掺合料、降低水灰比、提高抗渗等级、使用抗硫酸盐水泥或矿渣水泥可以缓解硫酸盐或氯盐侵蚀对混凝土带来的破坏。

Chen 等（2016）研究了混凝土在干湿循环下抵抗硫酸盐-氯盐复合侵蚀的能力。结果发现，相比较纯普通硅酸盐水泥，在水泥中掺入粉煤灰和矿粉有更好抗氯盐-硫酸盐侵蚀劣化的能力。Jin 等（2007）研究了两组不同配合比的混凝土在硫酸盐和氯盐侵蚀下的腐蚀行为。一组为没有添加粉煤灰的普通混凝土，另一组是分别掺加 20% 和 30% 粉煤灰的混凝土。腐蚀溶液包括 3.5% NaCl，5%Na$_2$SO$_4$ 以及 3.5%NaCl 和 5%Na$_2$SO$_4$ 的复合溶液。试验结果表明，复合溶液中硫酸盐的存在增加了早期抵抗氯离子渗透进入混凝土的能力，而在侵蚀后期则得到了相反的结果。同时，氯盐的存在降低了硫酸盐对混凝土的破坏。当掺加适量的粉煤灰和较低的水灰比可以提高抵抗氯化物进入混凝土和硫酸盐侵蚀混凝土的能力。Shannag（2000）采用硅灰和天然火山灰代替部分水泥制备混凝土，然后浸泡于硫酸钠和硫酸镁溶液中，发现掺加天然火山灰和硅灰的混凝土具有优异的抗硫酸盐和镁盐的侵蚀作用，进一步研究表明，这主要是由于天然火山灰和硅灰发生火山灰反应生成更多的水化产物以及其本身所产生微集料作用细化了混凝土内部的毛细孔，并且使界面过渡区进一步致密化所致。中南大学谢友均等（2006）采用氯离子渗透快速实验法、可蒸发水含量法研究了粉煤灰、硅灰、粉煤灰和硅灰复掺条件下不同龄期混凝土结合氯离子的性能、孔结构以及渗透性的变化规律。结果发现，混凝土中氯离子渗透性和结合氯离子的不同主要是由于粉煤灰、硅灰等矿物掺合料对混凝土孔隙率和孔径的改变所致。石明霞等（2003）通过改变混凝土中粉煤灰的掺量和细度、水胶比以及侵蚀溶液中硫酸盐的浓度研究了混凝土抗硫酸盐侵蚀的性能，发现粉煤灰的掺入、细度的提高以及水胶比的降低均能提高其抗硫酸盐侵蚀的能力。东南大学李华等（2012）采用 CT、SEM、XRD 等微观测试手段，研究了纯水泥和水泥中掺入粉煤灰、矿粉制备的净浆和砂浆试件在 5% 硫酸钠溶液中侵蚀两年后的宏观形态和微观组成。结果发现，对于空白组试件由表面到内部分别呈现出 3 层不同的侵蚀状态，即表层石膏区、中层钙矾石区及未侵蚀区域。粉煤灰和矿粉的加入可以显著提高试件抗硫酸盐侵蚀的能力。但同时也发现，由于矿渣中活性铝含量较高，与硫酸根生成大量的钙矾石，掺加不当反而会降低试件抵抗硫酸盐侵蚀的能力。

三、多孔混凝土的制备及水质净化性能研究

由于当前可用水资源紧缺和水生生态系统的破坏，保护水生生态系统已经迫在眉睫，在这样的大环境背景下，以实现节能、降耗、改善生态环境为目的的多孔混凝土应运而生。多孔混凝土主要由粗骨料和水泥制备而成，其宏观孔隙率可以达到15%~30%（Chindaprasirt et al.，2008），相比传统的混凝土具有一定的净水潜质，将其用于护岸材料可以在保证护岸结构稳定性的同时具有一定的净水性能，一定程度改善生态环境。

Medhani 等（2014）在保证多孔混凝土透水性能前提下，以获取最大抗压强度为目标开展不同配比和压实方法对多孔混凝土力学性能影响的试验研究，并确定了最佳的配合比，采用最佳配合比用普氏压实法制备出最大抗压强度达到24.13MPa 的试件。Barnhouse（2015）通过在多孔再生混凝土中添加细砂或TiO_2的方法解决其孔隙率较大导致抗压强度偏低的问题。结果发现，添加7%的细砂或2.5%的 TiO_2时，大孔隙多孔再生混凝土的抗压强度分别提高了19%和7%，当同时添加两种材料时，抗压强度可以提高28%。

Park 等（2004）研究了多孔混凝土抗压强度和净水性能。通过分别采用5~10mm、10~20mm 粒径的粗骨料制备不同孔隙的多孔混凝土。在净水试验中，通过测量 COD、T-P、T-N 的去除量评价多孔混凝土的水质净化能力。发现骨料粒径较小和孔隙率较高的多孔混凝土具有相对优异的净水能力，进一步研究发现主要是由于多孔混凝土比表面积较大所致。同时也发现，工业副产物的应用也可以有效增加多孔混凝土的净水能力。在这基础上，Seungbum 等（2010）继续深入研究了利用再生骨料、人造沸石、硅灰和玻璃纤维等制备的多孔混凝土对水质的净化能力。结果发现，当多孔混凝土的目标孔隙率越大时，对海水的净化性能越好。此外，颗粒状人造沸石的加入对海水的净化是有效的，硅灰的加入对多孔混凝土强度的提高有较大的作用。Jayanta 等（2015）将多孔混凝土作为过滤体，研究了骨料的组成对多孔混凝土净水性能的影响。即将原先浊度为400NTU 的浑浊水分别倒入两种骨料（骨料 a、骨料 b）制成的多孔混凝土中。试验表明，通过类型一多孔混凝土后浊度下降为300NTU，而类型二为360NTU，表明孔隙比略低的类型一多孔混凝土具备更优越的净水性能。Soto-Pérez 等（2016）为了有效提高多孔混凝土的除污性能，掺入了纳米氧化铁和粉煤灰进行多孔混凝土的配合比设计。结合力学性能和净水性能发现，粉煤灰和纳米氧化铁的加入可以提高混凝土的除污性能。

东南大学许国东等（2007）通过采用 5 种不同骨料粒径和孔隙率的多孔混凝土进行了水质净化试验，通过测量 COD、T-N、T-P 等表征其水质净化能力，研究了多孔混凝土孔隙率对其水质净化性能影响。张盛斌等（2011）研究了单一粒径的碎石和陶粒作为粗骨料制备目标孔隙率为 25% 多孔混凝土，采用人工配置废水静态吸附试验方法，定时采样分析对 T-N、NH_4^+-N、T-P 的处理效果。结果发现，相同的孔隙率不同骨料制备的多孔混凝土的净水性能存在差异，相比以陶粒为骨料制备的多孔混凝土，以碎石为骨料制备的混凝土对氮的吸附效果较好，但对磷的吸附效果较差。

四、河道浅水区生态护岸水泥基材料的研究背景

（一）研究目的与意义

我国河流众多，分布范围广泛，河流沿岸环境的变化对生态环境的影响日益增加。作为陆地生态系统和水生生态系统之间的交错地带，该区域易受河水强烈的冲刷和侵蚀，物质、能量和信息的流动和交换频繁，空间异质性高（何庆成等，2006），健康的河岸能够调节径流、涵养水源、缓解水污染、提供水陆生生物栖息和繁衍场所的功能（张人权等，2005）。在传统意义上，护岸结构往往侧重防洪方面的考虑，通常采用浆砌或干砌石块、预制混凝土块体进行加固处理，其最大的优势在于稳定、坚固，但耐久性较差且缺乏一定的功能性，久而久之，降低了河岸本身所具有的生态功能。因此，研究抗硫酸盐-氯盐侵蚀性能优异的水泥基材料，制备高孔隙率下具有一定强度，并兼顾净水性能的生态混凝土，在防洪固堤、生态效益之间找到一个平衡点成为今后研究的方向。

（二）主要研究内容与技术路线

主要研究内容有以下几个方面。

（1）通过测量纯水泥砂浆在 Na_2SO_4-NaCl 复合侵蚀溶液中长龄期浸泡下的质量损失、抗压强度、抗压抗蚀系数、硫酸根离子含量、氯离子含量，研究纯水泥砂浆在复合盐溶液中长龄期浸泡下的侵蚀劣化过程。

（2）通过在水泥中分别掺入质量比 10%、20%、30%、40% 的粉煤灰，15%、30%、45%、60% 的矿粉，5%、10%、15%、20% 的石灰石粉制备砂浆试件，并测量其质量损失、抗压强度、抗压抗蚀系数、硫酸根离子含量、氯离子含量，研究不同矿物掺合料在不同掺量下对水泥砂浆试件抵抗复合盐溶液侵蚀性能的影响。

（3）通过采用 XRD、SEM、TG 等微观表征手段对长龄期浸泡下砂浆试件的显微组分进行分析，得出纯水泥砂浆试件和掺入矿物掺合料的砂浆试件在复合盐溶液中长龄期浸泡下的腐蚀劣化机理。

（4）通过采用改进体积法设计制备一定孔隙率的多孔混凝土，测量不同孔隙率下多孔混凝土对污水中 COD、T-N、T-P 的去除率，研究不同孔隙率的多孔混凝土对污水的水质净化机理，并找出净化效果最优的孔隙率。

通过以上试验的设计，研究分析了硫酸盐-氯盐复合溶液侵蚀下水泥基材料的损伤劣化机理，并通过在水泥中掺入矿物掺合料以提高其抗盐侵的能力，同时研究利于水质净化的多孔混凝土的最佳孔隙率，为今后研制耐久性良好、水质净化效率较优的生态混凝土提供思路。

本章的技术路线如图 4-1 所示。

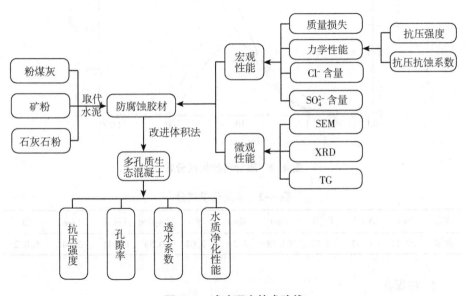

图 4-1　试验研究技术路线

五、常用试验原材料和试验方法

（一）试验原材料

1. 硅酸盐水泥

试验中所采用的水泥为符合国家标准 GB 8076—1997 的 P·O425 波特兰基准水泥。其物理性能和化学成分见表 4-1、表 4-2，粒径分布见图 4-2。

表 4-1   水泥的物理性能指标

细度 (0.08/mm)	密度 (g/cm³)	比表面积 (m²/kg)	标准稠度 (%)	安定性	凝结时间 (min)		抗折强度 (MPa)		抗压强度 (MPa)	
					初凝	终凝	3d	28d	3d	28d
1.2	3.16	340	25.8	合格	159	214	5.7	10.5	26.2	42.8

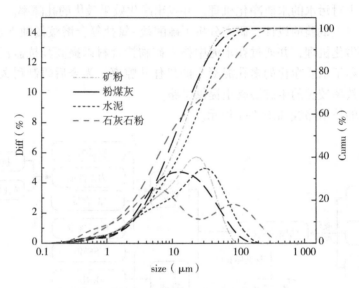

图 4-2   原材料的粒径分布

表 4-2   水泥化学成分 (%)

成分	SiO_2	Al_2O_3	Fe_2O_3	CaO	MgO	SO_3	Na_2Oeq	f-CaO	Loss	Cl
含量	22.11	4.43	3.13	62.38	2.28	2.62	0.53	0.78	2.04	0.012

2. 粉煤灰

粉煤灰为 I 级粉煤灰，需水量为 95%，其化学成分见表 4-3，粒径分布见图 4-2，微观形貌见图 4-3。

表 4-3   粉煤灰的化学成分 (%)

成分	SiO_2	Al_2O_3	Fe_2O_3	CaO	MgO	SO_3	Na_2O	K_2O	TiO_2	MnO
含量	47.797	31.691	8.654	4.846	0.577	1.063	0.658	1.271	1.819	0.048

| a. 粉煤灰 | b. 矿粉 | c. 石灰石粉 |

图 4-3　原材料的微观形貌

3. 矿粉

矿渣粉为北京市某搅拌站 S95 级矿粉，比表面积为 $480m^2/kg$，其化学成分见表 4-4，粒径分布见图 4-2，微观形貌见图 4-3。

表 4-4　矿粉的化学组成　　　　（%）

成分	SiO_2	Al_2O_3	Fe_2O_3	CaO	MgO	SO_3	Na_2O	K_2O	TiO_2	MnO
含量	25.23	12.905	0.509	47.207	8.061	2.362	0.563	0.399	1.852	0.509

4. 石灰石粉

石灰石粉由石灰岩磨细加工而成，需水量比为 93%，具有一定的减水作用，其化学成分见表 4-5，粒径分布见图 4-2，微观形貌见图 4-3。

表 4-5　石灰石粉的化学组成　　　　（%）

成分	SiO_2	Al_2O_3	Fe_2O_3	CaO	MgO	SO_3	Na_2O	K_2O	TiO_2	MnO
含量	0.753	1.322	0.302	50.708	1.294	0.072	—	0.088	—	—

5. 粗骨料

粗骨料采用玄武岩碎石，其基本性能指标见表 4-6。

表 4-6　粗骨料基本性能指标

骨料粒径（mm）	表观密度（kg/m³）	紧密堆积密度（kg/m³）	紧密堆积孔隙率（%）
5~10	2 806.05	1 698.92	39.46

6. 外加剂

采用广东红墙新材料股份有限公司生产的 CSP-10 标准型高性能减水剂，

固含为 39%。

7. 水

采用北京市普通自来水。

8. 浸泡溶液

溶液中，硫酸盐为工业用无水硫酸钠晶体，化学式 Na_2SO_4；氯盐为工业用氯化钠，化学式 $NaCl$。

（二）试验方法与步骤

1. 试件的制备与养护

水泥砂浆试件采用胶凝材料 450g，标准砂 1 350g，水 225g。将制备好的浆体填入 40mm×40mm×160mm 试模中，用于测量砂浆的宏观性能指标。将脱模后砂浆试件置于标准养护室中养护 28d 后，进行盐溶液侵蚀浸泡试验。本章以黄河三角洲的水质指标为依据，主要为硫酸盐和氯盐的复合侵蚀。选取 Na_2SO_4 溶液浓度为 5%，$NaCl$ 溶液浓度为 5% 配制侵蚀溶液（表 4-7）。此外试件在浸泡时液面必须高于试件 2~3cm，保持温度为室温。

表 4-7　试验用浸泡溶液

编号	质量分数（%）	
	Na_2SO_4（S）	$NaCl$（C）
W1	—	—
S5C5	5	5

2. 浸泡制度的选择

依据黄河三角洲地区河道护岸浅水位环境的特点，由于该区域护岸材料长期浸泡于水下，因此选取长龄期全浸泡制度来模拟黄河三角洲地区浅水位护岸材料所处的水盐环境。此外，对浸泡溶液进行密封，每隔 1 个月更换一次溶液。

3. 质量的变化

将试件从侵蚀溶液中取出并在自然条件下晾干，然后用天平称其质量。试件的质量变化采用公式（4-6）进行计算。

$$W_T = m_T - m_0 / m_0 \times 100\% \tag{4-6}$$

其中：W_T——侵蚀龄期为 T 时试件质量的变化，%；

m_T——侵蚀龄期为 T 时试件的质量，g；

m_0——试件的初始质量，g。

4. 抗压抗蚀系数变化

抗压抗蚀系数是指相同配比的试件，分别在侵蚀溶液和清水中浸泡相同的龄期后所测得抗压强度之比，按公式（4-7）计算，精确至0.01。

$$K_C = R_{溶液}/R_{清水}$$ (4-7)

其中：K_C——试件在规定侵蚀龄期的抗压抗蚀系数；

$R_{溶液}$——试件在侵蚀溶液中特定侵蚀龄期的抗压强度，MPa；

$R_{清水}$——试件在清水中特定侵蚀龄期的抗压强度，MPa。

5. 离子含量变化

（1）砂浆中游离氯离子含量测定

① 试验设备和化学药品：916 Ti-Touch 自动电位滴定仪（图4-4）；棕色容量瓶：1 000mL；分析天平：量程200g，精度0.000 1；移液枪：量程10mL；一次性塑料杯；硝酸银（化学纯）；浓硝酸。

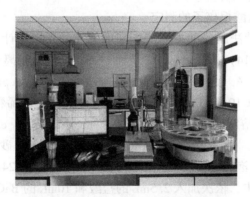

图4-4　916 Ti-Touch 自动电位滴定仪

② 试剂配制：a. 配制0.1mol/L硝酸银溶液：称取硝酸银17g溶于少量蒸馏水中，然后置于棕色容量瓶中稀释至1 000mL并摇匀后备用。b. 稀硝酸溶液：采用体积比浓硝酸：水=1：1配制稀硝酸溶液。

③ 待测溶液的制备：称取5g已磨细的砂浆样品放置于锥形瓶中，重量为G，并加入50mL（V_3）蒸馏水，用封口膜密封后，在振荡器上振荡10min，静置24h后过滤。

④ 测试过程：用移液枪取10mL待测溶液至一次性塑料杯中，加入去离子水50mL，再滴加2mL的稀硝酸酸化，放置于自动电位滴定仪上采用已配制的硝酸银溶液进行自动滴定。

⑤ 试验结果分析计算。

（2）砂浆中氯离子总含量测定

① 试验设备和化学药：916Ti‑Touch 自动电位滴定仪；棕色容量瓶：1 000mL；分析天平：量程 200g，精度 0.000 1；移液枪：量程 10mL；一次性塑料杯；硝酸银（化学纯）；浓硝酸。

② 试剂配制：a. 配制 0.1mol/L 硝酸银溶液：同测游离氯离子含量一致；b. 稀硝酸溶液：采用体积比浓硝酸：水＝15：85 配制稀硝酸溶液。

③ 待测溶液的制备：称取 5g 已磨细的砂浆样品放置于锥形瓶中，重量为 G，并加入 50mL（V_3）稀硝酸，用封口膜密封后，在振荡器上振荡 10min，静置 24h 后过滤。

④ 测试过程：用移液枪取 10mL 待测溶液至一次性塑料杯中，加入去离子水 50mL，放置于自动电位滴定仪上采用已配制的硝酸银溶液自动滴定。

⑤ 试验结果分析计算。

（3）砂浆中硫酸根离子的测定

① 分光光度计法测硫酸根离子：采用紫外分光光度计（郑凤和秦国顺，2010；张淑媛，2014）测量溶液的吸光度进而得到硫酸根离子的含量。

② 试验过程：A. 使用的试剂及配制方法：a. 盐酸 2.5mol/L；b. $BaCl_2$‑PVA 混合液：称取 10.0g PVA，加热至完全溶解，用水稀释至 100mL。称取 12.0g 氯化钡用水溶解成 100mL。使用前将两液等量混匀；c. 稀硝酸溶液：浓硝酸：水＝15：85。B. 试验步骤：用分析天平称取 2g 的砂浆粉末，用 50mL 蒸馏水或稀硝酸浸泡，在振荡器上振荡 30min，取下静置 24h 后过滤。取滤液 25mL 加入比色管中，依次加入 2.5mL 的盐酸和 10mL 的 $BaCl_2$‑PVA 混合液并定容到 50mL，摇匀后静置 5min 用分光光度计测量（马志鸣等，2014）。C. 标定硫酸钠标准溶液曲线：先配制硫酸钠标准溶液，通过采用紫外分光光度计测量不同浓度下硫酸钠溶液的吸光度绘制硫酸根离子浓度与吸光度标准曲线。如图 4-5 所示，采用二次多项式拟合获得曲线方程为 $y = 14.532\,36\,x^2 + 6.540\,88x - 0.319\,43$，$R^2 = 0.992\,06$。

6. 扫描电子显微镜（SEM）测试

将样品在 60℃下烘 48h，烘干后的样品真空喷金，采用 S3400N 型的钨灯丝扫描电子显微镜（图 4-6）观察腐蚀产物的微观形貌。

7. X 射线衍射（XRD）测试

XRD 采用 Utima‑IVX‑Ra 型 X 射线粉末衍射仪（图 4-7）测定，扫描范围为 5°～80°，扫描速率 5°/min，然后对其矿物组成进行分析。

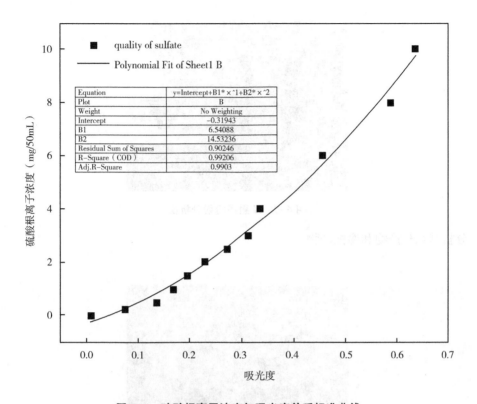

图 4-5　硫酸根离子浓度与吸光度关系标准曲线

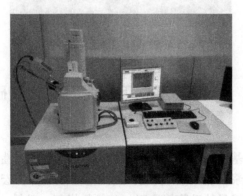

图 4-6　S3400N 扫描电镜

8. 热重分析（DSC-TG）测试

将样品烘干后研磨，采用 DSC/TG 分析仪（图 4-8），型号为 Q600 SDT，

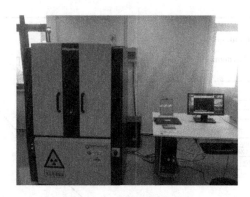

图 4-7　X 射线衍射分析仪

分析其水化产物和腐蚀产物。

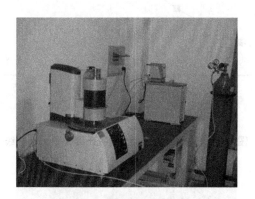

图 4-8　差热-热重分析仪

第二节　长龄期浸泡下水泥基材料受硫酸盐-氯盐侵蚀破坏

为了探讨水泥基材料在硫酸盐-氯盐存在环境下抗蚀性能较差的问题，研究了纯水泥制备砂浆在硫酸盐-氯盐长期浸泡侵蚀下各种宏观性能，并且尝试在水泥中掺加不同掺量的矿物掺合料，包括粉煤灰、矿粉、石灰石粉等，研究矿物掺合料本身及其不同掺量对水泥砂浆在硫酸盐-氯盐环境下抗蚀性能的影响，并找出每一种矿物掺合料的最佳掺量，得到最优配比。

一、试验方案

本试验采用基准硅酸盐水泥（PO·42.5）和粉煤灰、矿粉、石灰石粉等矿物掺合料为原材料，采用 40m×40m×160mm 的砂浆模具成型，制备砂浆试块。试块制备完成后，室温下成型 1d 后拆模，然后在养护室标准养护 28d 后进行试验。试验过程具体如下，将试块平均分成两组，一组浸泡在清水中，另一组浸泡在质量分数 5%Na_2SO_4-5%NaCl 的复合溶液中。分别测定其清水中和复合溶液中 0d、7d、14d、28d、56d、90d、240d 的外观变化、质量损失、抗压强度、抗压抗蚀系数，以及粉磨后试块中游离氯离子、总氯离子含量和自由硫酸根离子和总硫酸根离子的含量。具体试验方案如下。

表 4-8　砂浆制备试验方案

	水泥	粉煤灰	矿粉	石灰石粉	砂	水灰比
0#	450	0	0	0	1 350	0.5
1#	405	10%（45）	0	0	1 350	0.5
2#	360	20%（90）	0	0	1 350	0.5
3#	315	30%（135）	0	0	1 350	0.5
4#	270	40%（180）	0	0	1 350	0.5
5#	382.5	0	15%（67.5）	0	1 350	0.5
6#	315	0	30%（135）	0	1 350	0.5
7#	247.5	0	45%（202.5）	0	1 350	0.5
8#	180	0	60%（270）	0	1 350	0.5
9#	427.5	0	0	5%（22.5）	1 350	0.5
10#	405	0	0	10%（45）	1 350	0.5
11#	382.5	0	0	15%（67.5）	1 350	0.5
12#	360	0	0	20%（90）	1 350	0.5

二、砂浆试件外观的变化

试件外观的变化可以直观反映出表 4-8 中不同配比的水泥和矿物掺合料所制备的砂浆试块由于环境中硫酸根离子和氯离子侵蚀所产生的破坏。

如图 4-9 所示的是在 5%Na_2SO_4-5%NaCl 溶液中浸泡 240d 后砂浆外表面损伤和劣化的程度。图 4-9（a）、（b）、（c）则分别所指在水泥分别单掺入粉煤灰、矿粉、石灰石粉所制备砂浆表面损伤劣化程度。总体来看，各个配比的砂浆表面并没有出现特别明显的大面积浆体的破坏和损失。但同时也发现，不同配比砂浆表面的损伤劣化形态也并不相同。具体为 0#纯水泥浆体表面发现不同形状和长度的微小的裂缝，同时 4#即粉煤灰掺量为 40%的砂浆试件表面发现 4 个角已经存在不同程度的膨胀开裂破坏，有一条边的两个角已经由于膨胀破坏失去了部分砂浆。5#矿粉掺量为 15%砂浆试件表面也出现裂缝，但相

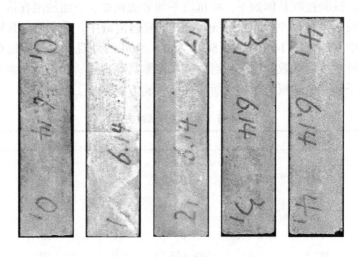

（a）水泥+粉煤灰

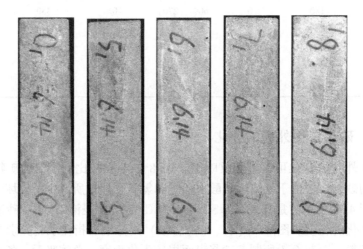

（b）水泥+矿粉

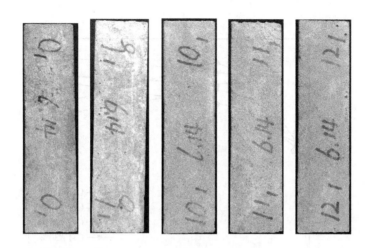

(c) 水泥+石灰石粉

图 4-9　5%Na$_2$SO$_4$-5%NaCl 溶液中浸泡

240d 砂浆试块外表面形态

对 4#的破坏程度较小。11#石灰石粉掺量在 15%时表面一角也存在缺失。

总之，单从已观察到的外表面损伤劣化程度的角度出发，掺入矿物掺合料有利于降低纯水泥在 5%Na$_2$SO$_4$-5%NaCl 溶液中侵蚀而发生膨胀破坏的程度，减少表面因为膨胀所产生的裂缝。同时，各种矿物掺合料只有在一定的合适掺量范围内才能够表现出较好的抗侵蚀能力，当其掺量过大时，反而会增加水泥砂浆试件的破坏程度。

三、砂浆试件质量的变化

砂浆质量的变化从另一个角度也可以直观反映出不同配比的砂浆试块受侵蚀而发生损伤劣化的程度。图 4-10 为不同龄期浸泡于 5%Na$_2$SO$_4$-5%NaCl 溶液中不同配比砂浆质量损失率的变化规律。

从图 4-10 中可以发现，总体来说，不同配比的砂浆在不同浸泡龄期其质量呈现出上涨的趋势，但质量增加的程度在不同的浸泡时间有所不同。可以将试件质量的变化分为 3 个阶段：第一阶段为 0~28d，这一时间段试件质量迅速增加，浸泡 28d 质量可以增加 3%左右；第二阶段为 28~90d，这一阶段质量开始缓慢增加，增加 1%~2%；第三阶段为 90~240d，这一阶段质量开始部分呈现出缓慢下降趋势，尤其表现在纯水泥砂浆试块和矿物掺合料掺量较大的砂浆试件，如粉煤灰掺量在 40%，矿粉掺量在 30%以下以及石灰石粉掺量在 10%以上质量

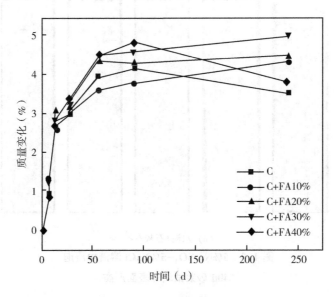

（a）水泥+粉煤灰

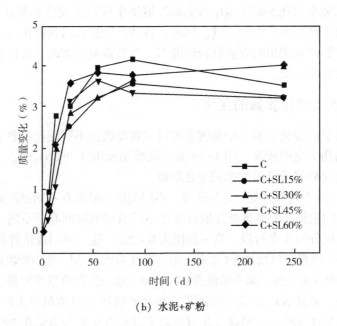
（b）水泥+矿粉

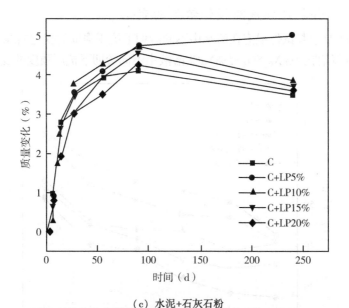

（c）水泥+石灰石粉

**图 4-10　不同龄期 5%Na$_2$SO$_4$-5%NaCl
溶液浸泡下砂浆试件质量变化**

损失较大。分析原因，可能主要是由于侵蚀前期，水泥水化速率相对较高，较快地生成大量水化产物 C-S-H 凝胶等，同时矿物掺合料在后期所发生的火山灰反应，生成一定量的低钙硅比的 C-S-H 凝胶（朱蓓蓉等，2004），这些水化产物填充了水泥砂浆的孔隙，使得孔隙率降低，砂浆整体更加密实，相对应的质量也增大。但随着水化反应的不断进行，水化速率也开始逐渐降低，生成水化产物的速率也逐渐减小，因此质量的增加速率开始下降。但90d后，一方面水泥水化速率不断降低，另一方面侵蚀溶液中硫酸根离子等侵蚀性离子会与水泥中水化产物 AFm 和 Ca（OH）$_2$等发生反应，生成膨胀性反应产物钙矾石和石膏等（Chu & Chen，2013），在一定程度上会发生膨胀开裂，进而破坏砂浆试件本身，两方面的原因最终造成砂浆质量的损失。

四、砂浆试件抗压强度的变化

通过测定清水和 5%Na$_2$SO$_4$-5%NaCl 溶液中砂浆试件的抗压强度，对比研究不同配比的砂浆在不同龄期强度的变化，反映出砂浆试件抗侵蚀能力的强弱。

（一） 试件抗压强度随侵蚀龄期的变化

图 4-11 是砂浆试件浸泡在清水中不同龄期下抗压强度的变化曲线，图 4-12 是砂浆试件浸泡在 5%Na_2SO_4-5%NaCl 溶液中不同龄期下抗压强度的变化曲线。

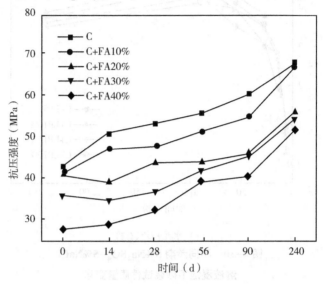

（a）水泥+粉煤灰

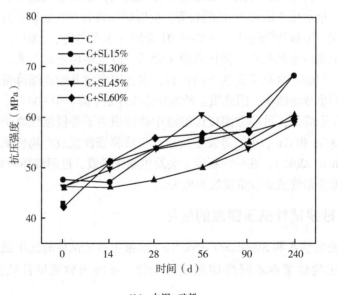

（b）水泥+矿粉

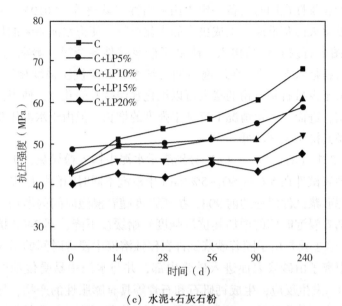

（c）水泥+石灰石粉

图4-11　砂浆试件浸泡于清水中不同龄期的抗压强度

图4-11中（a）、（b）、（c）分别代表水泥中掺粉煤灰、矿粉、石灰石粉浸泡于清水中不同龄期的抗压强度。可以看出，不管是水泥中掺入粉煤灰、矿粉、石灰石粉，其浸泡于清水中随着浸泡时间的增长，其抗压强度也相应增加。对于纯水泥砂浆，浸泡前14d抗压强度增长较快，达到19.2%，浸泡后期抗压强度增长相对缓慢，到240d抗压强度达到68.5MPa。这主要是由于水泥持续的水化作用不断生成水化产物填充水泥砂浆的孔隙所致，到后期由于水泥水化作用的减弱导致其抗压强度的增长变缓。相比纯水泥砂浆，（a）图所示掺入粉煤灰降低了其在各个浸泡龄期的抗压强度，当粉煤灰掺量10%浸泡14d抗压强度增长仅为13.7%，但浸泡后期可以明显看出，掺入粉煤灰的砂浆试件抗压强度增长较快，到240d抗压强度达到67.1MPa，基本与纯水泥砂浆试件的抗压强度相同。究其原因，主要是由于前期粉煤灰的掺入相当于稀释了水泥（Hossain et al., 2016），导致水泥用量的降低，进而浸泡前期抗压强度也相应降低，但在后期由于粉煤灰自身所具有的火山灰活性，发生火山灰反应生成一部分的C-S-H凝胶，使得砂浆试件更加密实的同时，提高了其抗压强度。（b）图对于掺入矿粉的砂浆试件，当矿粉掺入量为大于45%时，在浸泡龄期为14d、28d、56d其抗压强度大于纯水泥砂浆，并且当矿粉掺入量为15%时，浸泡240d后抗压强度基本与纯水泥砂浆一致，这主要是由于矿粉本身既

具备一定的胶凝性也同时具备一定火山灰活性（陈琳等，2010），可以自身水化的同时发生火山灰反应，生成更多的水化产物，使得水泥砂浆的抗压强度增加。（c）图中石灰石粉的掺入，降低了砂浆试件各个浸泡龄期的抗压强度，但当石灰石粉掺入5%时，在浸泡前期与纯水泥砂浆抗压强度相当甚至更高，这主要是由于少量石灰石粉的掺入可以细化水泥砂浆的孔隙，使得试件本身强度更加密实，进而在一定情况下有利于强度的增长，但由于水泥用量的减少导致总体来说其抗压强度较低。

图4-12中（a）、（b）、（c）分别表示水泥中掺入粉煤灰、矿粉、石灰石粉制备的砂浆试件在5%Na$_2$SO$_4$-5%NaCl中浸泡不同时间的抗压强度。可以看出，纯水泥砂浆试件浸泡的前90d，抗压强度随着浸泡时间的增加而增加，而90~240d随着浸泡时间的增加其抗压强度开始缓慢下降，到240d抗压强度为61.2MPa。这主要是由于随着砂浆试件在侵蚀溶液中浸泡时间的增长，越来越多的硫酸根离子由砂浆表面进入砂浆内部，并与水泥中易受侵蚀的组分C$_3$A和Ca（OH）$_2$发生反应，生成钙矾石和石膏等具有膨胀性的产物，导致试件内部发生膨胀产生细微裂缝，当腐蚀产物达到一定量时裂缝膨胀扩散到砂浆试件表面，造成砂浆试件抗压强度的降低。（a）图中，当粉煤灰掺量在10%~30%时，砂浆试件的抗压强度在不同浸泡龄期一直保持增长，但当粉煤灰掺量为

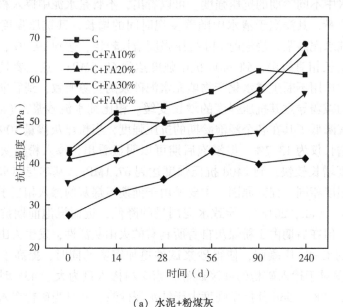

（a）水泥+粉煤灰

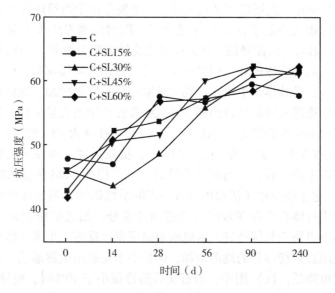

(b) 水泥+矿粉

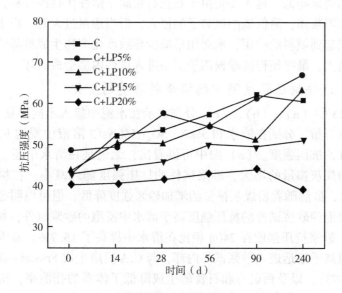

(c) 水泥+石灰石粉

**图4-12　砂浆试件浸泡于5%Na$_2$SO$_4$-5%NaCl
中不同龄期的抗压强度**

40%时，浸泡90d后抗压强度开始下降，这主要是由于当粉煤灰少量取代水泥时，粉煤灰的掺入降低了体系 C_3A 的含量，同时后期发生火山灰反应，消耗了部分 $Ca(OH)_2$，因此降低了体系中易受腐蚀的组分含量，一定程度上减少了硫酸盐所引起的膨胀破坏。但当体系中掺入过多的粉煤灰时，由于水泥用量的大幅度减少，导致体系中水化产物大量减少，孔隙率增加，这使得硫酸根离子更有利于渗透进入砂浆试件内部，造成膨胀性产物的大量生成，最终导致砂浆试件浸泡后期强度的降低。（b）图中，当矿粉掺量为15%时，发现240d抗压强度下降3%左右，掺量为30%、45%时，抗压强度也存在一定的降低，但降低幅度相对于前者较少。当矿粉掺量为60%，侵蚀240d强度继续增长，幅度为6.4%。这主要是由于矿粉中含有一定的活性铝相，当其在水泥中掺量较少时，由于本身体系中存在较多易受侵蚀的组分，加之矿粉中含有的活性铝相，使得体系更易于与侵蚀进入的硫酸根离子发生反应，生成膨胀性腐蚀产物而破坏，但随着矿粉掺量的逐渐增加，体系中水泥的用量逐渐减少，因此发生膨胀的程度也降低。（c）图中，当石灰石粉掺量小于10%时，侵蚀240d砂浆试件的抗压强度继续缓慢增长，但当石灰石粉取代量达到20%时，侵蚀后期抗压强度则明显降低。这主要是由于石灰石粉属于惰性矿物掺合料，少量掺入可以密实水泥浆体，降低硫酸根离子的侵入，但当掺量过大时，由于其本身是惰性的，只起到填料的作用，水泥用量减少导致水化产物生成量降低，进而体系孔隙率增大，最终使得硫酸根离子更易进入试件内部造成破坏。

（二）试件抗压强度随矿物掺合料掺量的变化

图4-13中（a）、（b）、（c）分别表示在水泥中掺入不同掺量的粉煤灰、矿粉、石灰石粉，分别在清水和5%Na_2SO_4-5%$NaCl$溶液中浸泡90d和240d后砂浆试件的抗压强度。（a）图中可以看出，无论是在清水中还是侵蚀溶液中，随着粉煤灰掺量的增大，砂浆试件的抗压强度随之减小，在粉煤灰掺量30%以下时，虽然随着粉煤灰掺量的增加砂浆强度降低，但可以明显看出，侵蚀溶液中浸泡的砂浆试件的抗压强度高于清水中浸泡的砂浆试件，粉煤灰掺量为20%时，砂浆抗压强度在240d相比在清水中提高了15.7%。原因可能是侵蚀溶液中氯离子渗透进入砂浆试件内部，与C_3A反应生成Friedel's盐（Tang & Nilsson，1993），以及钙矾石和石膏的生成降低了体系的孔隙率，抗压强度相对于清水中提高。但当浸泡240d粉煤灰掺量为40%，侵蚀溶液中砂浆试件的抗压强度相比清水中降低更为明显，说明砂浆试件在此时已经由于硫酸根离子的侵蚀造成部分的破坏，进而导致强度的较大损失。（b）图中可以看出，水泥中随着矿粉掺量的增加，其强度先减小后缓慢增加，这可能与矿粉自身所

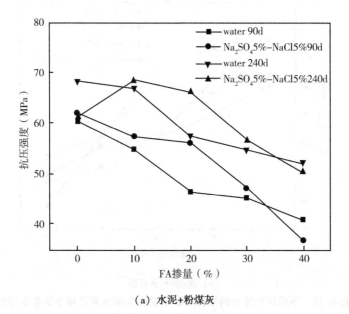

（a）水泥+粉煤灰

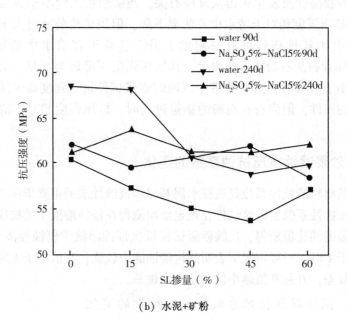

（b）水泥+矿粉

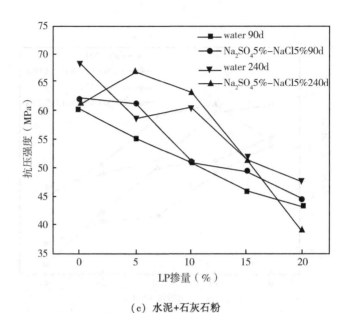

（c）水泥+石灰石粉

图4-13　不同矿物掺合料掺量下砂浆试件在清水和溶液中的抗压强度

具有一定的胶凝性及发生火山灰反应有关。当矿粉掺入量小于30%时，浸泡240d砂浆抗压强度相对于清水中有明显下降，但当矿粉的掺量大于30%，随着掺量的增加其抗压强度有一定的上升，且高于在清水中的抗压强度。（c）图中随着石灰石粉掺量的增大，其抗压强度下降较为明显。当石灰石粉的掺入量小于10%时，240d溶液中浸泡的砂浆试件抗压强度高于同龄期的清水中浸泡的试件，但当石灰石粉的掺量过高时，抗压强度相对于清水中下降明显。

五、砂浆试件抗压抗蚀系数的变化

水泥基材料的抗蚀系数是表征水泥基材料抗蚀性能的重要指标之一。砂浆试件的抗压抗蚀系数由砂浆试件在规定龄期测得在侵蚀溶液中的抗压强度和清水中抗压强度的比值所得，反映砂浆试件抵抗侵蚀溶液中侵蚀性离子的能力。当其值大于1时，一般情况下表明其抗侵蚀能力较优；其值小于1时，表明抗侵蚀能力较差，并且其值越小抗侵蚀能力越差。

（一）试件抗压抗蚀系数随侵蚀龄期的变化

图4-14是砂浆试件在不同浸泡龄期下抗压抗蚀系数的变化，（a）、（b）、

(c) 分别代表水泥中掺入粉煤灰、矿粉、石灰石粉的砂浆试件在不同浸泡龄期下抗压抗蚀系数的变化。从图4-4中可以看出，纯水泥砂浆试件在浸泡的前90d其抗压抗蚀系数为1左右，最高可以达到1.026，证明在侵蚀前期纯水泥砂浆具有一定的抗侵蚀能力，砂浆试件表面和内部并没有发生明显的侵蚀破坏。但当浸泡时间达到240d时，发现其抗压抗蚀系数下降到了0.821，小于1并且有继续变小的趋势，这说明纯水泥砂浆已经遭受了一定的破坏，其抗侵蚀能力开始逐渐下降。(a) 图中发现，当掺入不同掺量的粉煤灰时发现，其抗压抗蚀系数在浸泡90d以内明显高于纯水泥砂浆，并且发现在浸泡前期即14d以内，掺入粉煤灰的各砂浆试件抗压抗蚀系数都有一定的增长，最高可达1.181。但随着浸泡时间的增长，只有当粉煤灰掺量为20%时，各个龄期的抗压抗蚀系数仍然保持在1以上，最高可达1.216，粉煤灰掺量为30%的砂浆试件虽然浸泡240d其抗压抗蚀系数仍大于1，但明显看出其抗压抗蚀系数在各个龄期有减小的趋势，预计在240d以后会降低到1以后并发生侵蚀破坏。粉煤灰掺量为40%时，在浸泡90d和240d其抗压抗蚀系数明显下降，分别为0.905和0.969，都小于1，证明在侵蚀240d后其抗侵蚀能力明显下降，并且有继续降低的趋势。(b) 图中，当浸泡时间为90d以内，矿粉的掺入并没有明显降低砂浆试件的抗压抗蚀系数，都保持在1左右。但当矿粉掺量在15%时，其浸泡240d的抗压抗蚀系数已经降低到0.821，小于1，说明此时砂浆抗

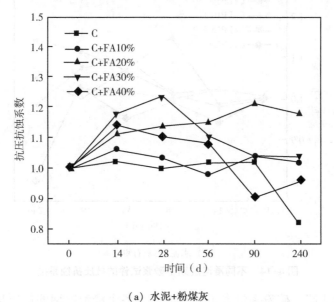

(a) 水泥+粉煤灰

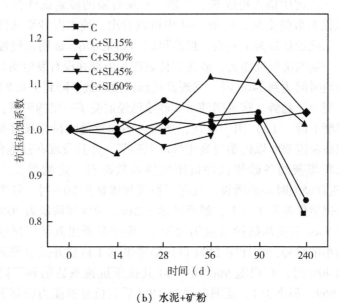

（b）水泥+矿粉

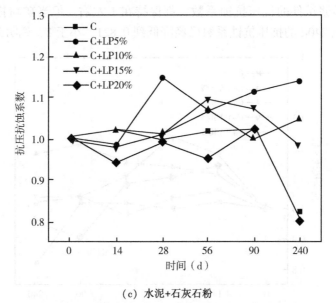

（c）水泥+石灰石粉

图 4-14　不同浸泡龄期下砂浆试件的抗压抗蚀系数

蚀能力明显下降。矿粉掺量大于 45% 时，其各个浸泡龄期的抗压抗蚀系数均大于 1，说明矿粉掺量较大时，水泥砂浆的抗侵蚀性能明显优于低掺量的水泥砂浆试件。（c）图中，可以明显看出当石灰石粉掺量在 5% 时，其抗压抗蚀系数在各个浸泡龄期均大于 1。但当石灰石粉掺量在 20% 时，可以发现在不同的浸泡龄期抗压抗蚀系数基本均小于 1，在侵蚀 240d 后降低为 0.820，说明大量的石灰石粉掺入水泥中，会严重降低砂浆试件抗侵蚀性能。但掺入适量的石灰石粉，可以在保证砂浆试件一定抗蚀性能的同时节约水泥的用量。

（二）试件抗压抗蚀系数随矿物掺合料掺量的变化

矿物掺合料种类和掺量的大小往往对水泥砂浆试件抗侵蚀性能有重要的影响。同一种矿物掺合料采用不同的掺量，往往会对水泥砂浆的抗压抗蚀系数产生不同的影响。图 4-15 表示矿物掺合料不同掺量下砂浆试件的抗压抗蚀系数的变化规律。

图 4-15 中（a）、（b）、（c）分别所示粉煤灰、矿粉、石灰石粉在不同掺量下通过浸泡 14d、28d、90d、240d 的抗压抗蚀系数。（a）图中可以明显看出在不同的浸泡龄期下，砂浆试件随着粉煤灰掺量的增加抗压抗蚀系数先逐渐增高后又降低的趋势，并且相比较而言在粉煤灰掺量为 20% 时抗压抗蚀系数最优，最高可以达到 1.216，同时当粉煤灰掺量为 10% 和 30% 时，各个龄期的抗压抗蚀系数也大于 1，有较好的抗侵蚀性能。但当粉煤灰掺量在 40% 时，浸泡 90d 和 230d 抗压抗蚀系数分别为 0.905 和 0.969，小于 1，其抗侵蚀性能相

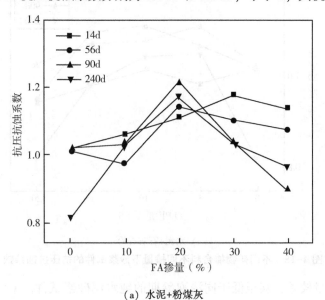

(a) 水泥+粉煤灰

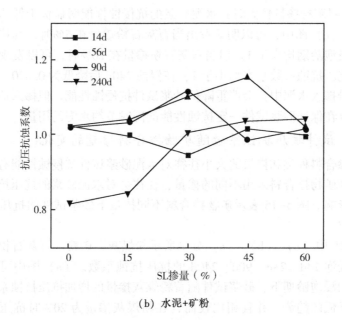

（b）水泥+矿粉

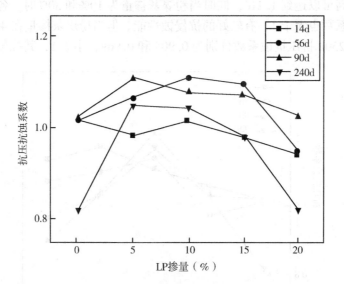

（c）水泥+石灰石粉

图4-15　不同矿物掺合料不同掺量下砂浆试件的抗压抗蚀系数

对于其他掺量较差，甚至低于同浸泡龄期的纯水泥砂浆试件。（b）图中，可以明显看出，在各个侵蚀龄期下，砂浆试件的抗压抗蚀系数随着矿粉掺量的增加呈现出逐渐增加的趋势。当矿粉掺量为 15% 时，其抗压抗蚀系数在各个浸泡时间下最低，在浸泡时间为 240d 时降低到 0.821，小于 1，抗侵蚀能力较低。当矿粉掺量大于 45% 时，相对于 15% 掺量的砂浆试件抗压抗蚀系数更高且都大于 1，表现出更优的抗侵蚀性能。因此，就矿粉掺量而言，只有掺入较大掺量的矿粉才能保证砂浆试件有较优的抗侵蚀性能。（c）图发现，砂浆试件的抗压抗蚀系数随着石灰石粉掺量的增高先逐渐增高后开始急速下降，少量石灰石粉的掺入可以在减少水泥用量的同时一定程度地提高其抗蚀系数，但当石灰石粉掺量过高时，却极大降低了水泥砂浆的抗压抗蚀系数，浸泡 240d 抗压抗蚀系数达到 0.820 且低于纯水泥砂浆的抗压抗蚀系数，因此，石灰石粉不应过多作为矿物掺合料掺入水泥当中。

六、砂浆试件中侵蚀离子的传输规律

复合溶液对水泥砂浆试件的侵蚀往往是一个相对复杂并且漫长的过程。侵蚀溶液中的 Cl^- 和 SO_4^{2-} 对砂浆试件的侵蚀首先涉及离子的渗透传输进入水泥砂浆试件，在这其中，离子传输过程中主要方式为扩散作用、毛细孔吸收作用以及对流作用。只有当侵蚀性离子通过以上 3 种形式进入水泥砂浆内部才能发生进一步的侵蚀性反应，与水泥砂浆试件中易受腐蚀破坏的水化产物组分发生反应，生成膨胀性产物，产生膨胀应力，最后导致试件膨胀开裂而发生破坏。水泥砂浆试件因为膨胀应力作用产生微裂缝，导致体系的孔隙率显著增加，极大促进侵蚀溶液中 Cl^- 和 SO_4^{2-} 进入砂浆试件内部，与水泥水化产物发生反应的同时进一步腐蚀试件本身，久而久之，砂浆试件遭受极大的破坏。

相比单独硫酸钠溶液和氯化钠溶液中 SO_4^{2-} 和 Cl^- 对砂浆试件的侵蚀，复合溶液中 Cl^- 和 SO_4^{2-} 对砂浆试件的侵蚀过程更加复杂。已有很多研究（Tumidajski et al., 1995；Brown & Steven, 2000；Zhang et al., 2013）表明，由于 Cl^- 在砂浆试件中的扩散速率高于 SO_4^{2-}，导致 Cl^- 相较 SO_4^{2-} 更易于进入砂浆试件内部，与水泥水化产物反应的同时极大限制了由于 SO_4^{2-} 的侵蚀产生膨胀性腐蚀产物，最终导致相对于单一盐溶液的侵蚀，复合盐溶液的侵蚀发生破坏的程度更小，周期更长。同时矿物掺合料的加入对水泥砂浆试件抗可溶性盐离子侵蚀性能以及对侵蚀性离子渗透进入砂浆试件的程度也存在一定的影响。因此，有必要研究不同龄期下侵蚀性离子进入砂浆试件的传输及反应过程，以及矿物掺合料的加入对该过程的影响。

本小节通过测试不同龄期浸泡于复合溶液中渗透进入砂浆试件的 Cl^- 和 SO_4^{2-} 含量，简要分析砂浆试件在复合溶液中受离子侵蚀的过程，并同时分析了矿物掺合料在其中所发挥的作用。

（一）不同浸泡龄期下氯离子在试件中的传输规律

以往研究表明，氯离子渗透进入砂浆试件后主要以两种形式存在（Glass & Buenfeld，1997），一种形式为游离氯离子，这部分氯离子未与水泥水化产物发生反应，是造成钢筋钝化膜破坏进而使钢筋锈蚀，并最终造成钢筋混凝土发生开裂而破坏的主要因素。为了减小钢筋混凝土的破坏，往往通过降低体系中游离氯离子的含量所实现。另一种形式为结合氯离子，氯离子进入砂浆试件后，与水泥中的 C_3A 发生反应生成 Friedel 盐所致，这并不会造成混凝土中钢筋的锈蚀。通过查阅文献（Collepardi et al.，1972；Hobbs，1999），以及对文献的分析研究可知，一般情况下氯离子渗透进入水泥砂浆试件是随着试件厚度的增加渗入试件内部的氯离子含量减少，距离砂浆表层 10mm 左右渗透进入氯离子的含量极少并且趋于稳定。因此，选取不同龄期的砂浆距表层 10mm 的深度区域切割磨细，用于测量渗透进入的氯离子含量。通过用清水溶解砂浆粉末过滤后用其溶液测其中游离氯离子的含量，由于结合氯离子可以溶解于硝酸中（Sandberg，1999），因此用稀硝酸（浓硝酸：水 = 15：85）溶解砂浆粉末并过滤后用其溶液测量其中总的氯离子含量。

图 4-16 表示不同龄期纯水泥砂浆试件在 $5\% Na_2SO_4 - 5\% NaCl$ 溶液中浸泡后侵蚀进入的总的氯离子和游离氯离子含量的变化规律，图 4-17 表示在不同

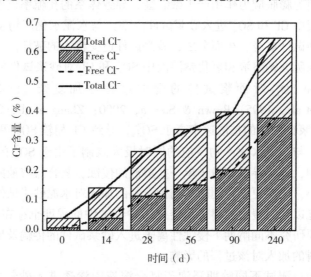

图 4-16 不同龄期侵蚀进入纯水泥砂浆试件氯离子含量

矿物掺合料掺量下，砂浆试件在不同龄期下侵蚀进入的总的氯离子和游离氯离子的变化规律。

如图 4-16 所示，纯水泥砂浆在 5%Na_2SO_4-5%$NaCl$ 溶液中浸泡不同龄期后侵蚀进入的总的氯离子和游离氯离子的变化规律。其中，由于结合氯离子主要是进入砂浆内部的氯离子与 C_3A 反应生成 Friedel 盐所致，其含量的变化可以通过总的氯离子减去游离氯离子粗略估算得出。从图 4-16 中可以明显看出，不管是游离氯离子还是总的氯离子，其在砂浆试件中含量随着浸泡时间的增长而增加，并且从图上的变化规律可以明显看出，其变化主要分为 3 个阶段：第一个阶段为 0~28d，此阶段总的氯离子和游离氯离子含量的增加相对较快，分别增加了 0.107% 和 0.101%，分析得出主要原因为相对于硫酸根离子，氯离子在砂浆试件中的扩散速率更快，更加容易进入砂浆试件内部，并且与 C_3A 反应生成 Friedel 盐，同时也抑制了硫酸根离子进入砂浆试件，使其进入砂浆试件中的速率更加缓慢。第二阶段为 56~90d，此阶段总的氯离子和游离氯离子含量增加速率较为缓慢，这主要是由于此前第一阶段氯离子的大量渗透进入试件内部生成 Friedel 盐，填充了砂浆试件内部的孔隙，使得砂浆质量增加，也抑制了氯离子和硫酸根离子的进入。同时，伴随着硫酸根离子缓慢进入砂浆试件内部，导致其含量达到一定的范围，由于硫酸根离子相对氯离子更加容易与 C_3A 结合（金祖权等，2006），并生成钙矾石，因此导致砂浆试件孔隙率进一步降低，质量和抗压强度也相应增大。第三阶段为 90~240d，该阶段氯离子含量的增加幅度较高，这主要是由于随着浸泡龄期的增加，硫酸根离子的渗入量增加，生成的钙矾石和石膏的量同时增加，产生了一定的膨胀应力，导致砂浆试件表面产生了一定的微裂缝，最终氯离子沿着这些裂纹大量进入砂浆试件内部。从开始浸泡到 240d 同时也发现 Friedel 盐一直处于增长的状态，其增长为前期增长速率较快，中期增长速率较慢，到后期增长速率再次加快。

图 4-17 中（a）、（b）、（c）分别代表粉煤灰、矿粉、石灰石粉掺入水泥中制备的砂浆试件在不同浸泡时间下，侵蚀进入试件内部的总的氯离子的含量。（a）图中可以看出，随着浸泡时间的增长，侵蚀进入砂浆试件内部的总的氯离子含量增加。掺入粉煤灰的砂浆试件其总的氯离子含量普遍大于纯水泥砂浆试件，这主要是由于矿物掺合料对氯离子的吸附能力较纯水泥更强（金祖权等，2004）。当粉煤灰掺量为 40% 时，与纯水泥砂浆试件总的氯离子变化规律相似，前期氯离子含量增加较快，随后增加速率逐渐降低，到 90d 以后增速又逐渐升高，这主要是由于 90d 后由于膨胀性腐蚀产物的生成导致砂浆表面产生微裂缝，进而氯离子的渗入量增大，这也解释了 240d 后掺量为 40% 粉煤

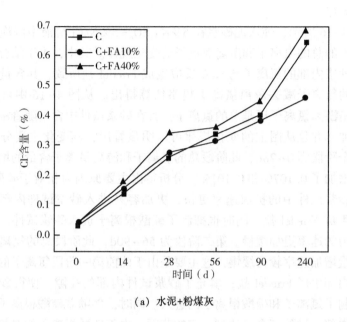

（a）水泥+粉煤灰

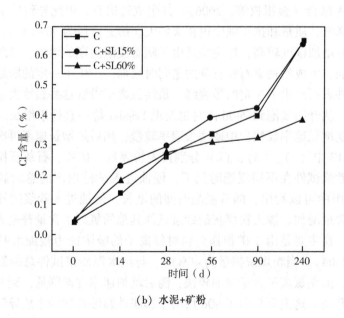

（b）水泥+矿粉

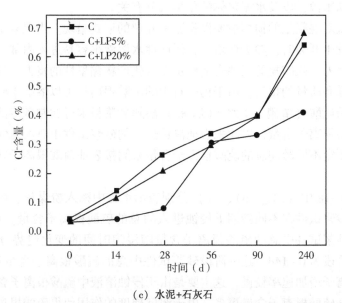

（c）水泥+石灰石

图 4-17　浸泡不同龄期砂浆试件中总的氯离子含量

灰试件质量和抗压强度下降的原因。当粉煤灰掺量为 10% 时，氯离子含量除了前期增加较快，后期一直处于缓慢增长，这也与其抗蚀性能较优有关。（b）图中，当矿粉掺量为 15% 时，试件中总的氯离子变化规律与纯水泥砂浆类似，间接证明了其抗侵蚀性能较差的内在原因。当矿粉掺量为 60% 时，试件中总的氯离子的变化趋势为缓慢上升，这与其表面裂缝产生较少，抗蚀性能较优有关。（c）图中，当石灰石粉掺量较低时，由于石灰石粉细集料效应和晶核效应（史才军等，2017），导致砂浆试件内部较为密实，并且水化产物也较多。因此，渗入的氯离子相对纯水泥和石灰石粉掺量较大的试件相对较少，抗蚀性能也较优。但当石灰石粉掺量较大时，由于石灰石粉属于惰性矿物掺合料，并不会与水泥水化产物发生反应，因此相比较而言其试件内部孔隙率较大。随着浸泡时间的增加，渗透进入的氯离子含量也相应增加较快，并且在后期有极剧的增长，最终导致腐蚀破坏。

（二）不同浸泡龄期下硫酸根离子在试件中的传输规律

　　一般情况下，硫酸盐的侵蚀是造成水泥基材料破坏的主要因素，地下水、海水、河水常常含有一定的硫酸盐。硅酸盐水泥浆体与外界侵蚀进入的硫酸根离子之间的化学反应导致混凝土的劣化存在不同形式，这主要与水中硫酸根离子的浓度和来源，以及水泥浆体的化学成分有关。

硫酸盐对混凝土的损坏主要以膨胀和开裂的形式呈现。当混凝土因为硫酸盐侵蚀而发生开裂时，渗透性增大，侵蚀性水溶液很容易进入内部，加速了劣化过程。另外，硫酸盐的侵蚀会造成水泥水化产物黏聚性的丧失，最终导致强度逐渐降低和质量的损失。由于钙矾石中的硫酸根离子可以溶解于硝酸中，因此通过用稀硝酸（浓硝酸：水 = 15∶85）溶解砂浆粉末过滤制备溶液测量砂浆中总的硫酸根离子含量，以此来表征渗透进入的砂浆试件中总的硫酸根离子含量，通过测定不同龄期总的硫酸根离子含量来间接表征硫酸根离子在砂浆中的变化规律。

如图 4-18 中（a）、（b）、（c）分别表示水泥中掺入粉煤灰、矿粉、石灰石粉制备砂浆试件在不同龄期下侵蚀进入的总的硫酸根离子含量。可以看出，侵蚀进入砂浆试件中总的硫酸根离子含量随浸泡时间的变化趋势分为 3 个阶段。第一阶段为 0~14d，这一阶段砂浆试件中总的硫酸根离子含量迅速增加，但相对氯离子增加速率较慢，这主要是由于侵蚀溶液中硫酸根离子含量相对砂浆试件本身硫酸根离子含量更多，由于浓度梯度的作用使得硫酸根离子在前期相对较快地渗入砂浆试件。第二阶段为 14~90d，这一阶段硫酸根离子含量逐渐增高，但增加速率较慢。一方面由于先前大量渗透进入氯离子与 C_3A 反应生成 Friedel 盐，另一方面硫酸根离子的缓慢进入与水泥水化产物生成钙矾石

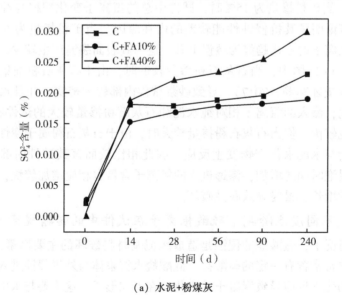

（a）水泥+粉煤灰

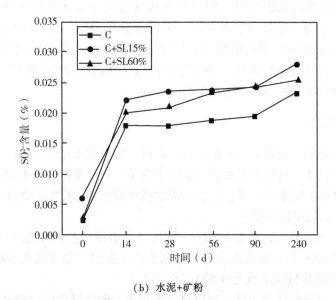

（b）水泥+矿粉

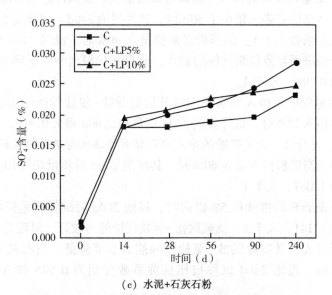

（c）水泥+石灰石粉

图 4-18　浸泡不同龄期砂浆试件中总的硫酸根离子含量

和石膏等，填充了水泥砂浆的孔隙，使得整体结构更加密实，进而硫酸根离子的渗入速率也逐渐减小，但含量逐渐增加。第三阶段为 90~240d，随着硫酸根离子不断进入砂浆试件中，导致生成大量的钙矾石和石膏等膨胀性产物，使得砂浆表面开始出现细微裂缝,因此导致硫酸根离子渗入速率的增加。(a)、(b)、(c)中当粉煤灰掺量在40%、矿粉掺量在15%、石灰石粉掺量在20%时,发现在侵蚀240d后硫酸根离子的含量明显增加,说明该试件在侵蚀后期已经发生了相对明显的破坏。这也与上述试件在侵蚀浸泡240d后质量降低,抗压强度和抗压抗蚀系数降低相吻合。

七、结论

本章通过采用粉煤灰、矿粉、石灰石粉分别取代水泥的方法,基于质量损失率、抗压强度、抗压抗蚀系数、氯离子含量、硫酸根离子含量等宏观测试结果,研究分析了纯水泥砂浆、复合水泥砂浆在硫酸盐-氯盐复合侵蚀下的劣化破坏过程,并得出以下结果。

(1)纯水泥砂浆试件在硫酸盐-氯盐复合溶液中长期浸泡会发生劣化破坏。在浸泡240d后,其表面会因为膨胀而产生裂缝,相比浸泡90d质量下降0.6%,并且抗压抗蚀系数为0.821,小于1。

(2)一定量粉煤灰的掺入可以显著提高水泥砂浆试件的抗硫酸盐-氯盐侵蚀的能力。当粉煤灰掺入量小于30%时,试件浸泡240d后其质量仍然在增加,同时抗压抗蚀系数大于1。但当粉煤灰掺量在40%时,浸泡240d后其表面会因为膨胀开裂进而导致砂浆试件的缺失,质量相比浸泡90d下降0.9%,抗压抗蚀系数为0.969,小于1。

(3)少量的矿粉掺入到水泥中对其抗硫酸盐-氯盐侵蚀能力有负面的影响,当矿粉掺入15%时,试件浸泡240d质量相比90d损失0.3%,抗压抗蚀系数为0.821,小于1。大量矿粉的掺入可以显著提高水泥基材料抗硫酸盐-氯盐侵蚀的能力,当矿粉掺入量在60%时,其浸泡240d后质量仍增加,同时抗压抗蚀系数为1.037,大于1。

(4)石灰石粉的掺量在5%以内时,浸泡240d后试件质量仍增加,抗压抗蚀系数为1.141,大于1,抗硫酸盐-氯盐侵蚀能力较好。但随着石灰石粉掺入量的不断增大,其抗硫酸盐-氯盐侵蚀能力显著降低,当石灰石粉掺量在15%和20%时,浸泡240d试件抗压抗蚀系数分别为0.985和0.820,均小于1。

(5)氯离子和硫酸根离子在不同配比砂浆试件中的传输规律基本一致。氯离子在侵蚀前期渗透进入砂浆试件速率较高,随着侵蚀龄期的增长,速率逐渐降低但仍在增加,到后期当砂浆试件因为侵蚀而发生破坏时,氯离子渗透进入速率会再次增高。硫酸根离子相比氯离子进入砂浆试件速率较低,其渗透进入砂浆试件的含量随着龄期的增加一直缓慢上升。

第三节　水泥基材料受硫酸盐-氯盐侵蚀机理分析

粉煤灰、矿渣等多种固体废弃物大量堆放，占用土地资源，并对环境产生较大危害。因此，如何将这些具有一定活性的固体废弃物应用到建材中，减少水泥用量的同时大量消化固体废弃物成为研究的热点。在这其中，开展矿物掺合料水泥基材料的抗硫酸盐-氯盐侵蚀性能和机理也具有一定的现实意义。然而如果需要深入研究其侵蚀机理，就需要对其微观结构的变化规律进行分析。这主要包括水泥基材料的矿物组成、微观结构、水化硬化产物、孔隙结构等多方面内容。本书在第三章主要研究砂浆试件受硫酸盐-氯盐侵蚀后的宏观性能，包括质量损失、抗压强度、抗压抗蚀系数等。在这一章，主要是运用多种微观测试手段，对硫酸盐-氯盐侵蚀后的腐蚀产物进行分析，并与宏观测试结果进行对照，从微观分析上解释宏观性能的变化，并对侵蚀机理进行一定的解释。

一、侵蚀后砂浆试件 SEM 分析

图 4-19 中（a）、（b）、（c）、（d）分别表示纯水泥以及水泥中分别掺入粉煤灰、矿粉、石灰石粉所制备的砂浆试件，在 5%Na$_2$SO$_4$-5%NaCl 溶液中侵蚀 14d 后的水化产物形貌。可以看出，在侵蚀早期水泥水化产物未发生明显的变化，（a）图纯水泥砂浆中依然存在大量的六方板状的 Ca（OH）$_2$，并且堆积在一块。（b）、（c）、（d）图中有大量的纤维状、网状 C-S-H 凝胶生成，并

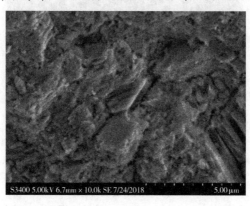

（a）水泥

（b）水泥+粉煤灰

（c）水泥+矿粉

（d）水泥+石灰石粉

图 4-19　砂浆试件在 5%Na_2SO_4-5%NaCl 溶液中浸泡 14d 腐蚀产物微观形貌

且连结成片。同时也发现针状钙矾石的生成，但含量相对较少，只是零星分布在 C–S–H 凝胶中间。

图 4-20 中所示的是纯水泥砂浆试件在 $5\% \, Na_2SO_4 - 5\% \, NaCl$ 溶液中浸泡 240d 后腐蚀产物的微观形貌，其中（a）、（b）、（c）中所示的是纯水泥砂浆试件在不同区域反应产生的不同类型的腐蚀产物。（a）图中，可以发现在砂子和水泥浆体之间的界面过渡区存在大量的无棱角椭球状的产物，对区域 1 进行 EDS 分析，其主要元素为 Ca、S、O 等，证明该产物是石膏。（b）图中发现存在大量棱角分明的柱状产物，对该区域 1 进行 EDS 分析，其主要元素也为 Ca、S、O 等。（a）、（b）两图对比分析，可以发现石膏是逐渐生成并且逐渐长大的，由于体积的逐渐增大膨胀导致水泥基材料的破坏。同时也可以看出，石膏大量生成区域主要在砂和水泥浆体之间的界面过渡区。（c）图中，可以看出在砂子周围生成了大量的针棒状产物，对区域 1 进行 EDS 分析得出主要元素为 Ca、S、Al、Si、O 等，证明该产物主要是钙矾石。由于钙矾石和石膏等腐蚀产物主要在界面过渡区大量生成，可以推断出水泥砂浆试件中的界面过渡区是最易于受到侵蚀进而发生破坏的区域，这也主要与界面过渡区 Ca(OH)$_2$ 的含量较高有关（何小芳等，2009）。

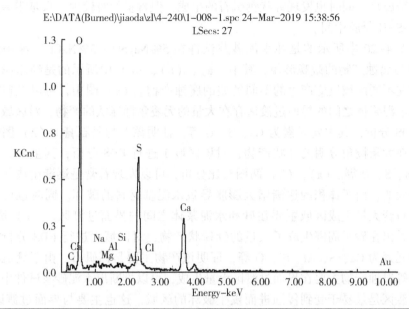

E:\DATA(Burned)\jiaoda\zl\4-240\1-008-1.spc 24-Mar-2019 15:38:56
LSecs: 27

元素	CK	OK	NaK	MgK	AlK	SiK	AuM	SK	ClK	CaK
Wt%	1.5	42.63	0.55	0.11	0.16	0.57	1.54	23.57	0.29	29.07
At%	2.89	61.67	0.55	0.11	0.14	0.47	0.18	17.01	0.19	16.78

（a）

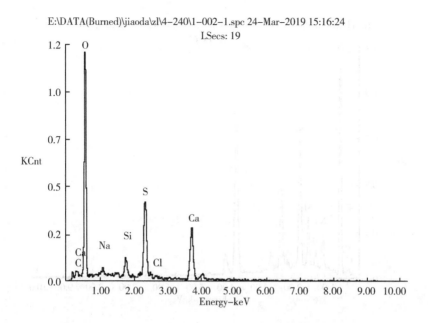

E:\DATA(Burned)\jiaoda\zl\4-240\1-002-1.spc 24-Mar-2019 15:16:24

LSecs: 19

元素	CK	OK	NaK	SiK	SK	ClK	CaK
Wt%	2.04	45.76	1.04	3.04	18.17	0.97	28.98
At%	3.77	63.55	1	2.41	12.59	0.61	16.06

(b)

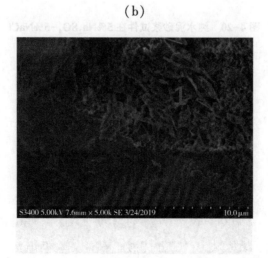

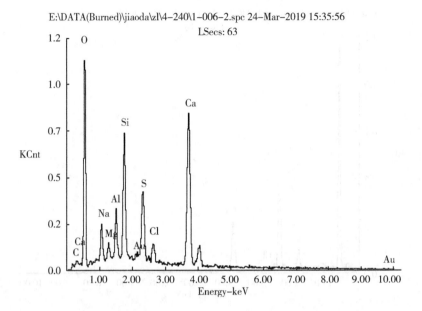

E:\DATA(Burned)\jiaoda\zl\4-240\1-006-2.spc 24-Mar-2019 15:35:56

LSecs: 63

元素	CK	OK	NaK	MgK	AlK	SiK	AuM	SK	ClK	CaK
Wt%	0.76	25.96	2.16	0.77	3.48	10.35	2.87	8.01	3.14	42.5
At%	1.7	43.59	2.52	0.85	3.46	9.9	0.39	6.71	2.38	28.49

（c）

图 4-20　纯水泥砂浆试件在 5%Na$_2$SO$_4$-5%NaCl
溶液中浸泡 240d 腐蚀产物微观形貌

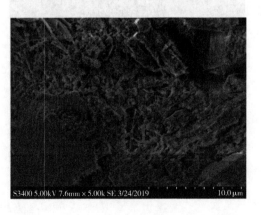

E:\DATA(Burned)\jiaoda\zl\4-240\1-004-1.spc 24-Mar-2019 15:22:23

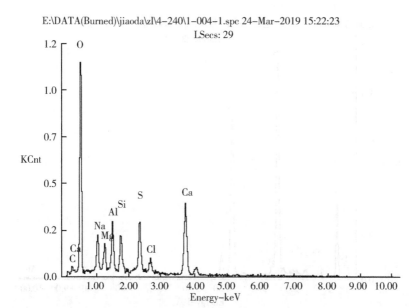

元素	CK	OK	NaK	MgK	AlK	SiK	SK	ClK	CaK
Wt%	1.67	37.89	4.25	2.9	6.21	5.14	8.8	3.5	29.64
At%	3.21	54.6	4.26	2.75	5.31	4.22	6.32	2.28	17.05

（a）水泥+40%粉煤灰

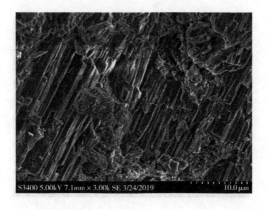

E:\DATA(Burned)\jiaoda\zl\8-240\1-004-1.spc 24-Mar-2019 16:20:25

LSecs: 23

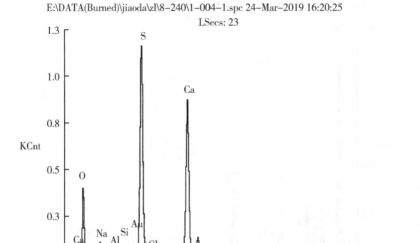

元素	CK	OK	NaK	MgK	AlK	SiK	AuM	SK	ClK	CaK
Wt%	0.77	26.16	2.32	0.08	0.73	0.63	2.74	27.44	0.59	38.55
At%	1.73	44.18	2.72	0.09	0.73	0.6	0.38	23.13	0.45	25.99

（b）水泥+15%矿粉

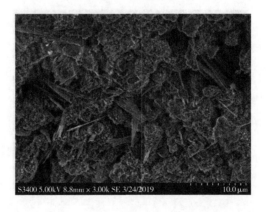

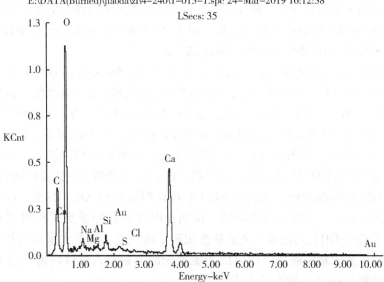

E:\DATA(Burned)\jiaoda\zl\4-240\1-013-1.spc 24-Mar-2019 16:12:38

LSecs: 35

元素	CK	OK	NaK	MgK	AlK	SiK	AuM	SK	ClK	CaK
Wt%	7.72	42.25	1.38	0.11	0.33	1.88	3.39	0.12	0.35	42.46
At%	14.23	58.45	1.33	0.1	0.27	1.48	0.38	0.08	0.22	23.45

（c）水泥+20%石灰石粉

图 4-21　不同矿物掺合料砂浆试件在侵蚀溶液中浸泡 240d 腐蚀产物微观形貌

如图 4-21 所示水泥中掺入不同种类的矿物掺合料在 5%Na$_2$SO$_4$-5%NaCl 溶液中浸泡 240d 后腐蚀产物的微观形貌。（a）、（b）、（c）三图分别代表粉煤灰掺量 40%、矿粉掺量 15%，以及石灰石粉掺量 20%的砂浆试件浸泡后的腐蚀产物微观形貌。通过分析 SEM 的中腐蚀产物形貌，并结合 EDS 中的元素分析可以看出，硫酸盐-氯盐侵蚀后的腐蚀产物主要是以石膏和钙矾石为主的膨胀性产物，而当水泥中掺入大量的石灰石粉时，则可以明显看到有呈小的正方体状的碳酸钙存在，因为石灰石粉属于惰性掺合料，不与水泥水化产物发生反应，当其掺量较大时对水泥砂浆的抗侵蚀性能有不利的影响。

二、侵蚀后砂浆试件 XRD 分析

通过对在 5%Na$_2$SO$_4$-5%NaCl 溶液中侵蚀不同时间的砂浆试件进行 XRD

分析，探究其侵蚀后腐蚀产物的矿物组成。图 4-22 表示纯水泥砂浆试件侵蚀不同时间的矿物组成分析，图 4-23 表示水泥中掺入不同种类的矿物掺合料后侵蚀 240d 砂浆试件的矿物组成分析，图 4-24 表示不同种类的矿物掺合料在不同掺量下侵蚀 240d 砂浆试件的矿物组成分析。

由图 4-22 表示纯水泥砂浆试件在 5%Na_2SO_4-5%$NaCl$ 溶液中侵蚀不同试件的腐蚀产物分析。可以看出，纯水泥砂浆试件受硫酸盐-氯盐复合侵蚀后的主要产物为 AFt、石膏、Friedel 盐、Ca（OH）$_2$ 以及 $CaCO_3$ 等。AFt 和石膏主要出现在 $2\theta = 18.1°$ 和 $20.5°$，Friedel 盐和 Ca（OH）$_2$ 主要出现在 $2\theta = 11.2°$ 和 $34.2°$。分析可知，在浸泡 14d 后，试件中 Ca（OH）$_2$ 峰相对较强，Friedel 盐和 AFt 以及石膏的峰相对较弱。这说明此时试件受硫酸盐-氯盐侵蚀程度弱，但随着侵蚀时间的增长，到侵蚀 240d 后可以明显看出 AFt、石膏、Friedel 盐的峰增加，而 Ca（OH）$_2$ 的峰降低，说明此时试件已经受到了相对严重的腐蚀，由于 Ca（OH）$_2$ 与侵蚀进入的硫酸根离子的反应，导致大量石膏和 AFt 生成，并最后造成膨胀破坏，同时由于氯离子的大量渗入试件内部，与 C_3A 的反应也导致 Friedel 盐的大量生成。

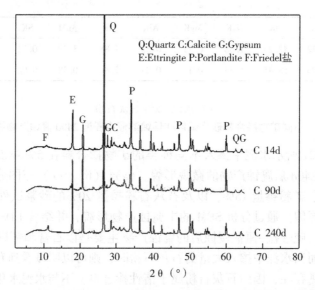

图 4-22　纯水泥砂浆试件在侵蚀溶液中浸泡不同时间腐蚀产物分析

图 4-23 表示纯水泥砂浆试件，水泥中分别掺入 20% 的粉煤灰、60% 的矿粉以及 5% 的石灰石粉所制备的砂浆试件在 5%Na_2SO_4-5%$NaCl$ 溶液中浸泡

240d 后所得腐蚀产物分析。由 4-23 图分析所得，相比纯水泥砂浆试件，水泥中掺入矿物掺合料侵蚀后的腐蚀产物基本相似，主要为 AFt、石膏、Friedel 盐、Ca（OH）$_2$以及 CaCO$_3$等。但可以明显看出，随着矿物掺合料的掺入，腐蚀后的产物中 Ca（OH）$_2$的峰相比纯水泥砂浆试件明显降低，尤其是当矿物掺量为 60% 时，Ca（OH）$_2$的峰已经相当微弱。这主要是由于火山灰反应的发生，消耗 Ca（OH）$_2$的同时，产生一定量的低钙硅比的 C-S-H 凝胶，填充体系中的孔隙，使得体系更加密实。与此同时，相比纯水泥砂浆试件掺入矿物后体系中 AFt 和石膏的峰明显降低，说明体系 AFt 和石膏等膨胀性产物的生成量减少，Friedel 盐峰的增强，也说明粉煤灰、矿粉等对 Cl$^-$的结合能力较强。综合以上两个方面的原因，可以间接证明矿物掺合料的掺入可以提高水泥基材料抗硫酸盐-氯盐侵蚀能力，同时也解释第三章的宏观试验结果。

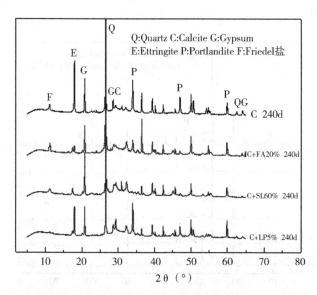

图 4-23　不同矿物掺合料制备砂浆试件在侵蚀溶液中浸 240d 腐蚀产物分析

图 4-24 所示不同种类的矿物掺合料在水泥中掺入不同的掺量所制备的砂浆试件在 5%Na$_2$SO$_4$-5%NaCl 溶液中浸泡 240d 后腐蚀产物分析。由图 4-23 分析的结果同理可以看出，砂浆试件的浸泡后腐蚀产物主要为 AFt、石膏、Friedel 盐、Ca（OH）$_2$以及 CaCO$_3$等。当粉煤灰掺量为 40% 时，相比 10% 的掺量其 Ca（OH）$_2$的峰明显降低，AFt 和石膏的峰也相应降低，这主要是由于大量粉煤灰的掺入可以极大降低水泥用量的同时发生火山灰反应，两者共同作用

导致试件中 Ca（OH)$_2$的含量降低，同时，AFt 和石膏的生成量相应减少。但由于粉煤灰掺量过大时，抗压强度降低明显，体系孔隙率更大，一定 AFt 和石膏等膨胀性产物的生成会较大程度地破坏砂浆试件，相比 10%的粉煤灰的掺入，当体系中掺入 40%的粉煤灰时，其抗硫酸盐-氯盐侵蚀能力更弱。当水泥中掺入 60%的矿粉时，相对于掺入 15%的矿粉，Ca（OH)$_2$和 AFt 的峰明显降低，由于矿粉本身具有一定的胶凝性，再加上火山灰反应的发生，使得掺入 60%矿粉的砂浆试件抗压强度较高，整体较为密实，抗硫酸盐-氯盐的侵蚀能力相对于低掺量矿粉较强。当石灰石粉掺量在 20%时，在 28.2°可以明显看出 CaCO$_3$峰较强，这主要是由于石灰石粉属于惰性矿物掺合料，过多的掺入严重降低试件的抗压强度，体系孔隙率也相应增大。同时发现 Ca（OH)$_2$和 AFt 峰较强，这也是造成石灰石粉掺量过高时，砂浆试件抗硫酸盐-氯盐侵蚀能力下降的主要原因。

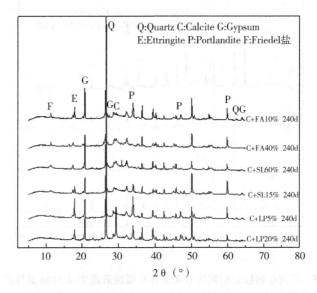

图 4-24　不同掺量的矿物掺合料制备砂浆试件侵蚀 240d 后腐蚀产物分析

三、侵蚀后砂浆试件 DSC-TG 分析

通过对砂浆试件进行综合热分析（DSC-TG）来确定试件受侵蚀后腐蚀产物的种类，腐蚀产物在加热过程中转变的温度范围，并测定水化过程中结晶水的含量，来分析腐蚀过程。图 4-25 和图 4-26 分别表示不同砂浆试件在不同

侵蚀龄期下的热重分析。

图 4-25 表示纯水泥砂浆试件在 5%Na_2SO_4-5%NaCl 溶液中分别侵蚀 14d 和 240d 的热重分析。通过查阅文献可知,在(a)图中,80~130℃、130~150℃分别是钙矾石和石膏的脱水峰,300~350℃、400~500℃分别是 Friedel 盐和 Ca(OH)$_2$的脱水峰。钙矾石、石膏、Friedel 盐和 Ca(OH)$_2$生成量的大小可以间接利用其温度范围内的脱水失重的百分比表示。(b)图中可以明显看出,侵蚀溶液中分别浸泡 14d 和 240d 后,Ca(OH)$_2$脱水失重百分比分别为 3.429%和 2.345%。试件浸泡 14d 后钙矾石、石膏和 Friedel 盐脱水失重百分比分别为 1.769%、0.686 8%、0.756 7%,浸泡 240d 后钙矾石、石膏和 Friedel 盐脱水失重百分比分别为 2.143%、0.718 7%、0.947 4%。说明随着浸泡龄期的增长,纯水泥试件中 Ca(OH)$_2$的含量减少,钙矾石、石膏、Friedel 盐的含量增加,其结果与上述宏观试验结果及微观分析相一致。原因在于随着浸泡时间的增加,侵蚀进入的硫酸根离子与 Ca(OH)$_2$会逐渐反应生成石膏和钙矾石等膨胀性产物,同时,氯离子又与 C_3A 逐渐结合生成 Friedel 盐所致。

图 4-26 所示水泥中掺入粉煤灰、矿粉、石灰石粉制备砂浆试件对比纯水泥砂浆试件在 5%Na_2SO_4-5%NaCl 溶液中浸泡 240d 后的热重分析。通过图 4-26 的分析,水泥中掺入矿物掺合料后可以明显看出 Ca(OH)$_2$的生成量降低,

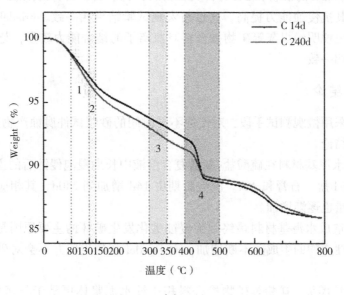

(a)

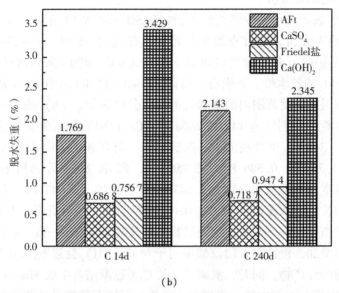

（b）

图 4-25　纯水泥砂浆试件在侵蚀溶液中不同腐蚀龄期下热重分析

这主要是由于火山灰反应的发生。同时相比纯水泥砂浆试件，分别掺入 10%
的粉煤灰、15% 的矿粉和 5% 的石灰石粉后，钙矾石、石膏的生成量也相应降
低，说明其抗侵蚀能力提高，这也与宏观试验结果相一致。Friedel 盐生成量
的增加，也说明粉煤灰等矿物掺合料对氯离子的结合能力较强，与上述 XRD
分析结果相一致。

四、结论

通过采用微观测试手段，对侵蚀不同时间的砂浆试件腐蚀产物进行分析。
得出以下结论。

（1）水泥基材料在硫酸盐-氯盐复合溶液中长期浸泡侵蚀后的主要腐蚀产
物为 Friedel 盐、石膏和 AFt。浸泡龄期由 14d 增加到 240d，其相应的腐蚀产
物的生成量也逐渐增加。

（2）造成水泥基材料最终因为侵蚀劣化发生破坏的主要原因是 AFt 和石
膏等膨胀性产物的生成并不断增加，而 Friedel 盐的生成并不会对砂浆本身造
成危害。

（3）粉煤灰、矿粉等矿物掺合料相比纯水泥浆体更易于与氯离子结合，
并生成 Friedel 盐。

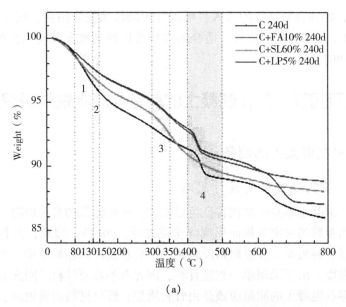

(a)

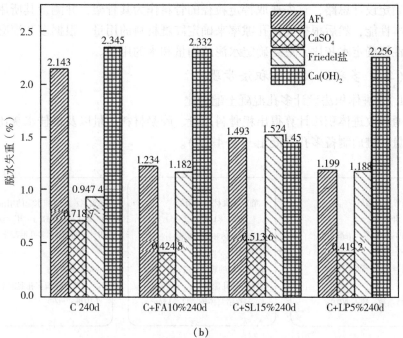

(b)

图 4-26 不同掺量的矿物掺合料制备砂浆试件侵蚀 240d 后热重分析

（4）矿物掺合料适量的掺入，可以有效降低水泥的用量，减少体系中 C_3A 含量和 $Ca(OH)_2$ 的生成量，适合的掺量可以提高水泥基材料抗硫酸盐-氯盐复合侵蚀的能力。

第四节　多孔混凝土的制备与净水性能研究

一、多孔混凝土的制备

（一）多孔混凝土的设计思路

从多孔混凝土本身的结构特征可以发现，单位体积的多孔混凝土的表观体积主要是由骨料的紧密堆积而形成（全洪珠等，2017）。因此，多孔混凝土的设计主要是骨料表面被胶凝材料所包裹，然后相互堆积黏聚形成一个整体，具备一定的强度。由于采用单一粒径骨料，因此并不需要骨料之间充分密实。单位体积的多孔混凝土的质量应该是由骨料质量和胶凝材料质量组成。因此可以初步确定设计思路，首先选取特定粒径的骨料作为其骨架，并测量其所用骨料的基本性能，然后根据设计孔隙率来确定胶凝材料的用量，根据多孔混凝土的工作性能确定水灰比，最终确定水泥的用量和水的用量。

（二）多孔混凝土体积法步骤

1. 改进体积法设计多孔混凝土配合比

通过改进体积法计算得出粗骨料用量、胶凝材料用量以及最佳水灰比和水泥用量，进而制备多孔混凝土（图4-27）。

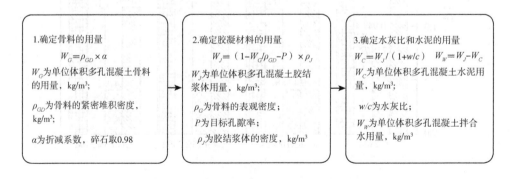

1. 确定骨料的用量

$$W_G = \rho_{GD} \times \alpha$$

W_G 为单位体积多孔混凝土骨料的用量，kg/m^3；

ρ_{GD} 为骨料的紧密堆积密度，kg/m^3；

α 为折减系数，碎石取0.98

2. 确定胶凝材料的用量

$$W_J = (1 - W_G/\rho_{GD} - P) \times \rho_J$$

W_J 为单位体积多孔混凝土胶结浆体用量，kg/m^3；

ρ_G 为骨料的表观密度；

P 为目标孔隙率；

ρ_J 为胶结浆体的密度，kg/m^3

3. 确定水灰比和水泥的用量

$$W_C = W_J/(1+w/c) \quad W_W = W_J - W_C$$

W_C 为单位体积多孔混凝土水泥用量，kg/m^3；

w/c 为水灰比；

W_W 为单位体积多孔混凝土拌合水用量，kg/m^3

图4-27　改进体积法设计多孔混凝土配合比步骤

2. 用于净水试验的多孔混凝土配合比设计

采用水泥为胶结材料，4.75～9.50mm 粒径的碎石为粗骨料，设计孔隙率为 15%、20%、25%、30%，分别计算其特定孔隙率下的多孔混凝土的配合比，如表 4-9 以测定其净水效果，研究孔隙率对多孔混凝土净水效果的影响。

表 4-9 配制 1m³ 不同孔隙多孔混凝土配合比

编号	骨料粒径（mm）	单位体积用量（kg/m³）				
		目标孔隙率	水泥	骨料	水	减水剂
1#		15%	432.34	1 664.94	108.09	2.22
2#	4.75～9.50	20%	346.64	1 664.94	86.66	1.78
3#		25%	260.91	1 664.94	65.23	1.34
4#		30%	175.20	1 664.94	43.80	0.90

（三）多孔混凝土制备工艺

1. 搅拌工艺

采用集料表面包裹法进行多孔混凝土的制备，见图 4-28。

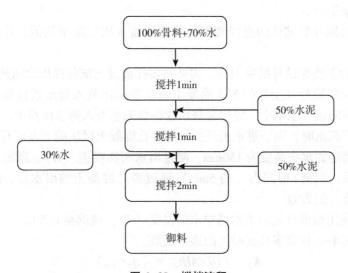

图 4-28 搅拌流程

2. 成型工艺

采用振动压制复合成型的方法。

3. 养护工艺

将已成型的试件盖上保鲜膜，在室温下放置 1d 后拆模，然后放入标准养护室养护。

4. 多孔混凝土透水性能指标测量

透水系数由透水测试仪测定，透水系数测试仪如图 4-29 所示。

图 4-29　多孔混凝土透水仪

具体操作如下。

（1）对圆柱形试件的直径和厚度分别测量 3 次后取平均值，并计算其横截面积。

（2）为了确保试件的密封性，需要在多孔混凝土试件四周涂抹凡士林。

（3）先将涂好凡士林的多孔混凝土圆柱形试块装入透水系数测试仪的圆筒中，将圆筒放入水槽中，使用自来水管将自来水引入透水仪器中。当溢流孔开始有水流流出时，调节进水阀开关使得多孔混凝土试块的上表面有一定的水头高度，固定的水头高度为 150mm，测量出水头高度差（H）。当出水口出水速度稳定后，测量 t 时间内（约 5min）通过多孔混凝土的出水量，测量 3 次后取平均值，记为 Q。

（4）使用温度计记录下水槽中水的温度（T），精确至 0.5℃。

使用式 4-8 计算多孔混凝土的透水系数。

$$K_T = （QL/AHt）\times（\eta_T/\eta_{15}） \tag{4-8}$$

式中：K_T——水温为 T℃时多孔混凝土试件的透水系数（mm/s）；

Q——时间 ts 内出水口的出水量（mL）；

L——多孔混凝土试块的厚度（mm）；

A——多孔混凝土用于透水的面积（mm^2）；

H——水头高度差（mm）；

t——时间（s）；

η_T/η_{15}——温度 T℃和15℃水的相对黏度。

5. 多孔混凝土有效孔隙率试验方法

本次试验采用排水法分析测试多孔混凝土的有效孔隙率。排水法所使用的试验仪器是吊篮，试验试块是 100mm×100mm×100mm 的试块。具体测试过程如下。

（1）将试件放入温度为（105±5）℃的烘箱中烘 5h，自然冷却到室温，并测量试件体积 V；

（2）根据图 4-30 所示，将试件完全浸没在水中，称出试件在水中的重量 m_1，将试件取出后放置在温度为 40℃烘箱中烘至恒重，测得质量 m_2；

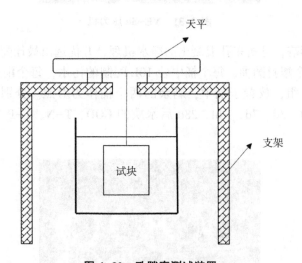

图 4-30　孔隙率测试装置

（3）按式 4-9 计算多孔混凝土试块的有效孔隙率 P。

$$P = [1-(m_2-m_1)/V] \times 100\% \qquad (4-9)$$

6. 多孔混凝土抗压强度测试方法

多孔混凝土采用 YE-30 型压力机（图 4-31）测试。

二、多孔混凝土的宏观及净水性能研究

（一）实验装置及水质分析方法

1. 静态吸附试验

静态吸附试验主要是在静水条件下，探讨不同配合比的生态混凝土对水质

图 4-31　YE-30 压力机

修复效果的影响，分析多孔混凝土的净水机理，并优选出最佳配合比。

准备 10 个塑料圆桶，每个桶中装 10L 配制的污水，每个配比的试块设两组，总共为 8 组，放置于桶中，剩余的两个桶作为对照。分别测量浸泡 8h、10h、12h、1d、3d、7d、14d、28d 后水质的 COD、T-N、T-P 等指标。如图 4-32 所示。

图 4-32　不同孔隙多孔混凝土浸泡试验

2. 试验水质及检测方法

为确保试验结果不受其他因素干扰，本试验采用人工配制的废水模拟河道污水，以 $C_6H_{12}O_6$、NH_4Cl、KH_2PO_4 分别作为废水的 C 源、N 源、P 源，加入少量的 Na、K、Mg 等微生物生长的必要元素，成分见表 4-10。试验检测方法参考《水和废水检测分析方法》中相关规定，相应监测指标及试验方法见表 4-11。

表 4-10　模拟废水组成

主要成分	浓度（mg/L）	水质指标	浓度（mg/L）
$C_6H_{12}O_6$	93.75	COD_{mn}	100
NH_4Cl	160.47	T-N	42
KH_2PO_4	43.87	T-P	10

表 4-11　水质检测分析方法

水样指标	测定方法
CODmn	COD 重铬酸钾法
T-N	抗坏血酸分光光度法
T-P	纳氏试剂分光光度法

（二）多孔混凝土抗压强度测试结果分析

本章通过制备尺寸为 100mm×100mm×100mm 的试块，采用标准养护的方法，测定养护龄期 3d、7d 和 28d 的抗压强度值。通过对比分析早期和后期抗压强度，得出多孔混凝土抗压强度增长规律。

对标准养护 3d、7d、28d 的试块进行抗压强度试验，不同龄期下多孔混凝土抗压强度变化规律如图 4-33 所示。

图 4-33 表示 1#、2#、3#、4#混凝土 3d、7d、28d 抗压强度变化规律。可以看出随着设计孔隙率的增大，多孔混凝土在不同龄期的抗压强度明显降低，1#当设计孔隙率为 15%时，28d 抗压强度为 32.14MPa，且大于 30MPa；当设计孔隙率达到 30%时，28d 抗压强度已经降低到 6.4MPa，相对于设计孔隙率为 15%的多孔混凝土，抗压强度降低了 78.6%。这主要是由于设计孔隙率的增大，在粗集料用量不变的情况下，胶凝材料的用量逐渐减小，导致粗集料表面包裹的水泥浆体减少以及集料与集料之间黏结性降低，最终导致抗压强度的降低。同时也发现随着龄期的增长，多孔混凝土的抗压强度也随之增长。综合分析，多孔混凝土 7d 抗压强度可以达到 28d 的 90%以上，相比普通混凝土其抗压强度增长速率较快，达到最高抗压强度的时间也较短。这主要是由于通常情况下，多孔混凝土抗压强度主要是由包裹在粗集料表面的水泥浆体相互黏结，并且持续水化所提供，胶结层一般又很薄，因此其本身水化较快，达到最大抗压强度所需要的时间也相应较短。

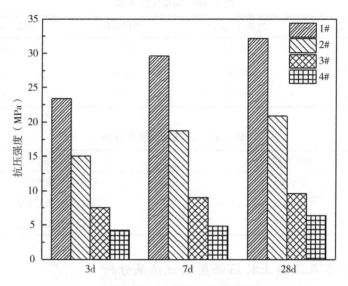

图4-33 不同龄期多孔混凝土抗压强度变化规律

（三）多孔混凝土实际孔隙率与透水系数测试结果分析

多孔混凝土作为一种功能性混凝土，将其应用于护岸材料时，其本身在具有一定力学性能的同时，实际孔隙率和透水系数也是非常重要的一个指标。一般而言，普通混凝土较为密实，孔隙率较低也很难透水，而多孔混凝土通过采用特有的配合比设计、粗集料组成、成型方式等，在保证力学性能的同时，拥有较大的孔隙率及较高的透水系数。本小节通过对不同设计孔隙率下的多孔混凝土实际孔隙率和透水系数的测定，研究其透水性能强弱，并为净水性能的研究做铺垫。

多孔混凝土作为一种多孔材料，其孔隙主要包括连通孔、封闭孔和半连通孔（蒋彬等，2005），但其中只有连通孔会影响透水系数。图4-34表示的是设计孔隙率为15%、20%、25%、30%下多孔混凝土的实际孔隙率和透水系数。可以看出，随着设计孔隙率的增高，多孔混凝土的实测孔隙率和透水系数也相应增高，同时也发现，实测/设计也增高，说明设计孔隙率越大，其实际孔隙率与其越接近。当设计孔隙率为30%时，实测孔隙率可以达到27.72%，透水系数可以达到11.16mm/s。分析原因，主要是由于设计孔隙率的增大，水泥的用量减小，当粗骨料的用量不变的情况下，用于填充石子间孔隙的水泥浆体的量减少，进而实际孔隙率和透水系数相应增大。

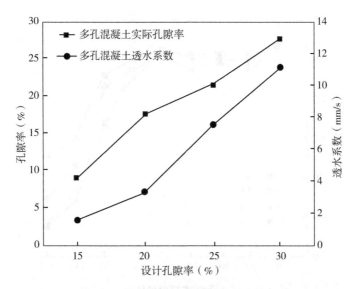

图4-34　不同设计孔隙率下多孔混凝土的实际孔隙率和透水系数

（四）多孔混凝土的孔隙率对其净水性能影响

由于多孔混凝土一般具有较大孔隙率、较高的透水系数。当其与污水相接触过程中发生物理、化学和生化作用的同时，可以有效地吸附和降低水体中的污染物（陈志山，2001；纪荣平等，2007）。在这其中，随着混凝土浸泡时间的增长，物理和化学作用因为受限而逐渐减弱，而生化作用起到主导的作用。多孔混凝土的孔隙可以为微生物和水生动植物提供栖息和繁衍的场所，微生物通过新陈代谢和同化吸收的作用间接除去水体中的污染物。因此，本小节主要采用 $C_6H_{12}O_6$、NH_4Cl、KH_2PO_4 化学试剂分别提供 C 源、N 源、P 源来配制污水，通过将不同孔隙率的多孔混凝土浸泡在污水中，测量污水中 COD、T-N、T-P 等指标来探究多孔混凝土孔隙率的大小对污水的净化能力的影响。

1. COD 去除率分析

图4-35 表示不同孔隙率的多孔混凝土（15%、25%、30%）在污水中浸泡 8h、10h、12h、1d、3d、7d、14d、28d 后污水 COD 的变化规律。可以看出，包括空白组在内，随着浸泡时间的增长，污水的 COD 逐渐降低。相比空白组，当污水中放入多孔混凝土后污水的 COD 降低明显，同时，随着多孔混凝土孔隙率的增大污水 COD 降低更加明显，孔隙率为 25% 时，浸泡 28d 后

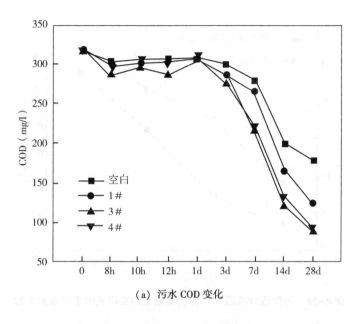

（a）污水 COD 变化

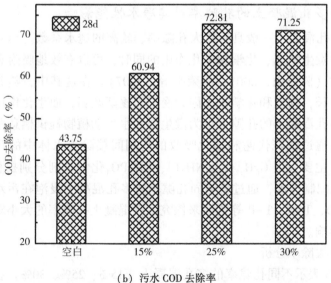

（b）污水 COD 去除率

图 4-35　污水的 COD 随多孔混凝土浸泡时间的变化规律

COD 的去除率最大，达到 72.81%，相比空白组 COD 去除率为 43.75% 有较大提高。分析原因，空白组主要是由于污水中本身含有一定量的微生物会不断消耗污水中的有机物，再加上空气中的氧不断溶解于污水中也会消耗一部分的有机物，综合两个因素，污水的 COD 呈下降趋势，但污水 COD 去除率相对较低。多孔混凝土作为一种多孔性材料，当其置于污水中时，由于较高的孔隙率和内、外比表面积，可以为微生物的生长和聚集提供大量的附着点，微生物在其内、外表面大量附着和聚集形成生物膜，在充足的氧、C 源、N 源、P 源存在的情况下大量生长和繁殖，最终导致污水的 COD 不断下降。当多孔混凝土孔隙率增大时，其内、外比表面积也增大，可以供微生物生长和繁殖的附着点相应增多，污水 COD 的去除率也相应增大。但当孔隙率足够大时，由于微生物数量的限制，COD 的去除率不再增高。

2. T-N 去除率分析

水中的总氮是衡量水质的重要指标之一，是指水中各种形态无机和有机氮的总量，常用来表示水体受营养物质污染的程度。

图 4-36 表示不同孔隙率的多孔混凝土（15%、25%、30%）在污水中浸泡 8h、10h、12h、1d、3d、7d、14d、28d 后污水 T-N 的变化规律。可以看出，包括空白组在内，随着浸泡时间的增长，污水的 T-N 逐渐降低。空白组相对 1#、3#、4#组 T-N 的变化不大，28d T-N 去除率仅为 16.98%，这主要是由于污水中含有一定的微生物，而 N 源是微生物生长的必要条件。多孔混凝土作为一种多孔性材料，拥有较高的孔隙率和内、外比表面积，可以为微生物的生长和聚集提供大量的位点，作为微生物生长的载体，微生物在其内、外表面大量附着和聚集形成生物膜，在充足的氧、C 源、N 源、P 源存在的情况下大量生长和繁殖，最终导致污水的 T-N 不断下降。当多孔混凝土孔隙率增大时，其内、外比表面积也增大，可以供微生物生长和繁殖的附着点相应增多，污水 T-N 的去除率也相应增大。但当孔隙率足够大时，由于微生物数量的限制，T-N 的去除率不再增高，这也就是孔隙率为 25%，T-N 去除率为 54.71% 且最高的原因。

3. T-P 去除率分析

图 4-37 表示污水中 T-P 随多孔混凝土浸泡时间的变化规律。

图 4-37 表示不同孔隙率的多孔混凝土（15%、25%、30%）在污水中浸泡 8h、10h、12h、1d、3d、7d、14d、28d 后污水 T-P 的变化规律。可以看出，包括空白组在内，随着浸泡时间的增长，污水的 T-P 逐渐降低。空白组相对 1#、3#、4#组 T-P 的变化不大，28d T-P 去除率为 38.6%，这主要是由于污水中含有一定的微生物，而 P 源是微生物生长的必要条件。多孔混凝土拥有较高的孔隙率和内、外比表面积，可以为微生物的生长和聚集提供大量的

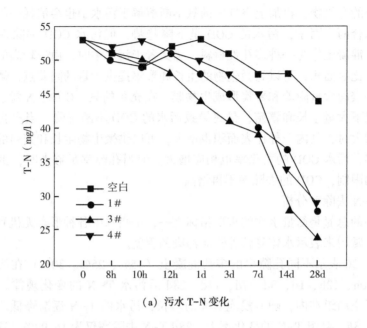

(a) 污水 T-N 变化

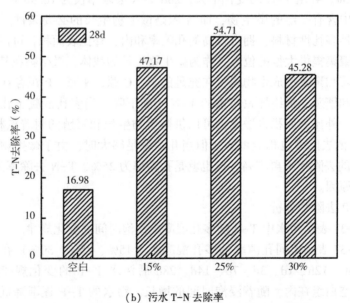

(b) 污水 T-N 去除率

图 4-36　污水的 T-N 随多孔混凝土浸泡时间的变化规律

位点，作为微生物生长的载体，微生物在其内、外表面大量附着和聚集形成生

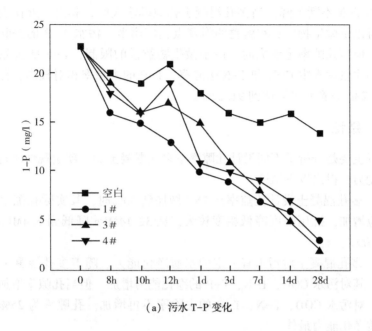

(a) 污水 T-P 变化

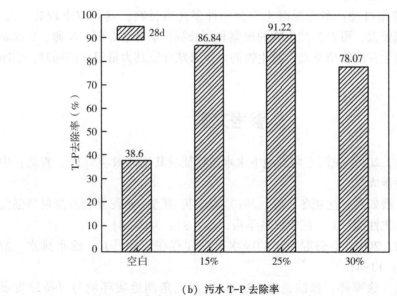

(b) 污水 T-P 去除率

图 4-37 污水的 T-P 随多孔混凝土浸泡时间的变化规律

物膜，在充足的氧、C 源、N 源、P 源存在的情况下大量生长和繁殖，最终导致污水的 T-N 不断下降。当多孔混凝土孔隙率增大时,其内、外比表面积也增大,可以供微生物生长和繁殖的附着点相应增多,污水 T-P 的去除率也相应增大。但当孔隙率足够大时,由于微生物数量的限制,T-P 的去除率不再增高。相比较污水中 COD 和 T-N 去除率,T-P 的去除率相对较高,孔隙率为25%时,28d 去除率可以达到 91.22%。

三、结论

本章主要是分析了不同设计孔隙率下多孔混凝土的各项宏观性能指标和水质净化能力,得出以下结论。

(1) 多孔混凝土设计孔隙率从 15% 增加到 30% 时,其实际孔隙率和透水系数相应增加,抗压强度降低幅度较大,从 32.14MPa 降低到 6.4MPa,降低幅度 80.09%。

(2) 多孔混凝土对污水有一定的水质净化能力。随着多孔混凝土孔隙率的增加,其对污水 COD、T-N、T-P 的净化能力增加。但当孔隙率增加到一定程度时,对污水 COD、T-N、T-P 的去除率不再增加。孔隙率为 25% 时,其污水水质净化能力最佳。

(3) 净化机理:多孔混凝土作为一种多孔质材料,其孔隙率较高,内、外比表面积较大,可以为微生物的聚集和生长提供载体,C 源、N 源、P 源是微生物赖以生存的物质基础,微生物的大量繁殖导致其大量消耗的同时,也净化了水质。

参考文献

安乐生,2012. 黄河三角洲地下水水盐特征及其生态效应 [D]. 青岛:中国海洋大学.

陈琳,潘如意,沈晓冬,等,2010. 粉煤灰-矿渣-水泥复合胶凝材料强度和水化性能 [J]. 建筑材料学报,13 (3):380-384.

陈志山,2001. 生态混凝土的净水机理和存在问题 [J]. 给水排水,27 (3):40-41.

何庆成,徐军祥,张波,等,2006. 黄河三角洲地质环境与可持续发展 [M]. 北京:地质出版社.

何小芳,缪昌文,2009. 界面过渡区对水泥基材料氯离子扩散性能的影响研究 [J]. 东南大学学报 (自然科学版) (S2):268-273.

纪荣平，吕锡武，李先宁，2007. 生态混凝土对富营养化水源地水质改善效果 [J]. 水资源保护，23（4）：91-94.

蒋彬，吕锡武，吴今明，等，2005. 生态混凝土护坡在水源保护区生态修复工程中的应用 [J]. 净水技术，24（4）：47-49.

金祖权，孙伟，张云升，等，2004. 双因素作用下混凝土对氯离子结合能力研究 [J]. 混凝土与水泥制品（6）：1-3.

金祖权，孙伟，赵铁军，等，2006. 混凝土在硫酸盐-氯盐环境下的损伤失效研究 [J]. 东南大学学报（自然科学版）（s2）：200-204.

亢景富，1995. 混凝土硫酸盐侵蚀研究中的几个基本问题 [J]. 混凝土（3）：9-18.

黎璐霞，2016. 水利工程堤坝护坡混凝土施工技术分析 [J]. 江西建材（9）：113-113.

李凤兰，孙心静，高润东，等，2010. 长期浸泡作用下硫酸根离子在混凝土中的传输规律试验研究 [J]. 灌溉排水学报，29（1）：90-92.

李华，孙伟，左晓宝，2012. 矿物掺合料改善水泥基材料抗硫酸盐侵蚀性能的微观分析 [J]. 硅酸盐学报，40（8）：1119-1126.

刘荣桂，万炜，吴智仁，等，2005. 淹水区边坡的生态型护坡技法及其耐久性研究 [J]. 混凝土（9）：23-28.

卢木，1997. 混凝土耐久性研究现状和研究方向 [J]. 工业建筑，27（5）：1-6.

马志鸣，赵铁军，王鹏刚，2014. 矿物掺合料对海洋混凝土结构硫酸盐侵蚀影响的试验研究 [J]. 粉煤灰（1）：34-36.

全洪珠，沈杨，周广兴，等，2017. 多孔生态混凝土性能试验研究 [J]. 硅酸盐通报，36（5）：1750-1754.

石明霞，谢友均，刘宝举，2003. 水泥-粉煤灰复合胶凝材料抗硫酸盐结晶侵蚀性 [J]. 建筑材料学报，6（4）：350-355.

史才军，王德辉，贾煌飞，等，2017. 石灰石粉在水泥基材料中的作用及对其耐久性的影响 [J]. 硅酸盐学报（45）：1593.

宋玉普，宋立元，赵敏，2005. 混凝土海洋平台抗氯离子侵蚀耐久寿命预测试验研究 [J]. 大连理工大学学报，45（5）：707-711.

覃维祖，2001. 混凝土耐久性研究的现状和发展动向 [J]. 建筑技术，32（1）：12-15.

田晓宇，白英，杨晨晨，等，2015. 受损轻骨料混凝土抗硫酸盐侵蚀性能

[J]. 硅酸盐通报, 34 (12): 3726-3730.

王智, 黄煜镔, 王绍东, 2000. 当前国外混凝土耐久性问题及其预防措施综述 [J]. 混凝土 (9): 52-57.

吴中伟, 1982. 混凝土的耐久性问题 [J]. 混凝土 (2): 2-10.

谢友均, 马昆林, 龙广成, 等, 2006. 矿物掺合料对混凝土中氯离子渗透性的影响 [J]. 硅酸盐学报, 34 (11): 1345-1350.

许国东, 高建明, 吕锡武, 2007. 多孔混凝土水质净化性能 [J]. 东南大学学报 (自然科学版), 37 (3): 504-507.

余红发, 孙伟, 麻海燕, 等, 2002. 混凝土在多重因素作用下的氯离子扩散方程 [J]. 建筑材料学报, 5 (3): 240-247.

袁承斌, 张德峰, 刘荣桂, 等, 2003. 不同应力状态下混凝土抗氯离子侵蚀的研究 [J]. 河海大学学报 (自然科学版), 31 (1): 50-54.

张人权, 梁杏, 靳孟贵, 等, 2005. 当代水文地质学发展趋势与对策 [J]. 水文地质工程地质, 32 (1): 51-56.

张盛斌, 杨扬, 乔永民, 等, 2011. 多孔生态混凝土净化生活污水的对比研究 [J]. 混凝土与水泥制品 (3): 18-21.

张淑媛, 2014. 复杂环境下混凝土硫酸盐 [D]. 青岛: 青岛理工大学.

张伟平, 顾祥林, 金贤玉, 等, 2010. 混凝土中钢筋锈蚀机理及锈蚀钢筋力学性能研究 [J]. 建筑结构学报 (1): 327-332.

张贤超, 尹健, 池漪, 2010. 透水混凝土性能研究综述 [J]. 混凝土 (12): 47-50.

赵瑞, 史才军, 王小刚, 等, 2013. 碱激发胶凝材料与硅酸盐水泥基材料碱骨料反应的比较 [J]. 硅酸盐通报, 32 (9): 1794-1799.

郑凤, 秦国顺, 2010. 混凝土受硫酸盐侵蚀的环境因素研究现状 [J]. 徐州工程学院学报 (自然科学版), 25 (1): 21-28.

朱爱萍, 付瑞佳, 杨健彬, 等, 2018. 配置不锈钢钢筋 29 (1): 结构的研究现状及趋势 [J]. 重庆建筑, 17 (3): 26-29.

朱蓓蓉, 杨全兵, 2004. 粉煤灰火山灰反应性及其反应动力学 [J]. 硅酸盐学报, 32 (7): 892-896.

AL-AMOUDI O S B, MASLEHUDDIN M, ABDUL-AL Y A B, 1995. Role of chloride ions on expansion and strength reduction in plain and blended cements in sulfate environment [J]. Construction and Building Materials, 9 (1): 25-33.

ARYA C, XU Y, 1995. Effect of cement type on chloride binding and corrosion of steel in concrete [J]. Cement & Concrete Research, 25 (4): 893-902.

AYE T, OGUCHI C T, 2011. Resistance of plain and blended cement mortars exposed to severe sulfate attack [J]. Construction & Building Materials, 2011, 25 (3): 2988-2996.

BARNHOUSE P W, 2015. Mechanical and physical property characterization of macroporous recycled-aggregate pervious concrete [D]. University of Colorado Boulder.

BROWN P W, STEVEN B, 2000. The distributions of bound sulfates and chlorides in concrete subjected to mixed $NaCl$, $MgSO_4$, Na_2SO_4 attack [J]. Cement and Concrete Research, 30: 1535-1542.

CHEN Y J, GAO J M, TANG L P, et al., 2016. Resistance of concrete against combined attack of chloride and sulfate under drying-wetting cycle [J]. Construction & Building Materials, 106: 650-658.

CHINDAPRASIRT P, HATANAKA S, CHAREERAT T, et al., 2008. Cement paste characteristics and porous concrete properties [J]. Construction and Building Materials, 22 (5): 894-901.

CHU H, CHEN J, 2013. Evolution of viscosity of concrete under sulfate attack [J]. Construction & Building Materials, 39: 46-50.

COLLEPARDI M, MARCIALIS A, TURRIZIANI R, 1972. Penetration of chloride ions into cement pastes and concretes [J]. Journal of the American Ceramic Society, 55 (10): 534-535.

DEHWAH H A F, MASLEHUDDIN M, AUSTIN S A, 2002. Long-term effect of sulfate ions and associated cation type on chloride-induced reinforcement corrosion in portland cement concrete [J]. Cement & Concrete Composites, 24 (1): 17-25.

FELDMAN R F, BEAUDOIO J J, 1991. Effect of cement blends on chloride and sulfate ion diffusion in concrete [J]. Ⅱ Cemento (88): 3-18.

GHAZY A, BASSUONI M T, 2017. Resistance of concrete to different exposures with chloride-based salt [J]. Cement and Concrete Research, 101: 144-158.

GHORAB H Y, HEINZ D, 1980. On the stability if calcium aluminute sulphate hydrates in pure systems and in cements [J]. Proc. Int. Congr. Chem. Cem, 7th, Paris, 4: 496-503.

GLASS G K, BUENFELD N R, 1997. The presentation of the chloride threshold level for corrosion of steel in concrete [J]. Corrosion Science, 39 (5): 1001-1013.

HARTMAN M R, BRADY S K, BERLINER R, et al., 2006. The evolution of structural changes in ettringite during thermal decomposition [J]. Solid State Chemistry, 179: 1259-1272.

HOBBS D W, 1999. Aggregate influence on chloride ion diffusion into concrete [J]. Cement & Concrete Research, 29 (12): 1995-1998.

HOOTON R D, MCGTATH P F, 1997. Issuses related to recent developments in service life specifications for concrete structures [C]. Proceedings of the 1st international RILEM workshop on chloride penetration into concrete. Saint-Remy-Les-Chevreuse: RILEM, 388-397.

HOSSAIN M M, KARIM M R, HASAN M, et al., 2016. Durability of mortar and concrete made up of pozzolans as a partial replacement of cement: a review [J]. Construction & Building Materials, 116: 128-140.

JAYANTA B, RATANMANI C, SHIBASISH D, 2015. Comparative study on various parameters of pervious concrete for different size of coarse aggregates [J]. International Journal of Research and Analytical Reviews, 2 (2): 123-129.

JIN Z Q, SUN W, ZHANG Y S, et al., 2007. Interaction between sulfate and chloride solution attack of concretes with and without fly ash [J]. Cement and Concrete Research, 37 (8): 1223-1232.

LEE S T, PARK D W, ANN K Y, 2008. Mitigating effect of chloride ions on sulfate attack of cement mortars with or without silica fume [J]. Canadian Journal of Civil Engineering, 35: 1210-1220.

LINDVALL A, 2007. Chloride ingress data from field and laboratory exposure - Influence of salinity and temperature [J]. Cement and Concrete Composites, 29 (2): 88-93.

MEDHANI R, KHAN W, ARHIN S, 2014. Evaluation of mix designs and test procedures for pervious concrete [J]. Flexural Strength.

PARK S B, TIA M, 2004. An experimental study on the water-purification properties of porous concrete [J]. Cement & Concrete Research, 34 (2): 177-184.

ROVENTI G, BELLEZZE T, GIULIANI G, et al., 2014. Corrosion resistance of galvanized steel reinforcements in carbonated concrete: effect of wet-dry cycles in tap water and in chloride solution on the passivating layer [J]. Cement and Concrete Research, 65: 76-84.

SANDBERG P, 1999. Studies of chloride binding in concrete exposed in a marine environment [J]. Cement & Concrete Research, 29 (4): 473-477.

SANTHANAM M, COHEN M D, OLEK J, 2003. Effects of gypsum formation on the performance of cement mortars during external sulfate attack [J]. Cement and Concrete Research, 33 (3): 325-332.

SANTHANAM M, COHEN M, OLEK J, 2006. Differentiating seawater and groundwater sulfate attack in portland cement mortar [J]. Cement and Concrete Research, 36 (12): 2132-2137.

SARASWATHY V, SONG H W, 2007. Evaluation of corrosion resistance of portland pozzolana cement and fly ash blended cements in pre-cracked reinforced concrete slabs under accelerated testing condition [J]. Corrosion Science, 104 (104): 356-361.

SEUNGBUM P, BYUNGJAE L, JUN L, et al., 2010. A study on the seawater purification characteristics of water-permeable concrete using recycled aggregate [J]. Resources Conservation & Recycling, 54 (10): 658-665.

SHANNAG M J, SHAIA H A, 2003. Sulfate resistance of high-performance concrete [J]. Cement andConcrete Composites, 25 (3): 363-369.

SHANNAG M J, 2000. High strength concrete containing natural pozzolan and silica fume [J]. Cement & Concrete Composites, 22 (6): 399-406.

SKIEST D J, COHEN C, MOUNZER K, et al., 1998. Corrosion of reinforcement steel embedded in high water-cement ratio concrete contaminated with chloride [J]. Cement & Concrete Composites, 20 (4): 263-281.

SOTO-PÉREZ L, HWANG S, 2016. Mix design and pollution control potential of pervious concrete with non-compliant waste fly ash [J]. Journal of Environmental Management, 176: 112-118.

TANG L P, NILSSON L O, 1993. Chloride binding capacity and binding isotherms of OPC pastes and mortars [J]. Cement and Concrete Research, 23 (2): 247-253.

TAYLOR H F W, FAMY C, SCRIVENER K L, 2001. Delayed ettringite formation [J]. Cement and Concrete Research, 31: 683-693.

TUMIDAJSKI P J, CHAN G W, PHILIPOSE K E, 1995. An effective diffusivity for sulfate transport into concrete [J]. Cement and Concrete Research, 25 (6): 1159-1163.

VERBECK G J, 1975. Mechanisms of corrosion of steel in concrete, Corros [J]. Metals Concr, 21-38.

WANG J, 1994. Sulfate attack on hardened cement paste [J]. Cement and Concrete Research, 24 (4): 735-742.

WANG Y, LI L Y, PAGE C L, 2001. A two-dimensional model of electrochemical chloride removal from concrete [J]. Computational Materials Science, 20: 196-212.

YE H, JIN X, FU C, et al., 2016. Chloride penetration in concrete exposed to cyclic drying-wetting and carbonation [J]. Construction and Building Materials, 112: 457-463.

YILDIRIM H, ILICA T, SENGUL O, 2011. Effect of cement type on the resistance of concrete against chloride penetration [J]. Construction and Building Materials, 25 (3): 1282-1288.

ZHANG M, CHEN J, LV Y, et al., 2013. Study on the expansion of concrete under attack of sulfate and sulfate - chloride ions [J]. Construction & Building Materials, 39 (1): 26-32.

第五章 受损水体生境修复的功能化多级纳米复合材料研发技术

第一节 介孔磁性磷钼酸铵多面体复合材料高效快速净化水中 Cs^+

一、引言

随着社会的发展，人们对能源危机和大气污染越来越关注。与煤炭等传统化石能源相比，核能由于其经济、清洁（不排放烟尘、二氧化碳）和操作稳定的特点已经成为世界能源供应中的重要组成部分。尽管受到了日本福岛核泄漏事故的重要影响，世界主要能源统计年鉴 2015 显示，2014 年核能仍然提供了 2410 TWh 的发电量，约占全球总发电量的 11%，对世界经济发展做出了巨大贡献。与此同时，核能的应用也带来了许多问题：核废物的产生、核电站运行过程中的核事故以及核武器使用中的核泄漏等（IAEA et al.，2015；BP et al.，2015）。在 2010 年，即使不包括核武器测试和核事故中的核泄漏量，世界核高放废液储存量大约达到了 250 000t，并且还在以 12 000t/年的速度快速增加（Ramana et al.，2016）。放射性核废物对环境和生物具有重大危害，在放射性核素衰变停止前将其从环境中分离出来，采取适当的方法存储在合适的地点，直到衰变停止，对人们的健康和环境安全具有重大意义（Geere et al.，2010；Radioactive et al.，2010；Myths & Realities，2016）。Cs-137 和 Cs-134 是放射性铯的两种同位素，半衰期分别为 30 年和 2.06 年。这些放射性同位素在衰变过程中产生强辐射的 γ 射线，释放出高能 ß 粒子，是造成放射性核污染的元凶。找到一种材料和方法从高浓度共存离子中选择性去除铯离子是目前亟须解决的问题（Radionuclides et al.，2016；Yoshida et al.，2012）。其中人造吸附剂法具有独特优势：第一，吸附剂都是固态的，容易回收而不造成水体污染；第二，从工艺上来讲，吸附剂法更容易大规模推广应用；第三，吸附剂法不但能用于高浓度放射性核素的回收，也可以用于微量甚至痕量放射性核素的处理。基于人造吸附剂法的诸多优点，近年来已成为核废水处理领域关注的焦点之一（Yang et al.，2015）。如：铁氰化物（Yang et al.，2014；Jang et al.，2016；Chang et al.，2012；Torad et al.，2012），钛硅酸盐沸石类（Lee et al.，2016；Celestian et al.，2008；Yang et al.，2011），聚合物类（Kumar et al.，2016；Yu et al.，2016），磷钼酸铵复合物（Zhang et al.，2016；Deng et al.，2016），其他吸附剂材料等（Wang et al.，2016；Manos et al.，2009；Ding et al.，2010）。截至目前，合理设计制备廉价、高效的铯离子捕集吸附剂，尤其是应用于高酸环境中的高选择性吸附剂仍然是材料化学和环境工程领域的巨大挑战。

AMP $\{(NH_4)_3[P(Mo_{12}O_{40})]\}$ 是一种廉价、高效、对铯具有高选择性吸附能力的化合物，一直以来被用作工业放射性铯、铷的富集剂（Sydorchuk et al.，2011；Smit et al.，1958；Himeno et al.，1999）。AMP 是由 12 个 MoO_3 八面体组成的空心球，PO_4^{3-} 位于球的中心，NH_4^+ 和 H_2O 分子在晶体内被安放在大的球状阴离子 $[P(Mo_{12}O_{40})]^{3-}$ 之间的空隙内（Himeno et al.，1999；Huang et al.，2013）。研究发现，磷钼酸铵具有非常高的铯离子选择能力和在强酸环境条件下的稳定性。但由于传统方法制备的 AMP 是细粉末微晶结构（Van et al.，1959；Deng et al.，2016），水力学性能差（Krtil et al.，1962），淋洗困难，不易装柱；此外，这样的微晶用于吸附后，过滤或离心等方法做回收处理也非常困难。磁性分离是一种简单快速地从水体中回收分离吸附剂的方法，已被广泛用于水中重金属和有机污染物的处理和处置、药物输送、催化剂回收和生物传感等领域。人造多孔吸附剂由于具有多孔网络结构和大的比表面积在能量存储和环境修复领域得到了越来越广泛的应用（Vincent et al.，2015；Zhang et al.，2016；Kim et al.，2016；Sun et al.，2016；Dudchenko et al.，2015；Luo et al.，2016；Tang et al.，2016）。

本节工作中，我们在室温下通过简单的界面诱导自组装方法首次合成了介孔磁性磷钼酸铵多面体复合材料（mag-AMP，AMP/Fe₃O₄），并用于高效快速净化水中的铯离子。复合材料制备过程简单（仅需要在室温下搅拌），并且所用原料均为环境友好原料。随后，我们利用 SEM、TEM、XRD、XPS、FTIR、TGA 等各种物理化学手段表征了复合材料的结构，研究了其对铯离子的吸附特性和材料稳定性，推断其吸附机理，并将其用于水体中放射性铯的去除。

二、实验部分

(一) 材料与试剂

无水氯化铁购自 Sinopharm 化学试剂公司 （$FeCl_3$，97%），钼酸铵 [$(NH_4)_6Mo_7O_{24} \cdot 4H_2O$]，焦磷酸钾（$K_4P_2O_7 \cdot 3H_2O$），四水合氯化亚铁（$FeCl_2 \cdot 4H_2O$，98%），氯化铯（CsCl，99%），氯化钾，氯化钠，氯化钙，氯化镁，冰乙酸，氨水（$NH_3 \cdot H_2O$，25%~28%），硝酸（HNO_3，65%~68%）等均购自北京化工试剂厂（北京，中国）。模拟海水中各离子浓度分别为：Na^+（9 600mg/L），Mg^{2+}（1 280mg/L），Ca^{2+}（400mg/L），K^+（500mg/L）。模拟地表水中各离子浓度分别为：Na^+（125mg/L），Mg^{2+}（9mg/L），Ca^{2+}（7mg/L），K^+（6mg/L）。模拟地下水中各离子浓度分别为：Na^+（106mg/L），Mg^{2+}（7mg/L），Ca^{2+}（24mg/L），K^+（5mg/L）。化学试剂除有特别提及外均为分析纯，用前未做进一步纯化。实验用去离子水为 Millipore Milli-Q Plus（美国 Millipore 公司）水处理系统纯化过的超纯水（电阻率均 > 18.3 $M\Omega/cm$）。

(二) 仪器

扫描电子显微镜（SEM）照片在 Hitachi S-3400N-II 扫描电镜上测试得到，加速电压为 25.0kV，时间为 60s。透射电子显微镜（TEM）照片在 Tecnai G2（FEI 公司）高分辨透射电镜上测试得到，加速电压为 200kV，所有的样品均是将超声分散在水中的样品滴在涂有碳膜的铜网上。傅里叶变换红外光谱（FTIR）在 Vertex 70 傅里叶变换红外光谱仪（Bruker）上进行，所有样品分析前均在 60℃下真空烘烤过夜。样品的比表面积在比表面积分析仪（AutoSorb-6iSA，美国康塔）上用 Brunauer-Emmett-Teller（BET）方法测得。X 射线衍射图谱（XRD）采用 Cu-Kα（1.5406 Å）做射线源，在 Bruker d8 advance 衍射仪上测得。X 射线光电子能谱（XPS）在 ESCALAB-MKIIX 射线光电子能谱仪（VG Co.，United Kingdom）上测得，Al 为激发源。热重分析（TGA）数据在 TGA-2 热重分析仪（Perkin-Elmer，美国）上测得，在氮气氛围下温度以 10℃/min 从室温升到 850℃。Cs^+ 的浓度在原子吸收光谱仪（AA-6800，日本岛津）上测得。H^+ 浓度由精密 pH 计（梅特勒）测得。溶液中 Mo 的浓度通过硫氰酸盐分光光度法测定。NH_4^+ 的浓度由流动注射分析仪（AA3，Germany）测得。

（三）四氧化三铁纳米粒子（Fe₃O₄ NPs）的制备

尺寸为 8~12nm 的四氧化三铁纳米粒子通过改进的 Massart 法制得。具体过程如下（Calderone et al.，2010）：90℃水浴搅拌下，在装有 380mL 去离子水的三颈烧瓶内依次加入 4.87g FeCl₃、2.9813g FeCl₂·4H₂O 和 20mL 25%的氨水，溶液中有黑色沉淀形成。外加磁铁分离黑色沉淀，并用 500mL 去离子水洗涤多次，直至水的 pH 值为常数。然后，将磁性 Fe₃O₄ NPs 分散到 500mL 2mol/L 的硝酸溶液中，搅拌 2min，磁性分离，在烘箱中 50℃下烘干。

（四）AMP 和 mag-AMP 复合材料的合成

1.0g Fe₃O₄ NPs 超声分散于 80mL 0.01mol/L 的硝酸中，超声 2min，磁性分离。然后，将含有 2.7mmol 的钼酸铵水溶液滴加到上述纳米磁铁中搅拌 5min 形成悬浮液。4.0g 焦磷酸钾溶解到 20mL 0.01mol/L 的硝酸溶液中，在搅拌下滴加到上述磁铁-钼酸铵悬浮液中。混合物的颜色由黑灰色逐渐变为土黄色，持续搅拌 10h，用磁铁分离沉淀。用去离子水洗涤直至洗涤液变为无色，将所得土黄色粉末置于烘箱中 50℃烘干，制备得到复合材料 MA1。

复合材料 MA2 和 MA3 合成步骤与 MA1 相同，其中分别将 Fe₃O₄ NPs 的用量变为 0.5g 和 0.25g。

大晶粒 AMP 通过黄云敬等的方法制得。具体步骤如下（Huang et al.，2013）。首先，在搅拌下将 13.44g 钼酸铵溶解到 80mL 去离子水中；4.0g 焦磷酸钾溶解到 20mL 0.01mol/L 的硝酸溶液中，并在搅拌下滴加到上述钼酸铵溶液中。混合溶液的颜色由无色变为亮黄色，将沉淀离心分离，并用去离子水洗涤 3 次。将所得亮黄色粉末置于烘箱中 50℃烘干。

（五）吸附实验

基于稳定性铯（Cs-133）与放射性铯具有同样的化学性质，吸附实验均由稳定性铯完成。吸附等温线测定的实验中，通过配制不同浓度的氯化铯水溶液（25mg/L、50mg/L、75mg/L、100mg/L、125mg/L、150mg/L、200mg/L）。称取约 0.05g 制备的铯吸附剂加入装有 25mL 铯污染水溶液的离心管中，并放在摇床上 200r/min 的转速下室温振荡 24h，然后过滤分离吸附剂与被吸附液，测定被吸附液中剩余的铯离子浓度，并采用下列公式计算相应的铯离子去除率（E）和平衡吸附容量（q_e）。

$$E(\%) = \frac{C_0 - C_e}{C_0} \times 100 \qquad (5-1)$$

$$q_e = \frac{V(C_0 - C_e)}{m} \tag{5-2}$$

其中，C_0 和 C_e 分别是被吸附液中 Cs^+ 初始浓度和平衡浓度（mg/L）；V 是被吸附液体积（L）；m 为干燥吸附剂的质量（g）。吸附动力学实验中，设置 75mg/L 的铯污染水溶液，加入 0.05g 吸附剂，加入装有 30mL 铯污染水溶液的离心管中，并放在摇床上 200rpm 的转速下室温振荡，在不同的时间取样（0.5min、1min、2min、5min、10min、20min、30min、1h、1.5h、2h、5h、8h、9h、12h、24h），磁性分离并分析溶液中铯离子的浓度。样品中的铯离子浓度均由 Shimadzu 原子吸收分光光度计 AA-6300C 测得，每个样品设 3 个重复，其算术平均值用于结果计算。

吸附剂的选择性在地表水、地下水和海水条件下测得，溶液中的 Cs^+ 浓度分别为：10mg/L、5mg/L 和 1mg/L。用于表征吸附剂 FPPB 对 Cs^+ 亲和力的分配系数 K_d 由以下公式（5-3）求得（Manos et al.，2008）。

$$K_d = \frac{(C_0 - C_e)}{C_e} \cdot \frac{V}{M} \tag{5-3}$$

其中，C_0 和 C_e 分别是被吸附液中 Cs^+ 初始浓度和平衡浓度（mg/L）；V 是被吸附液体积（mL）；M 为干燥吸附剂的质量（g）。

三、结果与讨论

（一）mag-AMP 的表征

首先利用扫描电子显微镜（SEM）和透射电子显微镜（TEM）对我们制备的样品进行了形貌和结构的表征。图 5-1~图 5-4 给出了样品 MA1、MA2 和 MA3 的 SEM 图，图中显示了大量粒子。图 5-1 显示 MA1 为大量纳米粒子形成的无定型块状颗粒，图 5-2 和图 5-3 显示 MA2 和 MA3 是由大量纳米粒子组成的多孔十二面体。图 5-5 给出了 MA1、MA2 和 MA3 的粒径分布图，从图中可以看出 MA1、MA2 和 MA3 的颗粒直径范围分别为：0.75~3.38μm、0.54~9.60μm 和 2.69~15.12μm，平均粒径分别为：1.70μm、2.64μm 和 8.06μm。从 SEM 图可以看出，随着 AMP 含量的增加，mag-AMP 的形貌从无定型变为多孔十二面体，体积逐渐增大。磷钼酸铵晶体的自组装合成主导了 mag-AMP 晶体的形成过程。黄云敬等（2013）报道过大晶粒 AMP 的合成机理，首先，焦磷酸钾与硝酸反应生成稀磷酸；接下来硝酸、钼酸铵和磷酸反应生成大晶粒 AMP。Fe_3O_4 纳米粒子用稀硝酸处理后，依据 Fajans Rule 规则在其表面吸附大

量 Fe^{2+} 和 Fe^{3+} 而使其带正电荷；根据正负电荷静电吸引原理，将 MoO_4^{2-} 吸附固定在 Fe_3O_4 纳米粒子周围。基于此原理，在大晶粒 AMP 自组装合成过程中，Fe_3O_4 纳米粒子被均匀地镶嵌在大晶粒 AMP 中。

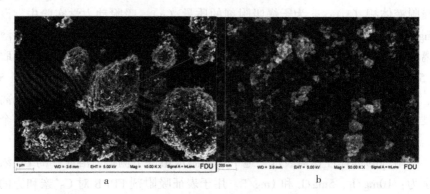

图 5-1　(a) MA1 的 SEM 图像，(b) MA1 粒子的部分放大

所涉及样品的 X 射线衍射图谱（XRD）如图 5-6 所示。从图中可以看出，MA2 和 MA3 的特征衍射峰与 AMP 的匹配良好（ICDD，PDF No.09-0412）。图 5-6 显示出 7 个强的尖锐衍射峰，2θ 角在 $10.7°$、$15.1°$、$21.5°$、$26.5°$、$30.6°$、$36.1°$ 和 $55.7°$ 处的峰分别对应于 Keggin 结构中的（110）、（200）、（220）、（222）、（400）、（332）和（550）晶面。由于 MA1 以无定型形态存在，其 XRD 衍射图谱仅仅在 2θ 角位于 $30.6°$、$36.1°$、$43.8°$、$54.1°$、$57.6°$ 和 $63.2°$ 处出现了几个较弱的钝峰（Dermeche et al.，2009）。从 XRD 图谱上我们还可以看出，Fe_3O_4 纳米粒子的部分衍射峰被复合材料所掩盖。

图 5-7 显示了 A、Fe_3O_4、MA1、MA2 和 MA3 的傅里叶红外光谱图。从图中可以看出，Fe_3O_4 纳米粒子和大晶粒 AMP 的红外光谱与文献报道过的纯 AMP 和 Fe_3O_4 纳米粒子高度一致。mag-AMP 复合材料的红外光谱主要显示出了 AMP 的特征吸收峰，随着 AMP 含量的增加，mag-AMP 复合材料中 AMP 特征峰的透光率逐渐变大。位于 $1\,068\,cm^{-1}$、$967\,cm^{-1}$、$866\,cm^{-1}$ 和 $786\,cm^{-1}$ 处的 P-O、Mo-O 和 Mo-O-Mo 的振动峰表明了 $[P(Mo_{12}O_{40})]^{3-}$ Keggin 结构的形成。位于 $1\,404\,cm^{-1}$ 和 $3\,200\,cm^{-1}$ 的吸收带可归属于 N-H 弯曲振动和伸缩振动吸收峰，证明了复合材料中 NH_4^+ 的存在（Rocchiccioli-Deltcheff et al.，1983）。在大约 $570\,cm^{-1}$ 处可以看到宽的弱吸收带，相应于 Fe-O 的吸收峰，表明了样品中 Fe_3O_4 纳米粒子的存在（Waldron et al.，1955）。此外，在样品中我们还观察到了在 $3\,400\,cm^{-1}$ 处的 H-O-H 弯曲振动模式，表明在样品分子中均有间隙

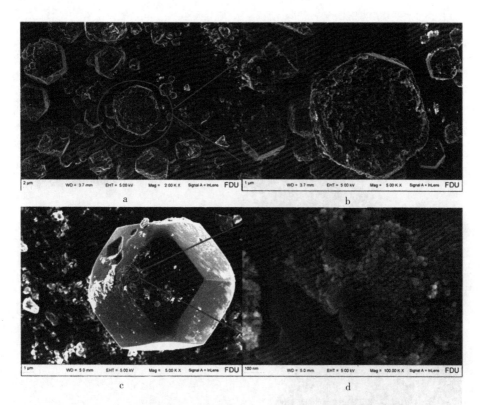

图 5-2　（a）MA2 的 SEM 图像，（b）一个 MA2 粒子的内部放大，
（c）单个 MA2 粒子的放大图像，（d）MA2 粒子的表面放大

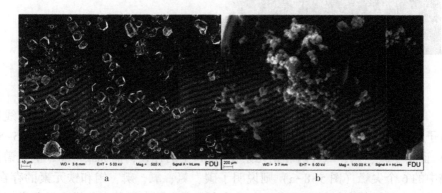

图 5-3　（a）MA3 的 SEM 图像，（b）MA3 粒子的部分放大

水分子的存在（Itaya et al.，1986）。

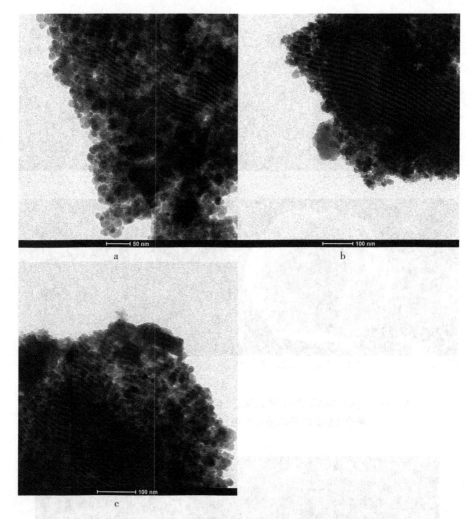

图 5-4　（a）MA1，（b）MA2 和（c）MA3 的 TEM 图像

　　为了进一步证实复合吸附剂 mag-AMP 的结构，我们测定了其 X-射线光电子能谱（XPS）（图 5-8）。样品 AMP 的全光谱扫描中的 5 个尖峰（图 5-8-a）证实了碳、氮、氧、磷和钼元素在 AMP 中的存在，而 mag-AMP 全光谱扫描中的 6 个尖峰（图 5-8-a）则说明了碳、氮、氧、磷、钼和铁元素的存在。为进一步了解复合材料中元素的电子状态，我们测定了其高分辨去卷积谱。从图 5-8-b Fe 2p 的去卷积谱可以发现 Fe $2p_{3/2}$（711.3eV）和 Fe $2p_{1/2}$（724.3 eV）的存在，表明四氧化三铁是这两种复合材料的组成成分之一

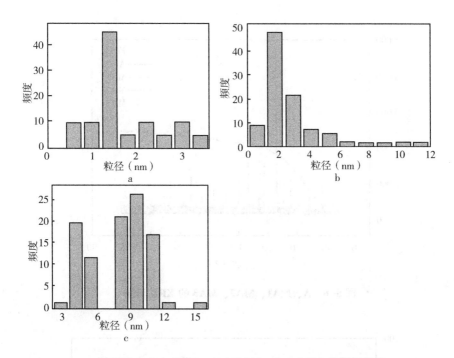

图 5-5 (a) MA1, (b) MA2, (c) MA3 的粒径分布

(Chandra et al., 2010)。从图中我们不难发现，从 MA1 到 MA3，随着 AMP 含量的增加，铁信号的相对积分比逐渐增加。从图 5-8-c Mo 3d 的去卷积谱可以观察到在 231.3eV 和 234.4eV 处 Mo $3d_{3/2}$ 和 Mo $3d_{5/2}$ 的存在。可以看出：mag-AMP 的形成使得 Mo 3d 的去卷积谱发生了明显改变。在样品 mag-AMP 中，Mo $3d_{3/2}$ 和 Mo $3d_{5/2}$ 的能带分别移至 232.7eV 和 236.0eV。图 5-8-d 给出了 4 个样品的 P 2p 去卷积谱，除了 MA1 由于 AMP 含量低 P 2p 峰不明显外，复合材料形成后 mag-AMP 的 P 2p 能带从 132.4eV（A）移至 133.7eV（mag-AMP）。P 2p 的能带值并未随复合材料成分的改变而改变，而是保持常数，说明在复合材料中 P 以 PO_4^{3-} 的形式存在。图 5-8-e 和图 5-8-f 分别给出了 O 1s 和 N 1s 的去卷积谱，mag-AMP 合成以后，拟合图谱的能带值均有所增加。从 XPS 图谱的结果可以看出 mag-AMP 已经被成功合成出来。

通过 N_2 吸附解吸实验，表征了样品的 Brunauer-Emmett-Teller（BET）比表面和孔径分布（图 5-9）。77.3 K 时的 N_2 吸附等温线表明，样品 A、MA1、MA2 和 MA3 均表现为经典的 IUPAC-IV 型吸附行为，其 BET 比表面分别为：

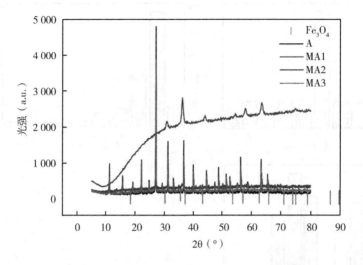

图 5-6 A、MA1、MA2、MA3 的 XRD 谱图

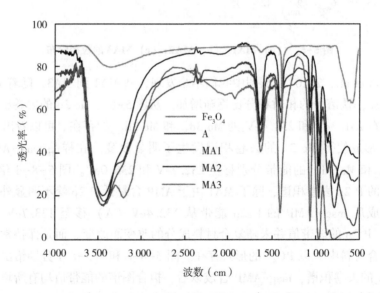

图 5-7 A、MA1、MA2 和 MA3 的 FTIR 谱图

$11.4m^2/g$、$65.9m^2/g$、$165.2m^2/g$ 和 $11.4m^2/g$。BJH 吸附平均孔径(4V/A)分别为：$2.7nm$（A）、$11.7nm$（MA1）、$7.0nm$（MA2）和 $20.3nm$（MA3）。从

孔径分布图可以看出，复合材料的孔径分布范围较窄，位于 2~50nm 范围内，属于介孔材料的范畴。

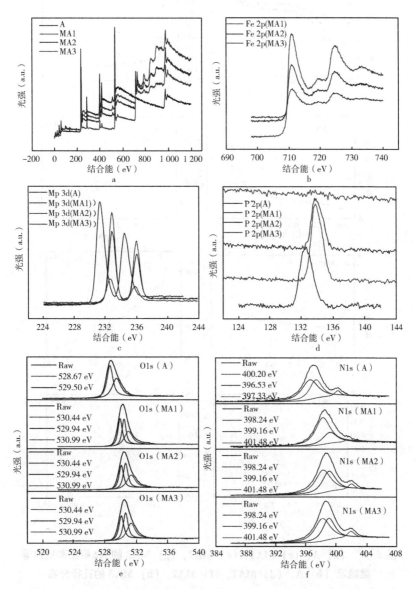

图 5-8　A、MA1、MA2 和 MA3 的 XPS 谱：（a）宽扫描谱、（b）Fe 2p 谱、（c）Mo 3d 谱、（d）P 2p 谱、（e）O 1s 谱、（f）N1s 谱

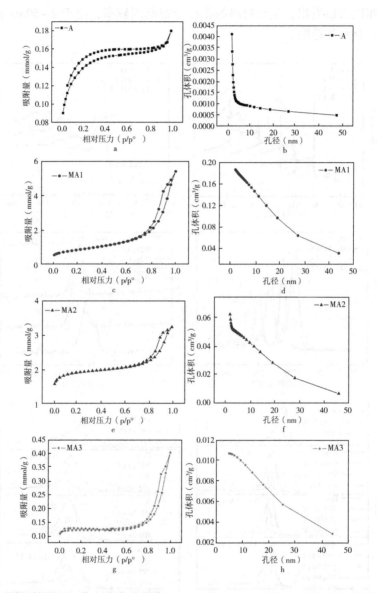

图 5-9 **(a) A、(c) MA1、(e) MA2、(g) MA3 的 N2 吸附和脱附等温线及 (b) A、(d) MA1、(f) MA2、(h) MA3 的孔径分布**

为了进一步证实复合材料 mag-AMP 的形成，我们利用热重分析仪在氮气氛围中测试了样品的热重损失情况（图 5-10）。由于 AMP 含量低，MA1 表现

出了与 Fe_3O_4 纳米粒子相类似的缓慢质量损失情况。在温度从室温上升到850℃的过程中，样品 A、MA2 和 MA3 均表现出了 3 个主要的质量损失阶段。第一阶段，由于样品中吸附水的蒸发，30~250℃样品重量损失了约 5.0%；第二阶段，由于 AMP 晶体的分解，在温度上升到 410~590℃时，样品的重量缓慢下降；第三阶段，当温度上升到 740℃，样品重量急剧下降，这可能是因为样品中 Keggin $\{[P(Mo_{12}O_{40})]^{3-}\}$ 结构的崩解。热重分析的数据结合复合材料其他的结构表征，我们估算了复合材料中各组成成分的含量。

MA1：40.7%（Fe_3O_4），59.3%（AMP）；

MA2：23.6%（Fe_3O_4），76.4%（AMP）；

MA3：11.5%（Fe_3O_4），88.5%（AMP）。

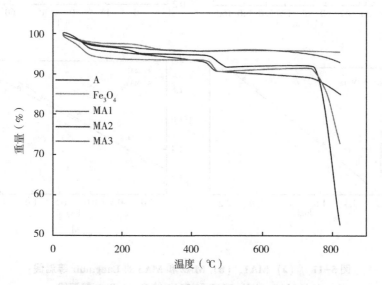

图 5-10 A、MA1、MA2、MA3 的 TGA 曲线

（二）Cs^+ 在 PB/Fe_3O_4 和 $PB/Fe_3O_4/GO$ 上的吸附等温线模型

吸附等温线是指在一定温度下溶质分子在两相界面上进行的吸附过程达到平衡时它们在两相中浓度之间的关系曲线。它能够为吸附剂的表面特性、吸附剂对吸附质的亲和力以及吸附机理的揭示提供丰富的信息。在这方面我们研究了所制备的 3 种吸附剂 MA1、MA2 和 MA3 对铯离子的吸附等温线模型（Vijayakumar et al.，2010）。文中不同铯污染环境下的吸附均在室温（T=298K）、中性（pH=7）水体中进行，吸附平衡时间均为 24h。为了确定与铯离子吸附特性相关的吸附参数，我们利用著名的 Langmuir 和 Freundlich 等温吸附模型对吸附数据进行了分析（图 5-11）。Langmuir 和 Freundlich 等温吸附模型如下（Langmuir et al.，1918；Freundlich et al.，1906）：

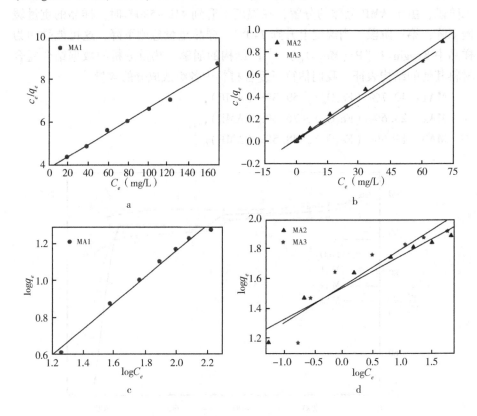

图 5-11 **（a）MA1、（b）MA2 和 MA3 的 Langmuir 等温线；**
（c）MA1、（d）MA2 和 MA3 的 Freundlich 等温线

$$\frac{C_e}{q_e} = \frac{1}{Q_{max}b} + \frac{C_e}{Q_{max}} \qquad (5-4)$$

其中，C_e 是被吸附液中 Cs^+ 平衡浓度（mg/L）；q_e 为单位质量吸附剂吸附的 Cs^+ 的质量（mg/g）；Q_{max} 为最大吸附能力（mg/g）；b 为吸附表面能（L/mg）有关的 Langmuir 常数。

$$\ln q_e = \ln K_F + \frac{1}{n}\ln C_e \qquad (5-5)$$

其中，K_F 为 Freundlich 常数；n 是与吸附能力和吸附作用力有关的常数。

吸附剂 mag-AMP 的 Langmuir 和 Freundlich 等温吸附模型常数及其相关系数如表 5-1 所示。

表 5-1　用 Langmuir、Freundlich 模型对等温线数据和 Cs+ 吸附常数进行拟合

复合材料	Langmuir			Freundlich		
	Q_{max}（mg/g）	b（L/mg）	R^2	K_F	n	R^2
MA1	35.714	0.007	0.992	0.569	1.418	0.989
MA2	83.333	0.571	0.996	34.914	4.651	0.943
MA3	90.909	0.688	0.997	35.727	4.016	0.837

试验结果表明，Langmuir 等温吸附模型拟合系数比 Freundlich 等温吸附模型高，说明 Langmuir 等温吸附模型与吸附数据拟合更好，吸附剂表面被铯离子以单分子层形式吸附。从 Freundlich 等温吸附模型得出的 R^2 值大约为 0.9，表明非主导控制的多层吸附在 mag-AMP 吸附铯离子的过程中也同时存在。根据 Langmuir 等温吸附模型拟合结果，吸附剂 MA1 对铯离子的最大吸附能力 Q_{max} 值 为 83.33mg/g（298K），比 MA1（35.71mg/g）高，比 MA3（90.91mg/g）稍低。这主要是因为从 MA1 到 MA3，AMP 的含量逐渐升高。较小的 n 值与较大的 K_F 值在吸附过程中存在较强的化学吸附，铯离子很容易被吸附到吸附剂 mag-AMP 上。在等温吸附实验进行的过程中我们发现，从 MA1 到 MA3，随着 AMP 含量逐渐升高，吸附剂磁性逐渐减弱，MA3 完成吸附后回收变得较为缓慢。结合吸附剂的比表面积等特性，我们选择吸附剂 MA2 做进一步吸附特性研究。

（三）Cs+ 在 MA2 上的吸附过程与吸附动力学

为了评估吸附速率和达到吸附平衡的时间，图 5-12 显示了 Cs+ 在复合材料 FPPB 上的吸附过程和吸附动力学。吸附动力学实验初始铯离子浓度为 75mg/L，在 pH 值=7 室温条件下进行。图 5-12-a 显示，仅仅在 0.5min 内就实现了 82.88% 以上 Cs+ 的吸附，MA2 表现出了快速的吸附动力学。吸附剂的快速吸附阶段发生在最初的 0~2min，并且在 5min 内快速达到吸附平衡。吸附剂快速吸附动力学主要归因于其介孔结构和大的比表面积（165.2m²/g）。从图 5-12-a 我们还可以看出，Fe_3O_4 纳米粒子对 Cs+ 的吸附作用几乎可以忽略，因此复合材料 MA2 对 Cs+ 的吸附主要归功于其中的组分——磷钼酸铵。

为了进一步了解其吸附动力学，我们利用基于假定化学吸附为决速步的准二级动力学方程对我们得到的动力学数据进行分析。准二级动力学公式可表示

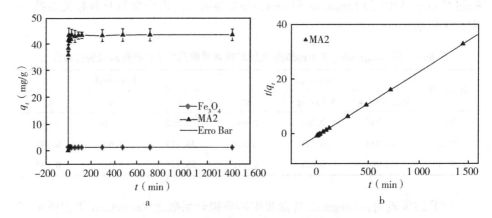

图5-12　MA2的吸附特性：（a）吸附过程；（b）吸附动力学曲线：t/q_t 与 t

如下（Vijayakumar et al.，2010）。

$$\frac{t}{q_t} = \frac{1}{k_2\,q_e^2} + \frac{t}{q_e} \qquad (5-6)$$

其中，q_e 为吸附平衡时的吸附容量（mg/g），q_t 为 t 时间时铯离子的吸附量（mg/g），k_2［g/（mg·min）］为准二级动力学常数。q_e 和 k_2 的值可由 t/q_t 对 t 作图时的斜率和截距求得。此外，最初的吸附速率 V_0［mg/（g·min）］通过以下公式计算。

$$V_0 = k_2\,q_e^2 \qquad (5-7)$$

Cs^+ 在复合材料 MA2 的吸附动力学曲线如图5-12-b所示；准二级动力学的速率常数及其相关系数见表5-2。结果显示，t/q_t 与 t 呈线性关系，其相关系数 R^2 大于 0.99，说明 MA2 对铯离子的吸附为化学吸附，为决速步的准二级动力学过程。吸附材料 MA2 具有较高的初始吸附速率 V_0，主要归因于吸附剂的介孔结构特点。

表5-2　准二级动力学模型的速率常数和相关系数

复合材料	q_e (mg/g)	k_2［g/（mg·min）］	V_0［mg/（g·min）］	R^2
MA2	45.454 5	0.069 14	142.851 0	0.999 5

（四）吸附热力学

热动力学研究能够提供吸附过程能量变化的丰富信息，为此我们研究了温度对吸附过程的影响，并探讨了吸附过程的热力学机制。测定了吸附剂在

273K、303K、333K 时的吸附等温线，按照公式（5-8）、（5-9）计算了相应的吉布斯自由能（ΔG^0，kJ/mol）、焓变（ΔH^0，kJ/mol）和熵变 [ΔS^0，kJ/（mol·K）]。

$$\Delta G^0 = -RT\ln K_d \tag{5-8}$$

$$\ln K_d = \frac{\Delta S^0}{R} - \frac{\Delta H^0}{RT} \tag{5-9}$$

其中，T 是相对温度（K），R 是理想气体常数 [8.314J/（mol·K）]，K_d 是热力学平衡常数。图 5-13 给出了 MA2 吸附剂 $\ln K_d$ vs. $1/T$ 的拟合曲线，ΔG^0 可以从公式（5-8）计算得到，ΔS^0 和 ΔH^0 可以分别从 van't Hoff 曲线的截距和斜率计算获得。结果如表 5-3 所示。从实验结果可以看出，ΔS^0 和 ΔH^0 均为正值，表明吸附过程为放热过程，吸附剂与吸附质之间存在较强的作用力。所有 3 个温度下的 ΔG^0 均为负值，说明 MA2 对铯离子的吸附为自发过程。计算得到的 ΔG^0 值很小，说明铯离子与吸附剂之间存在较强的相互作用。温度每提高 10℃，ΔG^0 值大约增加 1.3 kJ/mol，表明铯离子在 MA2 上的吸附对温度变化比较稳定。

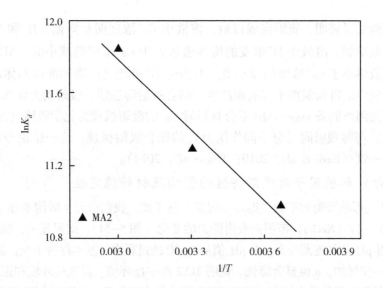

图 5-13　铯在 MA2 上的热力学装置

表 5-3   MA2 上铯离子的热力学参数

ΔH^0 （kJ/mol）	ΔS^0 ［kJ/ (mol·K) ］	ΔG^0 （kJ/mol）		
		273K	303K	333K
10.758	130.280	-24.919	-28.464	-32.790

（五）吸附机理

为了深入了解铯离子在复合材料 MA2 上的吸附机理，设计了如下试验。称取 0.5g 吸附剂浸入 200mL 铯离子浓度为 100mg/L 的水溶液中，并放置在恒温气浴振荡器上，室温下以 200rpm 的速率振摇 2h。最后，磁性分离吸附剂并测定平衡溶液中的 Cs^+、H^+ 和 NH_4^+ 含量。不添加吸附剂的铯污染溶液和添加吸附剂而不加氯化铯的对照试验也同时进行。每个试验设置 3 组对照，试验结果如表 5-4 所示。

表 5-4   吸附前后的变化值

材料	$\Delta_d Cs^+$ （mmol）	$\Delta_i H^+$ （mmol）	$\Delta_i NH_4^+$ （mmol）
MA2	0.1192	0.3576	0.0972

实验结果表明，吸附完成以后，溶液中 Cs^+ 浓度明显降低，H^+ 和 NH_4^+ 浓度均明显增加。溶液中 H^+ 浓度的增加值远大于 Cs^+ 浓度的减小值，NH_4^+ 浓度的增加值略小于 Cs^+ 浓度的减小值。多余的 H^+ 可能是由磷钼酸铵晶体制备过程中所吸附的富余氢离子释放而产生。结合吸附等温线、吸附动力学和吸附热力学，推测所制备 mag-AMP 复合材料对 Cs^+ 的吸附机理为化学吸附（NH_4^+-离子交换）与物理吸附（分子间作用力）的联合吸附机理。这一结论与以前相关研究一致（Park et al.，2010；Tan et al.，2014）。

（六）环境因子对吸附特性的影响及材料稳定性

pH 是影响吸附效率的关键环境因素，基于此，我们研究了吸附剂在 pH 值 2 （HNO_3）~12（NaOH）范围内吸附能力的变化（图 5-14）。结果显示，吸附剂的 q_t 值随着 pH 值的逐渐增大，在 pH 值从 2~10 的过程中，基本保持不变；随着 pH 值的进一步增加，q_t 值显著降低。说明 MA2 在中性环境、微碱性环境和强酸性环境中均具有良好的吸附能力，在强碱性环境中倾向于分解，吸附能力明显降低。

在实际情况中，放射性铯从大气和水体中通过不同的途径进入水体，通常与 Na^+、K^+、Ca^{2+} 和 Mg^{2+} 共存。为了了解吸附剂在复杂环境条件下的离子选择

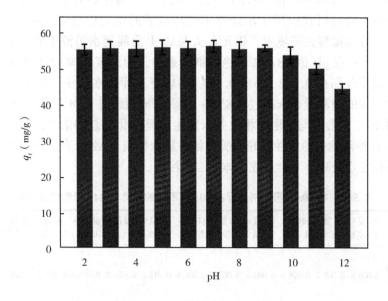

图 5-14 pH 对吸附特性的影响

性，我们设置高离子强度的自然水体（地表水、地下水、海水）进行了相关实验。并依据公式（5-3）计算其分配系数 K_d。实验结果显示，吸附剂 MA2 对 Cs⁺ 具有很高的选择性，其分配系数 K_d 分布在 $1.396\times10^4 \sim 1.611\times10^5$（表5-5），与报道的 Cs⁺ 吸附剂相比具有良好的选择性，吸附材料 MA2 对铯离子具有很强的亲和力，环境介质中其他共存阳离子基本不影响 MA2 对铯离子的吸附，MA2 有望被用于核废水修复。

表 5-5 不同水体中 MA2 的 K_d 值

初始浓度（mg/L）	25	10	5
K_d（地表水）	1.611×10^5	1.029×10^5	4.754×10^4
K_d（地下水）	1.473×10^5	9.350×10^4	3.174×10^4
K_d（海水）	1.578×10^4	1.931×10^4	1.396×10^4

吸附剂的稳定性是其在水处理应用中的关键因素之一。如果复合材料稳定性差，在用于水处理的过程中某些组分或元素泄漏进入环境，不但会影响水处理的效果，还会造成水体的二次污染。由于钼元素是 MA2 组分中的主要元素，

我们测定了海水和不同 pH 条件下吸附完成后，溶液中钼元素的含量，从而了解所制备复合材料在应用于水处理不同环境下的稳定性（表 5-6）。结果显示，在中性和微酸性环境中，钼元素从 MA2 上泄漏到水溶液中的质量分数在 0.01% 以下；在 pH 值=8~12 的铯污染体系中，钼元素从 MA2 上泄漏到水溶液中的质量分别在 0.012 2% 和 0.863 1% 以下；即使在离子强度很高的海水中，钼元素的泄漏量也未超过 0.85%；吸附完成后经过 SEM 表征（图 5-15），吸附剂 MA2 的形貌与吸附前相比并未发生明显变化。总的来看，复合吸附剂 MA2 在各种环境中稳定性良好，所制备的复合材料 MA2 可直接应用于放射性铯污染核废水处理，不会造成水体的二次污染。

表 5-6 将 50mg 吸附剂悬浮在 30mL 不同的液体中 24h 后钼的浸出量

水溶液	pH值=2（水）	pH值=3（水）	pH值=4（水）	pH值=5（水）	pH值=6（水）	pH值=7（水）	pH值=8（水）	pH值=9（水）	pH值=10（水）	pH值=11（水）	pH值=12（水）	海水
Mo 从 MA2 中的浸出量（%）	0.009 8	0.008 2	0.008 0	0.002 4	0.002 5	0.002 6	0.012 2	0.026 0	0.088 0	0.245 3	0.863 1	0.842 0

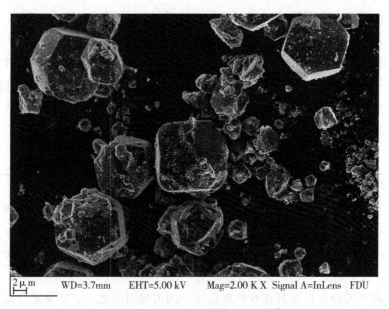

2 μm　　　WD=3.7mm　　　EHT=5.00 kV　　　Mag=2.00 K X　Signal A=InLens　　FDU

图 5-15 MA2 吸附后的 TEM 图像

（七）解吸和循环利用研究

好的吸附剂不仅要有高的吸附容量和出色的离子选择能力，而且要拥有良好的循环利用性能，从而提高其吸附效率，减少在环境治理中的支出。为了研究 MA2 对铯离子的解吸能力和吸附剂的循环利用能力，5.0mol/L 的 NH_4Cl 溶液被用作铯离子的解吸液进行研究。实验结果（图 5-16）显示，随着 MA2 循环利用次数的增加，再生 MA2 的吸附容量逐渐降低。循环利用 5 次后，吸附剂的吸附容量减少约 28.9%，这主要归因于吸附剂的游离和吸附剂活性位的丧失。总的来看，吸附剂 MA2 在核废水处理过程中可以循环利用。

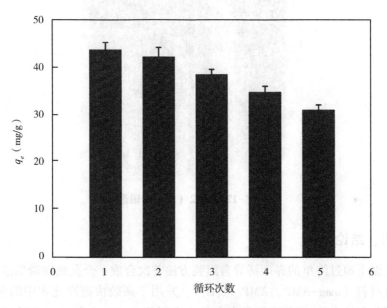

图 5-16　Cs^+ 在 MA2 上的吸附-再生循环

（八）MA2 与其他 Cs^+ 吸附材料的对比

对比铯离子吸附材料的吸附特性，找出它们的优缺点，对于在不同情况下选用不同的吸附剂具有重大意义。吸附剂 MA2 对铯离子的饱和吸附容量为 83.33mg/g，比一些文献报道过的高效铯离子吸附剂高 [e.g., mag-PB, KMS-1、$K_{2x}Sn_{4-x}S_{8-x}$（x=0.65-1），多孔钛硅酸盐，吸附容量为 132.60 ~ 453.00mg/g]（Celestian et al., 2008；Yang et al., 2011；Wang et al., 2016；Sarma et al., 2016），比很多报道过的吸附剂吸附容量低（e.g., SiO_2-AMP-Cal-Alg、SM-AMP、NFPE-AMP-TAIC-GMA、KNiHCF，吸附容量为 37.52 ~

64.00mg/g)（Deng et al.，2016；Saha et al.，2016；Dwivedi et al.，2015；Shibata et al.，2016）。吸附剂 MA2 不仅拥有完美的分配系数，而且可以广泛用于多种复杂环境中，甚至可用于强酸性环境。更重要的是，吸附剂达到吸附平衡仅需要 5min，并且仅需要在外加磁场的作用下，就可以实现快速分离（图 5-17）。最重要的是，吸附剂 MA2 的制备非常简单，仅需要在室温下简单搅拌即可，有利用吸附剂的大规模制备和推广利用。

图 5-17　MA2（水）的磁选

四、结论

室温下通过简单的界面诱导自组装方法首次合成了介孔磁性磷钼酸铵多面体复合材料（mag-AMP、AMP/Fe_3O_4），并用于高效快速净化水中的铯离子。本文所制备的介孔材料 MA2 具有高的比表面积（165.2m^2/g），这种结构特点使其具有低的离子传输速率，仅仅需要 5min 吸附剂即可达到平衡。相比于 Freundlich 等温吸附模型，Langmuir 等温吸附模型对吸附数据拟合更好。吸附动力学为化学吸附为决速步的准二级动力学。所制备的 mag-AMP 吸附剂表现出了良好的铯离子选择能力，能够广泛应用于包括 pH 值＝2 的强酸性水溶液在内的多种水体环境中，也能够用于痕量铯污染（μg/L）废水的处理处置。所制备 mag-AMP 复合材料对 Cs^+ 的吸附机理为化学吸附（NH_4^+-离子交换）与物理吸附（分子间作用力）的联合吸附机理。在合成过程中，Fe_3O_4 纳米粒子均匀地镶嵌于磷钼酸铵多面体晶体内部，使得复合材料获得了较强的磁性，能够利用外加磁场实现在污染水体中的快速回收。

在本章工作中我们所得到的复合材料 mag-AMP，其制备过程简单（仅需要在室温下搅拌），并且所用原料均为环境友好原料，对制备高性价比放射性铯净化材料具有重大意义。

第二节　氧化石墨烯原位生长磁性磷钼酸铵纳米复合材料的简单制备及快速去除水中的铯离子

一、引言

放射性铯 Cs-137（$T_{1/2}$ = 30.23 年）和 Cs-134（$T_{1/2}$ = 2.3 年）是一种产生于核武器试验、核事故、医院和实验室核废料副产品的放射性物质（Radionuclides et al.，2016）。铯离子具有极高的水溶性，土壤和大气中的铯会通过水循环最终进入水体（Ding et al.，2016）。由于它们具有很长的半衰期、释放出高能 γ 射线和大量热（Nuclear et al.，2011），进入环境的放射性铯为人类健康和生态系统产生了巨大威胁（Naulier et al.，2017；Saito et al.，2015）。此外，放射性铯离子通常与大量的 H^+、Na^+、K^+、Mg^{2+} 和 Ca^{2+} 等离子共存于天然水体中（Datta et al.，2014），絮凝沉积、溶剂萃取和离子交换等传统的废水处理手段很难将溶解态的放射性铯离子从污染水体中去除（Brown et al.，2008；Lai et al.，2016）。人造吸附剂，尤其是人造纳米吸附剂克服了传统吸附剂的不足，为放射性核废水中铯离子的净化提供了一种具有广阔发展前景的方法（Qu et al.，2013；Lee et al.，2016）。因此，发展水体核污染控制应急净化技术，提高净化效果，开展放射性铯吸附材料改性研究，开发新型铯吸附材料为核应急处置提供技术保障，对核电工业的发展和国家能源安全具有重大的理论和现实意义。

无机纳米吸附剂由于具有超大的比表面积、优良的辐射稳定性和环境相容性，以及有利于固化处理等优势，显示出其在核污染处理，尤其是高放射性核废水处理中的的巨大潜力（Joshua et al.，2013；Sarina et al.，2014；Kaur et al.，2013；Wang et al.，2010；Jang et al.，2016；Wang et al.，2016）。近年来，各国科学家对放射性铯的净化处理进行了大量研究，迄今所筛选出的放射性铯无机吸附剂有很多种。如：硅铝酸盐沸石（Lee et al.，2016；Yang et al.，2011；Oleksiienko et al.，2015）、硅钛酸盐（CST）（Ding et al.，2010）、硫族（氧属）化合物（Manos et al.，2009）、普鲁士蓝类似物（Jang et al.，2016；Chang et al.，2016；Yang et al.，2014）、碳纳米材料（Sun et al.，2013；Jang et al., 2018)、天然生物材料（Ding et al., 2013；Parab et al., 2010；Ding et al., 2014）、黏土材料（El‑Zahhar et al., 2013；Abdel‑Karim et al., 2016）等（Kumar et al., 2013；Lee et al., 2016）。A $\{(NH_4)_3[P(Mo_{12}O_{40})]\}$ 是一种廉价、高效、对铯具有高选择性吸附能力的化合物，一直以来被用作工业放射性铯、铷的富集剂（Tan et al., 2014；Yu et al., 2013；Yu et al., 2015）。A 是由 12 个 MoO_3 八面体组成的空心球，$PO_4{}^{3-}$ 位于球的中心，NH_4^+ 和 H_2O 分子在晶体内被安放在大的球状阴离子 $[P(Mo_{12}O_{40})]^{3-}$ 之间的空隙内（Wells et al., 1975；Smit et al., 1958）。因为大球之间的空隙大，被缔合在这些空隙中的阳离子愈大，就结合得愈牢固，所以用 A 与碱金属离子进行交换时，重碱金属首先被吸附。但由于 A 是细粉末微晶结构，水力学性能差，淋洗困难，不易装柱；此外，这样的微晶用于吸附后，过滤或离心等方法做回收处理也非常困难（Vincent et al., 2015）。

氧化石墨烯（Graphene oxide，GO）是一种具有超大比表面积的碳纳米材料，Tour 等研究发现，GO 对长半衰期放射性核素 [U（Ⅵ）、Sr（Ⅱ）、Eu（Ⅲ）等] 具有优异的吸附去除能力（Yang et al., 2014；Romanchuk et al., 2013）。基于此，结合环境污水处理和新材料领域中的磁性（mag）分离和宏观材料界面介导原位生长纳米晶的思想，我们拟构筑易回收的 $A/Fe_3O_4/GO$（AFG）磁性纳米复合材料，并研究材料的吸附特性，揭示其吸附机理。

二、实验部分

（一）材料与试剂

Bay‑carbonSP‑1 购自 Ito Kokuen 公司（Ito Kokuen Co., Ltd, Mieken, Japan）；无水氯化铁购自 Sinopharm 化学试剂公司（$FeCl_3$，97%）；四水合氯化亚铁 [（$FeCl_2 \cdot 4H_2O$，98%）、（NH_4）$_6 Mo_7 O_{24} \cdot 4H_2O$，98%]、氯化铯（CsCl，99%）、氨水（$NH_3 \cdot H_2O$，25%~28%）、硝酸（$HNO_3$，65%~68%）、高锰酸钾、浓硫酸、双氧水、混合纤维素酯膜等均购自北京化工试剂厂（北京，中国）。模拟海水中各离子浓度分别为：Na^+（9.6g/L）、Mg^{2+}（1.28g/L）、Ca^{2+}（0.4g/L）、K^+（0.5g/L）。化学试剂除有特别提及外均为分析纯，用前未做进一步纯化。实验用去离子水为 Millipore Milli‑Q Plus（美国 Millipore 公司）水处理系统纯化过的超纯水（电阻率均 > 18.3 MΩ/cm）。

（二）仪器

扫描电子显微镜（SEM）照片在 Hitachi S‑3400N‑Ⅱ扫描电镜上测试得

到，加速电压为 25.0kV，时间为 60s。透射电子显微镜（TEM）照片在 Tecnai G2（FEI 公司）高分辨透射电镜上测试得到，加速电压为 200kV，所有的样品均是将超声分散在水中的样品滴在涂有碳膜的铜网上。傅里叶变换红外光谱（FTIR）在 Vertex 70 傅里叶变换红外光谱仪（Bruker）上进行，所有样品分析前均在 60℃下真空烘烤过夜。样品的比表面积在比表面积分析仪（AutoSorb-6iSA，美国康塔）上用 Brunauer-Emmett-Teller（BET）方法测得。X 射线衍射图谱（XRD）采用 Cu-Kα（1.540 6 Å）做射线源，在 Bruker d8 advance 衍射仪上测得。X 射线光电子能谱（XPS）在 ESCALAB-MKIIX 射线光电子能谱仪（VG Co., United Kingdom）上测得，Al 为激发源。热重分析（TGA）数据在 TGA-2 热重分析仪（Perkin-Elmer，美国）上测得，在氮气氛围下温度以 10℃/min 从室温升到 950℃。Cs^+ 的浓度在原子吸收光谱仪（AA-6800，日本岛津）上测得。H^+ 浓度由精密 pH 计（梅特勒）测得。溶液中 Mo 的浓度通过硫氰酸盐分光光度法测定。NH_4^+ 的浓度由流动注射分析仪（AA3，Germany）测得。

（三）四氧化三铁纳米粒子（Fe_3O_4 NPs）的制备

尺寸为 8~12nm 的四氧化三铁纳米粒子通过改进的 Massart 法制得（Yang et al., 2009），具体过程如下。90℃水浴搅拌下，在装有 380mL 去离子水的三颈烧瓶内依次加入 4.87g $FeCl_3$、2.981 3g $FeCl_2 \cdot 4H_2O$ 和 20mL 25% 的氨水，溶液中有黑色沉淀形成。外加磁铁分离黑色沉淀，并用 500mL 去离子水洗涤多次，直至水的 pH 值为常数。然后，将磁性 Fe_3O_4 NPs 分散到 500mL 2mol/L 的硝酸溶液中，搅拌 2min，磁性分离，在烘箱中 50℃下烘干。

（四）氧化石墨烯（GO）的制备

氧化石墨烯根据 Hummers-Offeman 法以膨胀石墨为原料超声辅助下制备，具体过程如下。

将 10g 高锰酸钾和 5g 膨胀石墨粉末搅拌下均匀混合，冰水浴下加入到 500mL 的圆底烧瓶中。预冷到 0℃的 60mL 98% 的浓硫酸机械搅拌下缓慢加入上述混合物中，直到得到均一的墨绿色液体。撤除冰浴室温下（25℃）继续搅拌，混合物体积不断膨胀，直到形成泡沫状均一的糊状物。400mL 去离子水快速搅拌下缓慢加入到混合物中，然后加热至 90℃并保持 10min，得到均匀的暗黄色悬浊液。所有上述过程均在功率为 360W 的超声波清洗器的超声下进行。然后搅拌下加入 15mL 双氧水，悬浊液变为亮黄色。抽滤得到蛋糕状氧化石墨烯，40℃下真空干燥或制成氧化石墨烯水溶液备用。

（五）AFG 纳米吸附剂的合成

图 5-18 给出了 AFG 制备策略示意图。分别称取 25mg GO 和 0.25g Fe_3O_4 NPs，超声分散于 100mL 和 200mL 去离子水中。将上述所得两个悬浮液在剧烈搅拌下混合并继续搅拌 10min，得到棕色 GO/Fe_3O_4 沉淀，磁性分离并用去离子水洗涤 3 次。机械搅拌下将所得沉淀物重新分散到 300mL 去离子水中，缓慢加入 80mL 2.72mmol/L 钼酸铵溶液，继续搅拌 30min。然后在机械搅拌下加入浓度为 0.01mol/L 的浓磷酸溶液 1.13mL。最后，用浓硝酸将溶液的 pH 调节为 1.0，悬浮液颜色从棕褐色变为黄褐色。继续搅拌 1.5h，放置陈化 16h。用磁铁分离沉淀，并用去离子水洗涤多次，直至溶液颜色变为无色。最后，所得粉末（AFG）于 50℃ 下在烘箱中烘干。

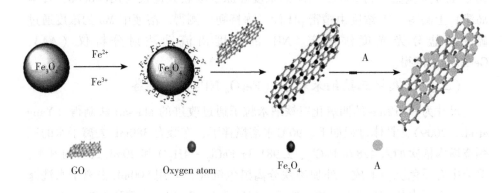

图 5-18　AFG 制备策略示意

（六）吸附实验

基于稳定性铯（Cs-133）与放射性铯具有同样的化学性质，吸附实验均由稳定性铯完成。在吸附等温线测定的实验中，通过配制不同浓度的氯化铯水溶液（如 25mg/L、50mg/L、75mg/L、100mg/L、125mg/L、150mg/L、200mg/L）。称取约 0.05g 制备的铯吸附剂（AFG）加入装有 30mL 铯污染水溶液的离心管中，并放在摇床上 200rpm 的转速下室温振荡 24h，然后磁性分离吸附剂与被吸附液，测定被吸附液中剩余的铯离子浓度，并采用下列公式计算相应的铯离子去除率（E）和平衡吸附容量（q_e）（Jang et al., 2016; Kobayashi et al., 2016）。

$$E(\%) = \frac{C_0 - C_e}{C_0} \times 100 \qquad (5-10)$$

$$q_e = \frac{V(C_0 - C_e)}{m} \tag{5-11}$$

其中，C_0 和 C_e 分别是被吸附液中 Cs$^+$ 初始浓度和平衡浓度（mg/L）；V 是被吸附液体积（L）；m 为干燥吸附剂的质量（g）。在吸附动力学实验中，设置 75mg/L 的铯污染水溶液，加入 0.05g 吸附剂，加入装有 30mL 铯污染水溶液（75mg/L）的离心管中，并放在摇床上 200rpm 的转速下室温振荡，在不同的时间取样（5min、10min、20min、30min、1h、2h、4h、6h、8h、12h、24h），磁性分离并分析溶液中铯离子的浓度。吸附剂的选择性在地表水、地下水和海水条件下测得，溶液中的 Cs$^+$ 浓度分别为：1mg/L、5mg/L、10mg/L 和 25mg/L。用于表征吸附剂 AFG 对 Cs$^+$ 亲和力的分配系数 K_d 由以下公式（5-12）求得（Manos et al.，2008）。

$$K_d = \frac{(C_0 - C_e)}{C_e} \cdot \frac{V}{M} \tag{5-12}$$

其中，C_0 和 C_e 分别是被吸附液中 Cs$^+$ 初始浓度和平衡浓度（mg/L）；V 是被吸附液体积（mL）；M 为干燥吸附剂的质量（g）。在 pH 的影响实验中，由浓硝酸和浓氢氧化钠溶液配制不同 pH 的溶液，设置 75mg/L 的不同 pH 铯污染水溶液，加入 0.05g 吸附剂，加入 50mL 的离心管中，并放在摇床上 200rpm 的转速下室温振荡吸附 24h，磁性分离并分析溶液中铯离子的浓度。设置 75mg/L 的铯污染水溶液（pH 值=7），加入 0.05g 吸附剂，加入 50mL 的离心管中，并放在摇床上 200rpm 的转速下分别在 273K、298K、323K 下振荡吸附 24h，磁性分离并分析溶液中铯离子的浓度（Crouthamel et al.，1954）。材料稳定性试验同样条件下获得，但吸附时间延长到 48h。样品中的铯离子浓度均由 Shimadzu 原子吸收分光光度计 AA-6300C 测得，每个样品设 3 个重复，其算术平均值用于结果计算。

三、结果与讨论

（一）AFG 的结构表征

首先利用扫描电子显微镜（SEM）和透射电子显微镜（TEM）对我们制备的纳米吸附剂 AFG 进行了形貌和结构的表征。图 5-19-a 和 5-19-b 分别给出了样品 AFG 的 SEM 和 TEM 图，图中显示了大量堆积到一起的纳米粒子。图 5-19-a 显示了大量不规则球状的纳米颗粒；从图 5-19-b 可以看出大量的纳米粒子锚定在氧化石墨烯纳米片的表面。图 5-20 AFG 粒径分布图可以看出，纳米颗粒的粒径在 5.35~30.56nm，平均粒径 15nm。结合 SEM 和 TEM 图可以看出，四氧化三铁和磷钼酸铵纳米粒子锚定在氧化石墨烯表面的技术有效减少了这些纳米粒子的聚集。

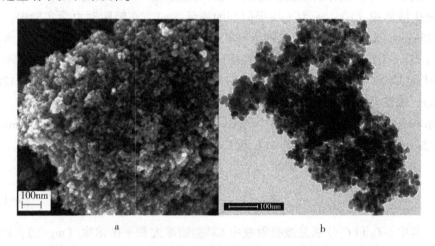

图 5-19 （a）AFG 扫描电子显微镜图，（b）AFG 透射电子显微镜图

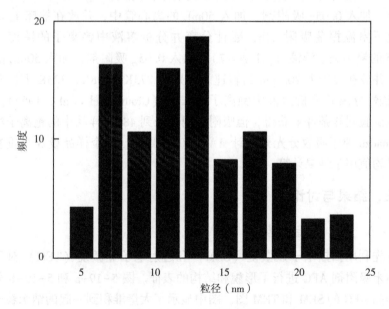

图 5-20 AFG 粒径分布

图 5-21 显示了 GO、A、Fe_3O_4 NPs 和 AFG 的傅里叶红外光谱图。复合材料 AFG 主要显示了磷钼酸铵 A 和四氧化三铁纳米粒子的特征光谱峰,相比而言氧化石墨烯 GO 表面被 A 和 Fe_3O_4 NPs 覆盖,且含量较低,光谱峰并不明显。氧化石墨烯的特征峰中仅仅 C-O(ν_{C-O} 在 1 052 cm^{-1} 和 1 274 cm^{-1})、C=C($\nu_{C=C}$ 在 1 615 cm^{-1})和 O-H(ν_{O-H} 在 3 382 cm^{-1})在 AFG 的 FTIR 光谱图中有所体现(Zaman et al., 2012)。在 570 cm^{-1} 左右出现的红外吸收峰印证了 AFG 中 Fe-O 的存在,证明了 Fe_3O_4 NPs 在复合材料 AFG 中的存在(Waldron et al., 1955)。位于 787 cm^{-1}、867 cm^{-1}、967 cm^{-1} 和 1 068 cm^{-1} 的 4 个尖锐的振动吸收峰分别对应着 Mo-O-Mo、Mo-O 和 P-O,表明了 $[P(Mo_{12}O_{40})]^{3-}$ 的形成(Rocchiccioli-Deltcheff et al., 1983)。位于 1 403 cm^{-1} 和 3 200 cm^{-1} 弯曲振动和伸缩振动吸收峰,对应着 N-H 的存在,进一步表明了复合材料中 NH_4^+ 的形成(Huang et al., 2015)。此外,在样品中我们还观察到了在 3 400 cm^{-1} 处的 O-H 伸缩振动模式和在 1 610 cm^{-1} 处的 H-O-H 弯曲振动模式,表明在样品分子中均有间隙水分子的存在(Itaya et al., 1986)。样品 GO、A、Fe_3O_4 NPs 和 AFG 的 X 射线衍射图谱(XRD)如图 5-22 所示。从图中可以看出:复合材料 AFG 的特征衍射峰与磷钼酸铵 A 的匹配良好(ICDD, PDF No. 09 - 0412)(Dermeche et al., 2009)。图 5-22 显示出 7 个强的尖锐衍射峰,2θ 角在 10.7°、15.1°、21.5°、26.5°、30.6°、36.1° 和 55.7° 处的峰分别对应于 Keggin 结构中的(110)、(200)、(220)、(222)、(400)、(332)和(550)晶面(Dermeche et al., 2009)。由于氧化石墨烯和 Fe_3O_4 纳米粒子均大部分被磷钼酸铵纳米晶体所覆盖,在复合材料 AFG 的 XRD 图谱中 GO 和 Fe_3O_4 纳米粒子的部分衍射峰不是很明显(Marcano et al., 2010)。

为了进一步证实所制备的新型纳米复合材料 AFG 的结构,我们测定了其 XPS 中的 C1s、N1s、O1s、Fe 2p、Mo 3d 和 P 2p 峰来表征复合材料的结构变化(图 5-23)。样品 AFG 的全光谱扫描中的 6 个尖峰(图 5-23-a)证实了碳、氮、氧、铁、磷和钼元素在 AFG 中的存在。为了进一步了解复合材料中元素的电子状态,我们测定了其高分辨去卷积谱。从图 5-23-b Fe 2p 的高分辨去卷积谱可以发现 Fe 2p$_{1/2}$(724.8 eV)和 Fe 2p$_{3/2}$(711.3 eV)的存在,表明四氧化三铁是这两种复合材料的组成成分之一(Chandra et al., 2010)。在 O 1s 高分辨去卷积谱中可以发现,AFG 比 A 增加了 Fe-O 和 O-C=O 两个峰。N 1s 去卷积谱中,AFG 的所有拟合峰能带值均有所增加。从 AFG 的 C 1s 去卷积谱中可以观察到位于 288.9 eV(O-C=O)、286.8 eV(C=O)、285.8 eV

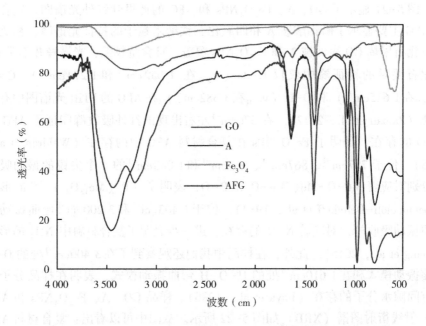

图 5-21　样品 GO、A、Fe$_3$O$_4$NPs 和 AFG 的傅里叶变换红外光谱图

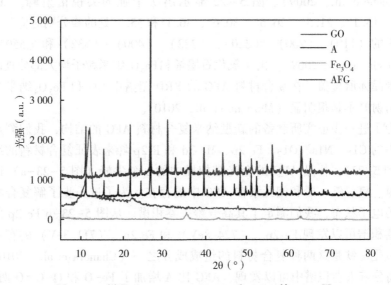

图 5-22　样品 GO、A、Fe$_3$O$_4$NPs 和 AFG 的 XRD 图

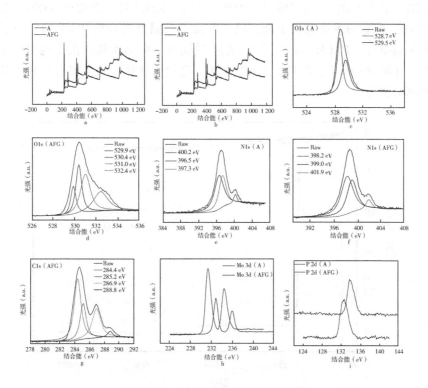

图 5-23　样品 A 和 AFG 的 XPS 图

（C-O），和 284.8eV（C＝C/C-C/C-H 芳环中）处的 4 个拟合峰，证实了
AFG 中氧化石墨烯的存在。从图 5-23-h Mo 3d（A）的去卷积谱可以观察到
在 234.4eV 和 231.2eV 处 Mo $3d_{5/2}$ 和 Mo $3d_{3/2}$ 的存在。可以看出，AFG 的合成
使得 Mo 3d 的去卷积谱发生了明显改变。在样品 AFG 中，Mo $3d_{5/2}$ 和 Mo $3d_{3/2}$
的能带分别移至 236.1eV 和 232.7eV。图 5-23-i 给出了样品 AFG 和 A 的 P 2p
去卷积谱，复合材料形成后 P 2p 能带从 132.4eV（A）移至 133.7eV（AFG）。
P 2p 的能带值并未随复合材料成分的改变而改变，而是保持常数，说明在复
合材料中 P 以 PO_4^{3-} 的形式存在，进一步证实了复合材料的结构（Nilchi
et al., 2012）。从 XPS 图谱的结果可以看出 AFG 已经被成功合成出来。

　　为了进一步证实纳米复合材料 AFG 的形成，我们利用热重分析仪在氧气
氛围中测试了样品 GO、A、Fe_3O_4NPs 和 AFG 的热重损失情况（图 5-24）。在
温度从 30℃ 上升到 850℃ 的过程中，样品 AFG 和 A 均出现了 3 个主要的质量
损失阶段：第一阶段，由于样品吸附水的蒸发，温度从 30℃ 上升到 250℃ 样品

重量损失了约 6.0%；第二阶段，由于 AMP 晶体的分解，温度在 400℃上升到 580℃时，样品的重量急剧下降；第三阶段，当温度上升到 710℃时，由于样品中 Keggin $\{[P(Mo_{12}O_{40})]^{3-}\}$ 结构的崩解，样品重量再次出现较快的质量损失（Nilchi et al., 2012）。这些重量变化的信息都显示了复合材料中各组分的成功制备。

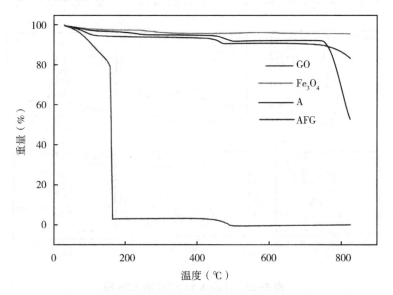

图 5-24 样品 GO、A、Fe₃O₄NPs 和 AFG 的热重分析（TGA）

能谱分析（EDS）能够快速提供样品表面 $1\sim2\mu m$ 深度元素含量，通常被用来对材料微区成分元素种类与含量进行分析。表 5-7 总结了样品 AFG 所含元素的组成及浓度，图 5-25 为样品 AFG 的 EDS 能谱图。结合图表中的各元素组成含量和样品的 TGA 曲线，我们计算了复合材料 AFG 中各组成成分的含量：23.21%（GO）、15.27%（Fe₃O₄）、61.52%（A）。

表 5-7 EDS 能谱分析测定的样品 AFG 的各元素含量

元素	重量百分数（%）	原子百分数（%）
C	12.27	25.26
N	3.03	5.35
O	34.91	53.96
Fe	11.05	4.89

（续表）

元素	重量百分数（%）	原子百分数（%）
Mo	37.75	9.73
P	1.01	0.80

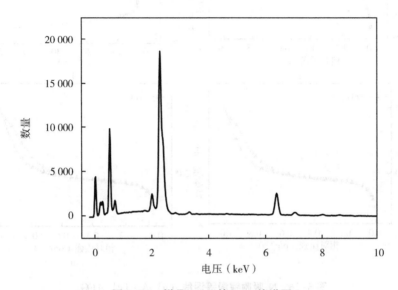

图 5-25 样品 AFG 的 EDS 能谱图

为了进一步解析复合材料的表面结构，我们通过 N_2 吸附解吸实验（77 K）测定了样品的 Brunauer-Emmett-Teller（BET）比表面和孔径分布（图 5-26）。材料 A 和 AFG 均表现出了经典的 IUPAC-Ⅳ型吸附行为，其 BET 比表面分别为 $11.35m^2/g$ 和 $173.37m^2/g$，BJH 吸附平均孔径(4V/A)分别为 2.72nm（A）和 7.57nm（AFG）。可以看出，复合材料的孔径分布范围较窄，位于 2~50nm 范围内，属于介孔材料的范畴。所制备复合材料孔径和表面结构的改变主要归因于 A/Fe_3O_4 和 A 纳米颗粒在氧化石墨烯纳米片上的均一分布。

（二）复合材料的吸附特性研究

吸附等温线描述了在一定温度下吸附质分子在吸附剂表面的吸附量关系曲线。图 5-27 列举了吸附剂的等温吸附实验数据，并利用著名的 Langmuir 和 Freundlich 等温吸附模型对吸附数据进行了分析（Langmuir et al., 1918；Fre-

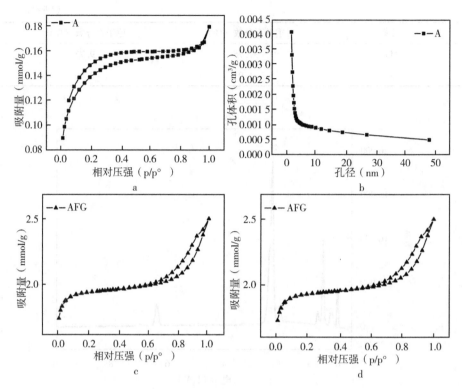

图5-26 N₂吸附解吸等温线（a）A、（c）AFG；
孔径分布曲线（b）A、（d）AFG

undlich et al.，1906）。Langmuir 和 Freundlich 等温吸附模型如下。

$$\frac{C_e}{q_e} = \frac{1}{Q_{max}b} + \frac{C_e}{Q_{max}} \tag{5-13}$$

其中，C_e 是被吸附液中 Cs^+ 平衡浓度（mg/L）；q_e 为单位质量吸附剂吸附的 Cs^+ 的质量（mg/g）；Q_m 为最大吸附能力（mg/g）；b 为吸附表面能（L/mg）有关的 Langmuir 常数。

$$\ln q_e = \ln K_F + \frac{1}{n}\ln C_e \tag{5-14}$$

其中，K_F 为 Freundlich 常数；n 是与吸附能力和吸附作用力有关的常数。吸附剂 AFG 的 Langmuir 和 Freundlich 等温吸附模型常数及其相关系数如表5-8所示。

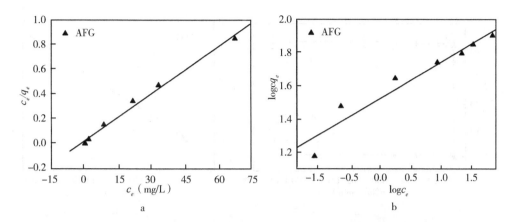

图 5-27　（a）Langmuir 吸附等温线（AFG），（b）Freundlich 吸附等温线（AFG）

表 5-8　Langmuir 和 Freundlich 等温吸附模型常数及其相关系数

	Langmuir			Freundlich		
	Q_{max} （mg/g）	b （L/mg）	R^2	K_F	n	R^2
AFG	82.710	0.403	0.990	32.885	4.505	0.928

实验结果表明，Langmuir 等温吸附模型拟合系数比 Freundlich 等温吸附模型高，说明 Langmuir 等温吸附模型与吸附数据能够更好地吻合，吸附剂表面被铯离子以单分子层形式吸附。从 Freundlich 等温吸附模型得出的 R^2 值大约为 0.928，说明非主导控制的多层吸附在 AFG-Cs$^+$ 吸附过程中也同时存在。根据 Langmuir 等温吸附模型拟合结果，吸附剂 AFG 对 Cs$^+$ 的 Q_{max} 值为 82.71mg/g（298 K），比吸附剂 SiO$_2$ - AMP - Cal - Alg、FC - Cu - EDASAMMS、SM - AMP、CoFC@ Silica - Py、CoFC @ Glass - Py 和 KNiHCF 高（Delchet et al.，2012；Shibata et al.，2016；Saha et al.，2016；Deng et al.，2016；Dwivedi et al.，2015），比沸石、K$_{2x}$Sn$_{4-x}$S$_{8-x}$（x = 0.65 - 1）和 K$_{2x}$Mg$_x$Sn$_{3-x}$S$_6$ 略低（Manos et al.，2009；Wang et al.，2016；Sarma et al.，2016）。Langmuir 等温吸附模型中较小的 b 值和 Freundlich 等温吸附模型中 n（4.505）>1 及较大的 K_F 值都表明吸附剂 AFG 和铯离子之间存在较强的作用力。

为了进一步了解吸附剂的吸附过程，测定了不同时刻单位质量吸附剂吸附吸附质的质量（图 5-28-a）。吸附剂 AFG 仅仅在 1.0min 内就实现了 88.83% 以上铯离子的吸附，并且在 10min 内快速达到吸附平衡，表现出了快速的吸附

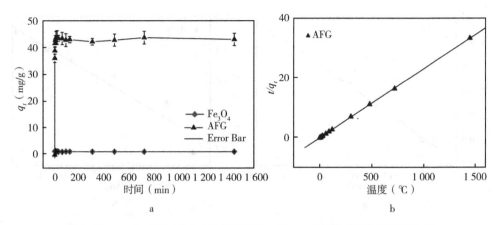

图 5-28 (a) AFG 对 Cs⁺的吸附过程,(b) AFG 对 Cs⁺的吸附动力学

动力学。吸附剂快速吸附动力学主要归因于 AFG 的介孔结构和大的比表面积（173.37m²/g）。从图 5-28-a 还可以看出，Fe_3O_4 纳米粒子对铯离子的吸附作用几乎可以忽略，并且在复合材料 AFG 的形成过程氧化石墨烯上的吸附位点被铁占据，复合材料 AFG 对铯离子的吸附主要归功于其中磷钼酸铵纳米晶体颗粒，所以复合材料对铯离子的吸附机理与单一的磷钼酸铵晶体相同。为了进一步解析其吸附动力学过程，我们利用基于假定化学吸附为决速步的准二级动力学方程对得到的动力学数据进行了分析（Blanchard et al., 1984）。准二级动力学公式可表示如下。

$$\frac{t}{q_t} = \frac{1}{k_2 \, q_e^2} + \frac{t}{q_e} \tag{5-15}$$

其中，q_e 为吸附平衡时的吸附容量（mg/g）；q_t 为 t 时间时铯离子的吸附量（mg/g）；k_2 [g/（mg·min）] 为准二级动力学常数。q_e 和 k_2 的值可由 t/q_t 对 t 作图时的斜率和截距求得。此外，最初的吸附速率 V_0 [mg/（g·min）] 通过以下公式计算。

$$V_0 = k_2 \, q_e^2 \tag{5-16}$$

铯离子在复合材料 AFG 上的吸附动力学曲线如图 5-28-b 所示；准二级动力学的速率常数及其相关系数见表 5-9。结果显示，t/q_t 与 t 呈线性关系，其相关系数 R^2 为 0.999，说明吸附剂 AFG 对铯离子的吸附为化学吸附为决速步的准二级动力学过程。其对铯离子的初始吸附速率 V_0 高达 200.00mg/（g·min），主要归因于吸附剂的均一介孔纳米结构。

表 5-9　准二级动力学的速率常数及其相关系数

	q_e (mg/g)	k_2 [g/ (mg·min)]	V_0 [mg/ (g·min)]	R^2
AFG（水）	43.478	0.106	200.000	0.999

环境的酸碱性是影响吸附剂吸附效率的关键因素，在实验中我们研究了吸附剂在 pH 值从 2（HNO$_3$）~12（NaOH）范围内吸附能力的变化（图 5-29）。结果显示，吸附剂的 q_t 值在 pH 值从 2~10 的过程中，基本保持不变；随着 pH 的进一步增加，q_t 值显著降低。说明吸附剂在中性、微碱性环境和强酸性环境中均具有良好的吸附能力，但在强碱性环境中倾向于分解，吸附能力明显下降。温度是影响吸附的重要环境因子之一，图 5-30 给出了不同温度下（273K、298K、323K）吸附剂 AFG 对铯离子的平衡吸附容量（q_t，mg/g），研究发现，吸附剂 AFG 的平衡吸附容量均随温度的升高而略有增加，说明吸附剂 AFG 在对 Cs$^+$ 的吸附为吸热过程，文中所制备的吸附剂具有较好的热稳定性，能够适应在一定范围内环境温度的变化。为了进一步了解吸附剂在复杂环境条件下对铯离子的选择性吸附能力，我们测定了其在高离子强度的自然水体（地表水、地下水、海水）中对铯离子的分配系数（Joshua et al., 2013）。结果显示，吸附剂 AFG 对铯离子具有很高的选择性，其分配系数 K_d 分布在 $3.757 \times 10^3 \sim 1.511 \times 10^5$（表 5-10），表明吸附剂 AFG 对铯离子具有很强的亲和力，自然水体中的高离子强度对铯离子的吸附没有大的影响。

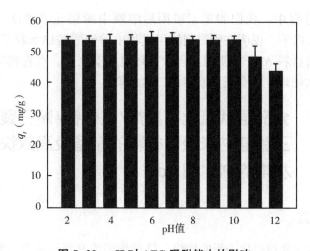

图 5-29　pH 对 AFG 吸附能力的影响

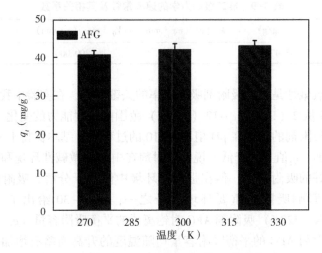

图 5-30　温度对 AFG 吸附能力的影响

表 5-10　AFG 在自然水体中对铯离子的分配系数 K_d

初始浓度（mg/L）	25	10	5	1
K_d（海水）	$1.589×10^4$	$1.802×10^4$	$1.300×10^4$	$3.757×10^3$
K_d（地下水）	$1.304×10^5$	$8.844×10^4$	$3.144×10^4$	$6.438×10^3$
K_d（地表水）	$1.511×10^5$	$9.978×10^4$	$4.219×10^4$	$7.533×10^3$

　　在吸附过程中，我们测定了吸附后溶液中的钼元素浓度，发现其均在 0.001mmol/L 以下，说明在吸附剂使用过程中磷钼酸铵纳米粒子未发生脱落，所制备的复合材料 AFG 在使用过程中对环境是安全的，可直接应用于放射性铯污染核废水处理，不会造成水体的二次污染。

第三节　介孔层状氧化石墨烯/氧化铁/聚三聚硫氰酸三钠盐纳米吸附材料的制备及高效快速去除水中的 Pb²⁺和 Cd²⁺

一、引言

　　随着工业化和城镇化进程的加快，越来越多的有毒污染物（重金属和有机污染物）被释放到环境中（Schwarzenbach et al.，2006）。与有机污染物不同，重金属一旦进入环境，很难被生物降解，由于他们的水溶性比较强，很容易经水循环从大气和土壤中进入水体（Lan et al., 2019）。水体中的重金属易在食物链中累积，并在动植物体内富集，最终通过人类对这些动植物的食用而进入人体（Xu et al., 2018; Bolisetty et al., 2016; Montgomery et al., 2007; Qiu et al., 2010; Mearns et al., 2014），导致人体的功能性器官、组织等失调，免疫力下降，诱发各种疾病，对人类的生命安全和生态环境构成了严重的威胁（Seyfferth et al., 2016; Mahmoud et al., 2016; Kim et al., 2012）。铅与可溶性铅盐都有毒，在环境中广泛存在，由于铅可以结合人体内的多种酶，从而严重干扰人体的肝脏、肾脏、生殖系统、造血系统和中枢神经系统等多方面的生理功能（ATSDR et al., 2007; Rui et al., 2019）；镉一旦进入人体，将很难排出体外，并在肝脏、肾脏和甲状腺等机体器官中累积，引起急性或慢性中毒，导致钙吸收发生紊乱，造成骨痛、骨头萎缩变形和骨质疏松等症状（Tinkov et al., 2018; Kaya et al., 2019）。因此，越来越多的科学家聚焦于从废水中移除铅和镉。传统的废水处理技术主要有：溶剂提取、絮凝沉积、离子交换和膜分离，但是这些方法很难从废水中将可溶性重金属完全移除（Sarma et al., 2018; Li et al., 2014）。人造吸附剂，尤其是纳米级吸附剂因其在铅和镉移除方面的突出表现而被寄予厚望。截至目前，大量用于铅和镉移除的人造纳米吸附剂被研发出来。比如：纳米金属氧化物（Cao et al., 2012）、硅基纳米材料（Cao et al., 2013）、钛硅酸盐沸石（Lv et al., 2007; Sanchez-Hernandez et al., 2018）、聚合物（Sall et al., 2018; He et al., 2017）、纳米碳材料（Zhou et al., 2015; Pan et al., 2018; Chen et al., 2008）、生物炭（Wan et al., 2018; Rasoul et al., 2018）和其他吸附剂（Pawar et al., 2018; Wang et al., 2018; Bhunia et al., 2018）。然而，大部分吸附剂或者生产工艺复杂，不适合大规模生产，或者生产成本太高不宜大量生产。因此，新型吸附剂的研发和吸附性能评价对人工吸附技术的发展尤其关键。

三聚硫氰酸三钠盐（$Na_3C_3N_3S_3$，TMT-15）是一种广泛用于废水中重金属去除的吸附剂，具有优异的重金属净化性能（Matlock et al., 2001; Li et al., 2016）。然而，TMT-15是水溶性的吸附剂，用于水处理后很难再生和循环利用。氧化石墨烯（graphene oxide，GO）是一种具有超大比表面积的碳纳米材料，具有丰富的含氧官能团，使得GO成为很有希望的重金属吸附剂（Wang et al., 2019; Yang et al., 2014）。尤其是磁性GO基纳米吸附剂因其高吸附性能和易于磁性回收而被广泛关注（Yang et al., 2018; Sherlala et al., 2018; Liang et al., 2019）。将Fe_3O_4纳米粒子（Fe_3O_4 NPs）锚定在GO表面，再在原位生长聚三聚硫氰酸三钠为以上问题的解决提供了有效的途径。

二、实验部分

(一) 氧化石墨烯 (GO) 的制备

氧化石墨烯根据 Hummers-Offeman 法以膨胀石墨为原料超声辅助下制备。具体过程如下。

将 10g 高锰酸钾和 5g 膨胀石墨粉末搅拌下均匀混合，冰水浴下加入到 500mL 的圆底烧瓶中。预冷到 0℃ 的 60mL 98% 的浓硫酸机械搅拌下缓慢加入上述混合物中，直到得到均一的墨绿色液体。撤除冰浴室温下 (25℃) 继续搅拌，混合物体积不断膨胀，直到形成泡沫状均一的糊状物。400mL 去离子水快速搅拌下缓慢加入到混合物中，然后加热至 90℃ 并保持 10min，得到均匀的暗黄色悬浊液。所有上述过程均在功率为 360W 的超声波清洗器的超声下进行。然后搅拌下加入 15mL 双氧水，悬浊液变为亮黄色。抽滤得到蛋糕状氧化石墨烯，40℃ 下真空干燥或制成氧化石墨烯水溶液备用。

(二) 四氧化三铁纳米粒子 (Fe_3O_4 NPs) 的制备

尺寸为 8~12nm 的四氧化三铁纳米粒子通过改进的 Massart 法制得。具体过程如下。90℃ 水浴搅拌下，在装有 380mL 去离子水的三颈烧瓶内依次加入 4.87g $FeCl_3$、2.981 3g $FeCl_2 \cdot 4H_2O$ 和 20mL 25% 的氨水，溶液中有黑色沉淀形成。外加磁铁分离黑色沉淀，并用 500mL 去离子水洗涤多次，直至水的 pH 值为常数。然后，将磁性 Fe_3O_4 NPs 分散到 500mL 2mol/L 的硝酸溶液中，搅拌 2min，磁性分离，在烘箱中 50℃ 下烘干。

(三) 介孔层状氧化石墨烯/氧化铁/聚三聚硫氰酸三钠盐 (GFP) 纳米吸附材料的制备

0.5g GO 超声分散于 300mL 水中，得到悬浮液 A；0.04mol NaOH 溶解到 50mL 水中，再加入 0.02mol 的 $Na_3C_3N_3S_3$ 搅拌溶解，得亮黄色溶液 B；剧烈搅拌下，将 A 和 B 混合，得悬浮液 C；将一定量的 Fe_3O_4 NPs 超声分散于 150mL 0.01mol/L 的硝酸中，磁性分离后重新分散于 150mL 水中，得悬浮液 D；机械搅拌下，将 D 缓慢加入 C 中，并继续搅拌 0.5h，得悬浮液 E；在 0℃ 环境中 (冰水混合物)，机械搅拌下，将 0.03mol 饱和 KI 的碘溶液逐滴加入悬浮液 E 中，并于室温下继续搅拌 12h，混合物颜色逐渐由棕色变为黑色。磁性分离得 GFP。Fe_3O_4 NPs 用量为 0.25g、0.5g 和 1.0g 时分别得到 GFP1、GFP2 和 GFP3。Fe_3O_4 NPs 用量为 0 时，GO 用量分别为 0g、0.25g、0.5g 和 1.0g 时，分别得到 P、GP1、GP2 和 GP3。

三、结果与讨论

首先利用扫描电子显微镜（SEM）和透射电子显微镜（TEM）对我们制备的样品进行了形貌和结构的表征。图 5-31 到图 5-32 给出了样品 P、GP1、GP2、GP3、GFP1、GFP2 和 GFP3 的 SEM、TEM 图，图中显示，样品为大量 200nm ~ 10μm 的微纳米粒子形成的无定型块状颗粒，GP 和 GFP 均表现出明显的层状结构和多孔结构，Fe_3O_4 纳米粒子被均匀地镶嵌其中。

图 5-31 SEM 图 （a）P、（b）GP1、（c）GP2、（d）GP3、
（e）GFP1、（f）GFP2 和 （g）GFP3

接下来我们用 X 射线衍射图谱（XRD）、傅里叶红外光谱（FT-IR）、X-射线光电子能谱（XPS）和比表面分析仪（BET）进一步表征了我们所制备材料的结构，结构见图 5-33 至图 5-37。图 5-33 显示出 7 个强的尖锐衍射峰，2θ 角在 30.2°、35.6°、43.3°、53.7°、57.3°、62.8° 和 74.9° 处的峰分别对应于 Keggin 结构中的 （220）、（311）、（400）、（422）、（511）、（440）和（533）晶面（JCPDS card No. 19 − 0629）（Zhang et al.，2010；Sun et al.，2011）。由于氧化石墨烯和 Fe_3O_4 纳米粒子均大部分被无定形聚合物所覆盖，在复合材料 GP 和 GFP 的 XRD 图谱中 GO 的部分衍射峰不是很明显（Marcano et al.，2010）。为了进一步证实所制备的新型纳米复合材料 AFG 的结构，我们测定了其 XPS 中的 S 2p、S 2s、C 1s、N 1s、O 1s 和 Fe 2p 峰来表征复合材料的结构变化。为了进一步了解复合材料中元素的电子状态，我们测定了其高分

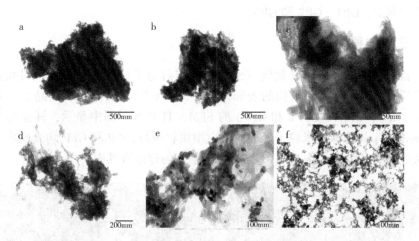

图5-32　TEM图（a）GP1、（b）GP2、（c）GP3、（d）GFP1、（e）GFP2和（f）GFP3

辨去卷积谱。从图 5 - 34 - b Fe 2p 的高分辨去卷积谱可以发现 Fe $2p_{1/2}$（724.8eV）和 Fe $2p_{3/2}$（711.3eV）的存在，表明四氧化三铁是这两种复合材料的组成成分之一（Chandra et al., 2010）。在 S 2p 高分辨去卷积谱中可以发现在 168.9eV、165.8eV、165.0eV 和 164.3eV 处 S $2p_{3/2}$ 和 S $2p_{1/2}$ 的存在（Mori et al., 2002）。N 1s 去卷积谱中可以观察到位于 399.4eV、400.2eV 和 404.0eV 处的 3 个拟合峰，证实了含氮芳环聚合物已经被成功合成出来（Gardella et al., 1986）。氧化石墨烯的特征峰中仅仅 C-O（ν_{C-O} 在 1 052cm^{-1} 和 1 274cm^{-1}）、C=C（$\nu_{C=C}$ 在 1615cm^{-1}）和 O-H（ν_{O-H} 在 3 382cm^{-1}）在 AFG 的 FTIR 光谱图中有所体现（Waldron et al., 1955）。在 570cm^{-1} 左右出现的红外吸收峰印证了 AFG 中 Fe-O 的存在，证明了 Fe_3O_4NPs 在复合材料 AFG 中的存在（Ko et al., 2017）。研究发现：GFP1、GFP2 和 GFP3 的 BET 比表面积分别为 133.3m^2/g、123.8m^2/g 和 103.3m^2/g；BJH 平均孔径（4V/A）分别为 12.3nm（GFP1）、11.6nm（GFP2）和 10.3nm（GFP3）；均为介孔材料。

（一）Pb^{2+}和 Cd^{2+}在 GFP2 上的吸附等温线模型与吸附机理

简单的吸附能力试验发现，3 种吸附剂的吸附能力大小为：GFP1＞GFP2＞GFP3，其中 GFP1 磁性很弱，回收困难，因此我们选取 GFP2 进一步研究其吸附特性。pH 是影响吸附效率的关键环境因素，基于此，我们研究了吸附剂在 pH 值 2（HNO$_3$）~7（NaOH）范围内吸附能力的变化（图5-38）。结果显示，在 pH 值从 2~6 的过程中，吸附剂的 q_t 值随着 pH 值的逐渐增大；

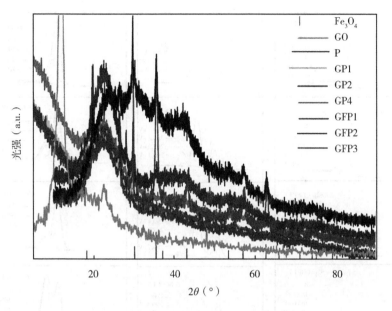

图 5-33　XRD 图：P、GP 和 GFP

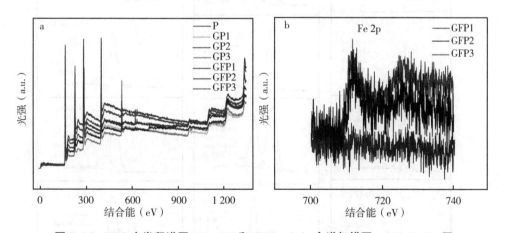

图 5-34　XPS 去卷积谱图：P、GP 和 GFP：（a）全谱扫描图，（b）Fe 2p 图

随着pH 值的进一步增加，q_t 值显著降低。因此其余的实验均在 pH 值 6 下进行。

　　吸附等温线是指在一定温度下溶质分子在两相界面上进行的吸附过程达到平衡时它们在两相中浓度之间的关系曲线。它能够为吸附剂的表面特性、吸附

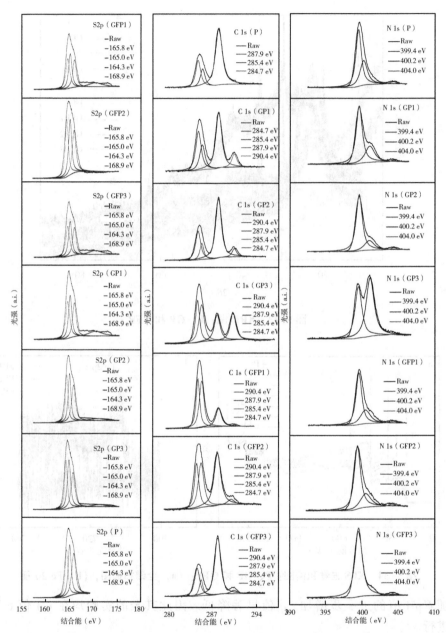

图 5-35　XPS 图：P、GP 和 GFP：S 2p spectra，C 1s spectra 和 N 1s spectra

剂对吸附质的亲和力以及吸附机理的揭示提供丰富的信息（Langmuir et al.,

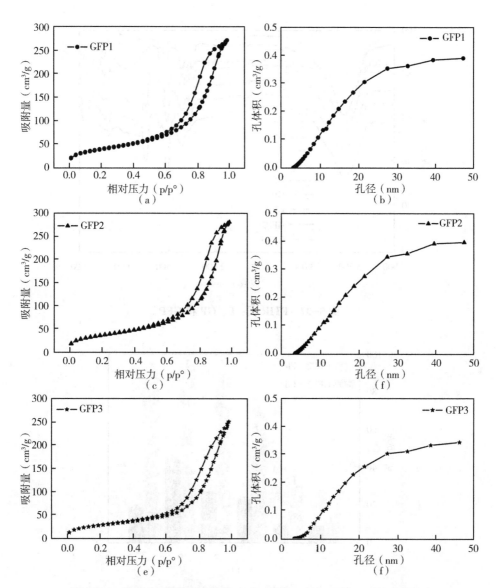

图 5-36 样品 N$_2$ 吸附解吸曲线 （a）GFP1、（c）GFP2、（e）GFP3；
样品孔径分布 （b）GFP1、（d）GFP2、（f）GFP3

1918；Freundlich et al.，1906）。在这项工作中我们研究了所制备的吸附剂 GFP2 对 Pb^{2+} 和 Cd^{2+} 的吸附等温线模型。本研究中不同 Pb^{2+} 和 Cd^{2+} 污染环境下的吸附均在室温（T＝298K）、pH 值＝6 水体中进行，吸附平衡时间均为

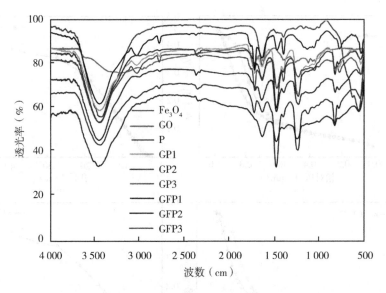

图 5-37　FTIR 图：P、GP 和 GFP

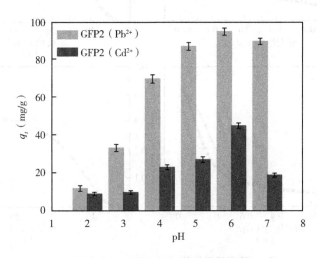

图 5-38　pH 值对吸附效率的影响

24h。为了确定与铯离子吸附特性相关的吸附参数，我们利用著名的 Langmuir 和 Freundlich 等温吸附模型对吸附数据进行了分析（图 5-39）。Langmuir 和 Freundlich 等温吸附模型如下。

$$\frac{C_e}{q_e} = \frac{1}{Q_{max}b} + \frac{C_e}{Q_{max}} \qquad (5-17)$$

其中，C_e 是被吸附液中 Cs^+ 平衡浓度（mg/L）；q_e 为单位质量吸附剂吸附的 Pb^{2+} 和 Cd^{2+} 的质量（mg/g）；Q_{max} 为最大吸附能力（mg/g）；b 为吸附表面能（L/mg）有关的 Langmuir 常数。

$$\ln q_e = \ln K_F + \frac{1}{n}\ln C_e \qquad (5-18)$$

其中，K_F 为 Freundlich 常数；n 是与吸附能力和吸附作用力有关的常数。吸附剂 GFP2 的 Langmuir 和 Freundlich 等温吸附模型常数及其相关系数如表5-11 所示。

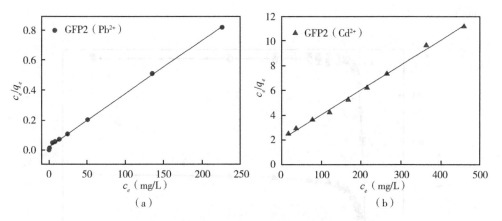

图5-39　Langmuir 吸附等温线

表5-11　Langmuir、Freundlich 模型常数

	Langmuir 等温模型			Freundlich 等温模型		
	Q_{max}（mg/g）	b（L/mg）	R^2	K_F	n	R^2
Pb^{2+}	277.78	0.182	0.998	70.778	3.446	0.954
Cd^{2+}	49.75	0.01	0.996	1.82	1.866	0.947

试验结果表明，Langmuir 等温吸附模型拟合系数比 Freundlich 等温吸附模型高，说明 Langmuir 等温吸附模型与吸附数据拟合更好，吸附剂表面被 Pb^{2+} 和 Cd^{2+} 以单分子层形式吸附。从 Freundlich 等温吸附模型得出的 R^2 值大约为

0.95，表明非主导控制的多层吸附在 GFP2 吸附 Pb^{2+} 和 Cd^{2+} 的过程中也同时存在。吸附剂对 Pb^{2+} 和 Cd^{2+} 的吸附机理主要为软硬酸碱理论（HSAB 原理），三聚硫氰酸三钠盐中的含 S、N 和 O 原子的官能团对 Pb^{2+} 和 Cd^{2+} 具有较强的亲和力（Yang et al., 2013；Bhaumik et al., 2013；Tahmasebi et al., 2015；Li et al., 2016）。

（二）Pb^{2+} 和 Cd^{2+} 在 GFP2 上的吸附过程与吸附动力学

为了评估吸附速率和达到吸附平衡的时间，图 5-40、图 5-41 显示了 Pb^{2+} 和 Cd^{2+} 在复合材料 GFP2 上的吸附过程和吸附动力学。图 5-40 显示，仅仅在 30min 内就实现了 80% 以上 Pb^{2+} 和 Cd^{2+} 的吸附，GFP2 表现出了快速的吸附动力学。吸附剂的快速吸附阶段发生在最初的 30min，并且在 2~3h 内快速达到吸附平衡。吸附剂快速吸附动力学主要归因于其介孔结构和大的比表面积。

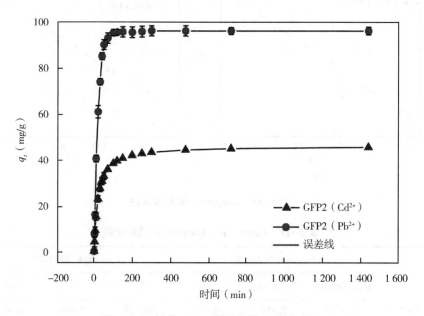

图 5-40 样品 GFP2 吸附特性：吸附过程

为了进一步了解其吸附动力学，我们利用基于假定化学吸附为决速步的准二级动力学方程对得到的动力学数据进行分析。准二级动力学公式可表示如下（Manos et al., 2008）。

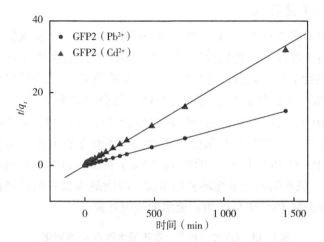

图 5-41　样品 GFP2 吸附特性：吸附动力学 t/q_t vs. t

$$\frac{t}{q_t} = \frac{1}{k_2 q_e^2} + \frac{t}{q_e} \tag{5-19}$$

其中，q_e 为吸附平衡时的吸附容量（mg/g）；q_t 为 t 时间时铯离子的吸附量（mg/g），k_2 [g/（mg·min）] 为准二级动力学常数。q_e 和 k_2 的值可由 t/q_t 对 t 作图时的斜率和截距求得。此外，最初的吸附速率 V_0 [mg/（g·min）] 通过以下公式计算（Joshua et al., 2013）。

$$V_0 = k_2 q_e^2 \tag{5-20}$$

Pb^{2+} 和 Cd^{2+} 在复合材料 GFP2 的吸附动力学曲线如图 5-41 所示；准二级动力学的速率常数及其相关系数见表 5-12。结果显示，t/q_t 与 t 呈线性关系，其相关系数 R^2 大于 0.99，说明 GFP2 对 Pb^{2+} 和 Cd^{2+} 的吸附为化学吸附为决速步的准二级动力学过程。吸附材料 GFP2 具有较高的初始吸附速率 V_0，主要归因于吸附剂的介孔结构特点（Lagadic et al., 2001）。

表 5-12　准二级动力学相关常数

	q_e（mg/g）	k_2 [g/（mg·min）]	V_0 [mg/（g·min）]	R^2
Pb^{2+}	97.09	0.0014	12.771	0.999
Cd^{2+}	46.08	1.1524	2.447	0.998

（三）离子选择性

重金属离子通常与 Na^+、K^+、Ca^{2+} 和 Mg^{2+} 共存，为了了解吸附剂在复杂环境条件下的离子选择性，我们设置了高离子强度的自然水体（地表水、地下水、海水）进行了相关试验，并计算了其分配系数 K_d。试验结果显示，吸附剂 GFP2 对 Pb^{2+} 和 Cd^{2+} 具有很高的选择性，其分配系数 K_d 为 Pb^{2+}（$2.551\times 10^4 \sim 2.582\times 10^5$）、$Cd^{2+}$（$4.362\times 10^4 \sim 6.842\times 10^5$）（表 5-13、表 5-14），吸附材料 GFP2 对 Pb^{2+} 和 Cd^{2+} 具有很强的亲和力，环境介质中其他共存阳离子基本不影响 GFP2 对 Pb^{2+} 和 Cd^{2+} 的吸附（Yang et al.，2014；Calderone et al.，2013）。此外，该吸附剂能够循环利用多次，吸附效果没有明显降低。该吸附剂有望用于重金属 Pb^{2+} 和 Cd^{2+} 污染废水的处理处置。

表 5-13　GFP2（Pb^{2+}）在不同水体中 K_d 的变化

初始浓度（mg/L）	25	10	5
K_d（地表水）	2.582×10^5	1.182×10^5	5.647×10^4
K_d（地下水）	1.375×10^5	1.054×10^5	3.812×10^4
K_d（海水）	1.002×10^5	3.976×10^4	2.551×10^4

表 5-14　GFP2（Cd^{2+}）在不同水体中 K_d 的变化

初始浓度（mg/L）	25	10	5
K_d（地表水）	6.842×10^5	3.058×10^5	1.026×10^5
K_d（地下水）	3.284×10^5	2.976×10^5	1.032×10^5
K_d（海水）	1.988×10^5	8.854×10^4	4.362×10^4

第四节　笼装纳米粒子的海藻酸钙微球的制备及 Cs^+ 净化应用（以 PB-mag/GO 为例）

一、引言

$Cs-137$ 和 $Cs-134$ 是典型的长半衰期放射性核素（$T_{1/2,\,Cs-137}=30$ 年；$T_{1/2,\,Cs-134}=2.06$ 年）（Avery，1996；Faustino et al.，2008）。它们主要通过 3 个途径进入我们的环境中：（1）核武器试验；（2）核反应堆及核燃料后处理

过程中不受约束控制的核废料排放；（3）突发性核安全事故的释放。一个小的失误可能会酿成大的环境污染灾难（Steinhauser et al.，2014；Parajuli et al.，2013；Hou et al.，2013）。在能源危机和环境污染日益加剧的今天，作为化石能源替代者的核能因其独特优势越来越受到众多国家的青睐。然而，核电站及核废料处理设备运转水冷却过程中会产生大量的放射性核素，其中放射性铯是核工业生产过程中核废料的主要成分（Abd El-Latif et al.，2010）。这些释放到水、空气和土壤中的放射性核素进入食物链会对动物和人体健康造成长期的威胁。因为放射性铯半衰期长、强的 γ 射线辐射、高的溶解和运移性，已经成为甲状腺癌的主要诱因。呼吸吸入、随食物口服和经表皮吸收是其造成人体内铯污染的主要途径，由于其高的水溶性，易于遍布全身分布，造成人体软组织损伤。铯离子是一种弱的路易斯酸，难以与配体形成化合物。此外，铯离子还与生物体中重要的 K^+ 同样具有细胞内的累积效应，更加剧了其毒性，甚至改变组织的内在结构，如核糖体等（Avery，1995），对子孙后代产生长期危害。

　　基于此，国内外的科学家针对放射性铯的净化做了大量的研究。无机纳米吸附剂由于具有超大的比表面、优良的辐射稳定性和环境相容性以及有利于固化处理等优势，显示出其在核污染处理，尤其是高放射性核废水处理中的巨大潜力（Joshua et al.，2013；Delchet et al.，2012；Sarina et al.，2014；Hu et al.，2012；Kaur et al.，2013；Chen et al.，2009；Wang et al.，2010）。近50年来，各国科学家对放射性铯的净化处理进行了大量研究，迄今所筛选出的放射性铯无机吸附剂有很多种。如：硅铝酸盐沸石（Komarneni et al.，1988）、硅钛酸盐（CST）（Celestian et al.，2007；Celestian et al.，2008）、硫族（氧属）化合物（Ding et al.，2010；Majidnia et al.，2015）、笼状钒硅酸盐（Datta et al.，2014）、磷钼酸铵（闫明等，2006；Yu et al.，2013）、碳纳米材料（Sun et al.，2013；Zhao et al.，2011）、普鲁士蓝类似物（Torad et al.，2012）等。我们研究采用四氧化三铁原位生长普鲁士蓝纳米晶的方法在室温下用环境友好试剂为原料制备了 PB/Fe_3O_4 和 $PB/Fe_3O_4/GO$ 两种可磁性回收的纳米复合材料吸附剂，并将它们用于水体中放射性铯的净化，取得了较好的效果（Yang et al.，2014）。纳米吸附剂尺寸小、比表面积高，在吸附领域展示了显著的优势；但也导致了其稳定性差，在热力学上倾向于聚集和烧结，很难将其直接应用于核污染处理中，特别是核污染土壤的处理。将纳米颗粒以某种形式与体相材料复合与组装，将其镶嵌（或锚定）在多孔体相材料中，既可防止纳米颗粒的聚集，充分发挥纳米吸附剂的超强吸附能力，又可方便吸附剂回收，拓展其应用领域。

　　海藻酸及其可溶性盐能够与多价金属离子发生胶凝反应形成凝胶，如与钙离子反应形成的海藻酸钙凝胶微球具有"鸡蛋箱"式的结构（图5-42）已被广泛用于生物、医学和环境处理等领域。

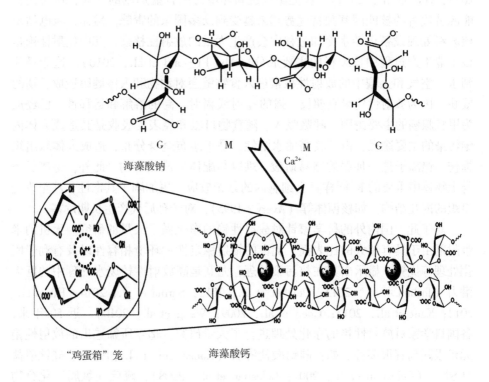

海藻酸钠

Ca²⁺

"鸡蛋箱"笼　　　　海藻酸钙

图5-42　水溶性的海藻酸钠形成水不溶性的海藻酸钙凝胶示意

本节工作中，我们以上一节中制备的 PB/Fe₃O₄ 和 PB/Fe₃O₄/GO 两种磁性纳米复合材料，以及海藻酸钠和氯化钙为原料，制备了适合装柱操作的笼装纳米粒子（PB/Fe₃O₄ 或 PB/Fe₃O₄/GO）的海藻酸钙微球（PFM 或 PFGM）；随后，我们利用 SEM、TEM、XRD、XPS、FTIR、TGA 等现代分析测试技术表征了两种微球的结构，研究了它们对铯离子的吸附特性，推断了其吸附机理，并将其用于水体和土壤中放射性铯的去除（图5-43）。

二、实验部分

（一）材料与试剂

无水氯化铁购自 Sinopharm 化学试剂公司（FeCl₃，97%）；Bay-carbonSP-

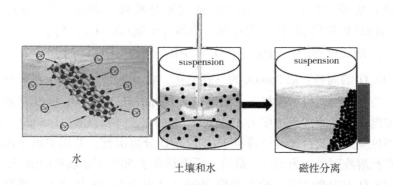

水　　　　　　　　土壤和水　　　　　　磁性分离

图 5-43　笼装纳米粒子的海藻酸钙微球用于净化水体和土壤中的铯

1 购自 Ito Kokuen 公司（Ito Kokuen Co., Ltd, Mieken, Japan）；亚铁氰化钾 $\{K_4[Fe(CN)_6]\cdot 3H_2O, 98\%\}$、四水合氯化亚铁（$FeCl_2\cdot 4H_2O$, 98%）、氯化铯（CsCl, 99%）、海藻酸钠、氯化钙、氯化镁、氯化钾、高锰酸钾、硝酸（HNO_3, 65%~68%）、氨水（$NH_3\cdot H_2O$, 25%~28%）、双氧水、浓硫酸、混合纤维素酯膜等均购自北京化工试剂厂（北京，中国）。化学试剂除有特别提及外均为分析纯，用前未做进一步纯化。模拟海水中各离子浓度分别为：Na^+（9.6g/L）、Mg^{2+}（1.28g/L）、Ca^{2+}（0.4g/L）、K^+（0.5g/L）。实验用去离子水为 Millipore Milli-Q Plus（美国 Millipore 公司）水处理系统纯化过的超纯水（电阻率均 > 18.3 MΩ/cm）。

（二）仪器

透射电子显微镜（TEM）照片在 Tecnai G2（FEI 公司）高分辨透射电镜上测试得到，加速电压为 200 KV，所有的样品均是将超声分散在水中的样品滴在涂有碳膜的铜网上。扫描电子显微镜（SEM）照片在 Hitachi S-3400N-Ⅱ扫描电镜上测试得到，加速电压为 25.0kV，时间为 60s。X 射线衍射图谱（XRD）采用 Cu-Kα（1.540 6Å）做射线源，在 Bruker d8 advance 衍射仪上测得。X 射线光电子能谱（XPS）在 ESCALAB-MKIIX 射线光电子能谱仪（VG Co., United Kingdom）上测得，Al 为激发源。傅里叶变换红外光谱（FTIR）在 Vertex 70 傅里叶变换红外光谱仪（Bruker）上进行，所有样品分析前均在 60℃下真空烘烤过夜。热重分析（TGA）数据在 TGA-2 热重分析仪（Perkin-Elmer，美国）上测得，在氮气氛围下温度以 10℃/min 从室温升到 950℃。Cd、Cu、Zn、Ni、Pb、Cr、Cs^+、K^+ 和 Fe 的浓度在原子吸收光谱仪

（AA-6800，日本岛津）上测得。H$^+$浓度由精密 pH 计（梅特勒）测得。土壤样品的总有机碳（TOC）在 vario EL Ⅲ 元素分析仪上测得（Elementar，德国）。土壤 pH 由精密 pH 计（梅特勒）测得（土壤/水 = 1 : 2.5）。

（三）纳米吸附剂（PB/Fe$_3$O$_4$ 和 PB/Fe$_3$O$_4$/GO）的制备

PB/Fe$_3$O$_4$ 的制备：取 250mL 的三颈烧瓶，将 0.3g Fe$_3$O$_4$ NPs 超声分散到 300mL 去离子水中。机械搅拌下，缓慢加入 100mL 56.8mmol/L FeCl$_3$ 溶液。然后在机械搅拌下逐滴加入浓度为 42.6mmol/L 的 K$_4$［Fe（CN）$_6$］50mL，溶液颜色由褐色变为深蓝色，继续搅拌 1h。用磁铁分离沉淀，并用去离子水洗涤多次，直至溶液颜色变为无色。最后，所得粉末于 50℃下在烘箱中烘干。

PB/Fe$_3$O$_4$/GO 的制备：分别称取 30mg GO 和 0.3g Fe$_3$O$_4$ NPs，超声分散于 50mL 和 300mL 去离子水中。剧烈搅拌下将上述所得两个悬浮液混合并继续搅拌 10min，得到棕色沉淀，磁性分离并用去离子水洗涤多次。将所得沉淀物重新分散到 300mL 去离子水中，机械搅拌下，缓慢加入 100mL 56.8mmol/L FeCl$_3$ 溶液。然后在机械搅拌下逐滴加入浓度为 42.6mmol/L 的 K$_4$［Fe（CN）$_6$］50mL，溶液颜色由褐色变为深蓝色，继续搅拌 1h。用磁铁分离沉淀，并用去离子水洗涤多次，直至溶液颜色变为无色。最后，所得粉末于 50℃下在烘箱中烘干。

（四）笼装 PB/Fe$_3$O$_4$/GO（或 PB/Fe$_3$O$_4$）海藻酸钙微球的制备

称取 3.5g 研细的 PB/Fe$_3$O$_4$（或 PB/Fe$_3$O$_4$/GO）粉末剧烈搅拌下加入到 87.5mL 2%（w/v）的海藻酸钠水溶液中，继续剧烈搅拌 20min。利用如图 5-44 所示自制的微球制备仪，机械搅拌下将 PB/Fe$_3$O$_4$（或 PB/Fe$_3$O$_4$/GO）-海藻酸钠悬浮液逐滴加入到 5% 的氯化钙（w/v）水溶液中，即可观察到由蓝灰色的微球形成 PFM（或 PFGM）（图 5-45）。改变喷嘴的径宽即可得到直径大小不同的微球。所得凝胶微球在母液中熟化 2h，磁性分离，用去离子水洗涤 3 次。后面实验中所用的微球通过两种不同的途径得到：（1）将微球置于烘箱中 50℃烘干，分别记作：PFMd 或 PFGMd；（2）将所得微球储存在 1%（w/v）的氯化钙水溶液中备用，分别记作：PFMw 或 PFGMw。此外，在实验中用作对照的 Fe$_3$O$_4$/GO-海藻酸钠微球和不加纳米粒子的海藻酸钙微球分别标记为 AFGM 和 M。

（五）吸附实验

1. 水体中的吸附实验

基于稳定性铯（Cs-133）与放射性铯具有同样的化学性质，吸附实验均由

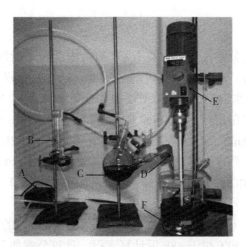

图 5-44　自制微球制备仪：（A）吹气泵、（B）转子流量计、（C）前驱体组分-
海藻酸钠胶体溶液、（D）喷嘴、（E）机械搅拌器、（F）CaCl$_2$溶液

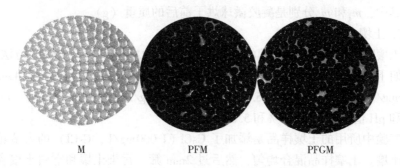

图 5-45　微球 M、PFM 和 PFGM 的照片

稳定性铯完成。吸附等温线测定的实验中，通过配制不同浓度的氯化铯水溶液
（如 25mg/L、50mg/L、75mg/L、100mg/L、125mg/L、150mg/L 和 200mg/L）。
称取约 0.05g 制备的铯吸附剂（PB/Fe$_3$O$_4$ 或 PB/Fe$_3$O$_4$/GO）加入装有 30mL 铯
污染水溶液的离心管中，并放在摇床上 200r/min 的转速下室温振荡 24h，然后磁
性分离吸附剂与被吸附液，测定被吸附液中剩余的铯离子浓度，并采用下列公
式计算相应的铯离子去除率（E）和平衡吸附容量（q_e）。

$$E(\%) = \frac{C_0 - C_e}{C_0} \times 100 \qquad (5-21)$$

$$q_e = \frac{V(C_0 - C_e)}{m} \qquad (5-22)$$

其中，C_0 和 C_e 分别是被吸附液中 Cs^+ 初始浓度和平衡浓度（mg/L）；V 是被吸附液体积（L）；m 为干燥吸附剂的质量（g）。吸附动力学实验中，设置 100mg/L 的铯污染水溶液，加入 0.05g 吸附剂，加入装有 30mL 铯污染水溶液的离心管中，并放在摇床上 200rpm 的转速下室温振荡，在不同的时间取样（5min、10min、20min、30min、1h、2h、4h、6h、8h、12h、24h），磁性分离并分析溶液中铯离子的浓度。样品中的铯离子浓度均由 Shimadzu 原子吸收分光光度计 AA-6300C 测得，每个样品设 3 个重复，其算术平均值用于结果计算。

微球的膨胀度（SD）是由 100 个储存在 1%（w/v）的氯化钙水溶液中的凝胶微球在烘箱中 50℃ 烘干 48h 后计算求得。计算公式如下。

$$SD = \frac{m_s - m_d}{m_d} \qquad (5-23)$$

其中，m_s 和 m_d 分别是凝胶微球烘干前后的质量（g）。

2. 土壤中的吸附实验

土壤吸附实验中所用土壤的背景值按照 USEPA（USEPA, 1996）方法测得，结果如下土壤中 Cd、Cu、Zn、Ni、Pb、Cr 和 Cs 的含量分别为 0.145mg/kg、17.76mg/kg、90.34mg/kg、25.83mg/kg、37.46mg/kg、96.80mg/kg 和 0mg/kg。TOC 和 pH 值分别为 11.05% 和 5.61。

实验中所用的土壤样品是添加了 CsCl（1 000mg/L，CsCl）的人造铯离子污染土壤。土壤样品混合均匀，然后过 2mm 筛。污染土壤和空白土壤含水量调整到 60%，并且平衡 30d。消解后测定人造污染土壤的铯离子浓度为 750mg/kg。

三、结果与讨论

（一）PB 基纳米复合材料及其海藻酸钙微球的结构表征

我们利用透射电子显微镜表征了纳米复合材料 PB/Fe₃O₄ 和 PB/Fe₃O₄/GO 的结构。图 5-46-a 显示了 PB/Fe₃O₄ 的 TEM 图，Fe_3O_4 磁性纳米粒子大小约为 10nm，而 PB/Fe₃O₄ 没有规则形状和均一尺寸。从图 5-46（b）和（d）可以看出，许多纳米颗粒不均一地锚定在氧化石墨烯片上，这些纳米粒子的平均粒径为 15nm（PB 包覆 Fe_3O_4 NPs）（图 5-46-c）。对比图 5-46-b 和图 5-46-a，我们能明显看出，原位锚定技术大大减少了纳米粒子的聚集，增加了分散性。

从冷冻干燥得到的微球 M、PFM 和 PFGM 的 SEM 图可以看出，这些微球具有相近的尺寸大小，直径为 2.9~3.1mm（图 5-47）。从微球的横截面可以看出，它们具有网孔状结构。从高分辨图（图 5-47-e 和 5-47-h）可以发现，这些网状结构高度交联形成了大量孔隙，大量的 PB/Fe$_3$O$_4$（或 PB/Fe$_3$O$_4$/GO）纳米粒子被封装在具有网状结构的海藻酸钙微球中。

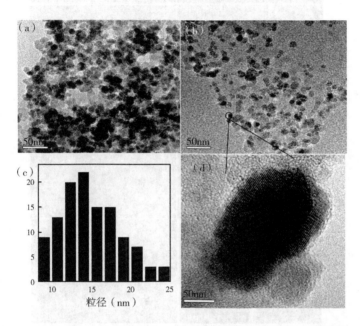

图 5-46　TEM 图：（a）PB/Fe$_3$O$_4$、（b）PB/Fe$_3$O$_4$/GO、（c）锚定在 GO 上的 PB/Fe$_3$O$_4$ NPs 的粒径分布图、（d）选定区域局部放大的 PB/Fe$_3$O$_4$ NPs

纳米粒子 PB/Fe$_3$O$_4$ 和 PB/Fe$_3$O$_4$/GO 的 XRD 图如图 5-48 所示。PB/Fe$_3$O$_4$ 的 XRD 图（图 5-48-a）中，2θ 角在 30.2°、35.6°、43.3°、53.7°、57.3°、62.8°和 74.9°处的 7 个峰分别对应于四氧化三铁立方晶体结构中的（220）、（311）、（400）、（422）、（511）、（440）和（533）7 个晶面，与晶胞常数为 $a=8.39$ Å（JCPDS 卡 No.19-0629）相符（Zhang et al.，2010；Sun et al.，2011）。Fe$_3$O$_4$ 纳米粒子被普鲁士蓝包覆后，在 2θ 角为 17.4°、24.8°、35.3°和 39.5°处出现了 4 个新的峰，与 JCPDS 卡 No.52-1907 的普鲁士蓝晶体的特征峰相符（Buuser et al.，1977）。由于样品 PB/Fe$_3$O$_4$/GO 中 GO 含量极低或被 PB-mag 包覆的缘故，GO 位于 10.4°的特征峰（Marcano et al.，2010）在样品

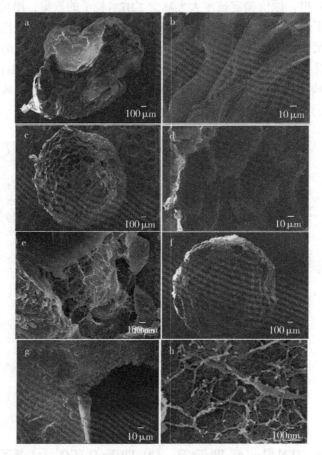

a: M; b: M内部放大图; c: PFM半球图; d、e: 不同
放大倍率的PFM内部放大图; f: PFGM半球图; g、h: 不同
放大倍率的PFGM内部放大图。

图5-47　微球SEM图

PB/Fe$_3$O$_4$/GO的XRD图中未被观察到（Xu et al.，2010）。

图5-49显示了样品PB、Fe$_3$O$_4$、GO、PB/Fe$_3$O$_4$、Fe$_3$O$_4$/GO、PB/Fe$_3$O$_4$/
GO、M、PFM和PFGM的FTIR图。图5-49（右）显示了GO的FTIR谱图，
其主要特征吸收峰有：O–H（ν_{O-H}在3 382cm^{-1}）、C＝O（$\nu_{C=O}$在1 733cm^{-1}）、
C＝C（$\nu_{C=C}$在1 615cm^{-1}）和C–O（ν_{C-O}在1 274cm^{-1}和1 052cm^{-1}）（Zhang
et al.，2010; Zhu et al.，2010; Sun et al.，2012）。Fe$_3$O$_4$/GO的FTIR中出现
了COO$^-$在1 408cm^{-1}处的对称伸缩振动吸收峰和1 560cm^{-1}处的不对称伸缩振

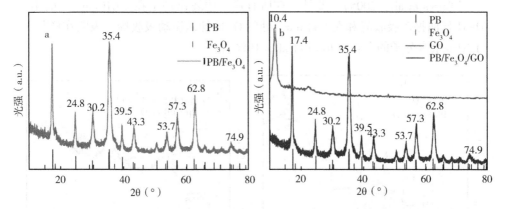

图 5-48　PB/Fe$_3$O$_4$（a）和 PB/Fe$_3$O$_4$/GO（b）的 XRD 图

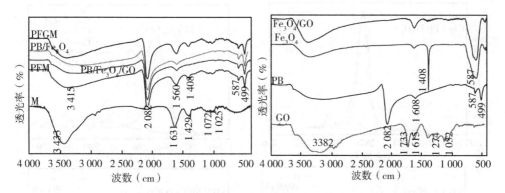

图 5-49　样品 PB、Fe$_3$O$_4$、GO、PB/Fe$_3$O$_4$、Fe$_3$O$_4$/GO、
PB/Fe$_3$O$_4$/GO、M、PFM 和 PFGM 的 FTIR 图

动吸收峰，说明 GO 表面的羧基基团与铁离子发生了配位（Ge et al.，2007）。比较 PB/Fe$_3$O$_4$ 和 PB/Fe$_3$O$_4$/GO 与 Fe$_3$O$_4$ 的 FTIR 图可以看出，官能团 $-C\equiv N-$ 在 2 082cm^{-1} 处的伸缩振动吸收峰（Wilde et al.，1970）和官能团 $Fe^{2+}-CN-Fe^{3+}$ 在 499cm^{-1} 处的伸缩振动吸收峰（Hu et al.，2012），表明 PB 晶体的成功形成。以上提及的特征吸收峰在 PFM 和 PFGM 的 FTIR 图中均可明显观察到。由于 GO 在样品 PB/Fe$_3$O$_4$/GO 中含量非常低，所以氧化石墨烯的红外特征吸收峰在样品 PB/Fe$_3$O$_4$/GO 中并未出现。对于 M 来说，特征吸收峰 O-H（ν_{O-H} 在 1 629cm^{-1}）、$C=O$（$\nu_{C=O}$ 在 1 631cm^{-1}）、C-OH（ν_{C-OH} 在 1 629cm^{-1}）和 OC-OH（ν_{OC-OH} 在 1 072cm^{-1} 和 1 025cm^{-1}），表明海藻酸钙凝胶微球已成功合

成（Torres et al.，2005）。此外，在所有样品中还出现了在1 610cm⁻¹处的H-O-H 弯曲振动吸收峰和在3 415cm⁻¹处的 O-H 伸缩振动吸收峰，表明在样品分子中多余水分子的存在（Itaya et al.，1986）。

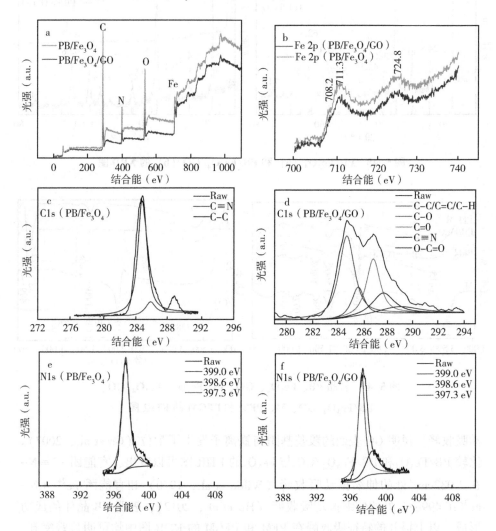

a. 全谱；b. Fe 2p 信号峰；c. PB/Fe₃O₄的 C1s 去卷积谱；d. PB/Fe₃O₄/GO 的 C1s 去卷积谱；e. PB/Fe₃O₄的 N1s 去卷积谱；f. PB/Fe₃O₄/GO 的 N1s 去卷积谱。

图 5-50　PB/Fe₃O₄和 PB/Fe₃O₄/GO 的 XPS 图

我们通过 XPS 对纳米复合材料 PB/Fe₃O₄和 PB/Fe₃O₄/GO 中的元素进行了

分析（图 5-50）。图 5-50-a 全光谱扫描中的 4 个尖峰说明了碳、氧、氮和铁元素在两种多元复合材料中的存在。为进一步分析复合材料中元素的价态和电子状态，我们研究了它们的高分辨去卷积谱。从图 5-50-b Fe 2p 的去卷积谱可以发现 Fe $2p_{3/2}$（711.3eV）和 Fe $2p_{1/2}$（724.8eV）的存在，表明在这两种多元复合材料中确实存在四氧化三铁（Chandra et al., 2010）；在 708.3eV 处的峰为 [Fe(CN)$_6$]$^{4-}$ 的 Fe $2p_{3/2}$ 峰。图 5-50-c 显示了 PB/Fe$_3$O$_4$ 的 C1s 峰的去卷积谱，可以发现 C≡N（285.8eV）和 C-C（284.8eV）的存在，证明了普鲁士蓝晶体的成功合成。图 5-50-d 显示了 PB/Fe$_3$O$_4$/GO 的 C1s 峰的去卷积谱，可以看出 GO 中 4 种不同类型的碳键的存在，C=C/C-C/C-H（284.7eV）、C-O（285.6eV）、C=O（286.8eV）、C≡N（287.6eV）和 O-C=O（288.9eV），表明 PB/Fe$_3$O$_4$/GO 中氧化石墨烯确实存在。从 N1s 去卷积谱（图 5-50-e、图 5-50-f）可以看出 3 种类型 C≡N 的存在（399.0eV、398.6eV、397.3eV），表明复合材料 PB/Fe$_3$O$_4$ 和 PB/Fe$_3$O$_4$/GO 中存在 [Fe(CN)$_6$]$^{4-}$（Cao et al., 2010）。结合 Fe 2p 和 N1s 的 XPS 信号峰可以证实多元复合材料中普鲁士蓝的存在。

为了进一步证实 7 种复合材料的成功制备，我们通过热重分析仪（TGA）在氧气氛围中测试了样品的热重损失情况（图 5-51）。由于样品中水分的存在，在 150℃以下，所有样品都出现了较缓慢的重量损失。在温度上升到 200℃左右时，样品 PB/Fe$_3$O$_4$ 和 PB/Fe$_3$O$_4$/GO 的重量分别显示出了缓慢下降和急剧下降，这主要是两个样品中 PB 晶格水分子的蒸发和样品 PB/Fe$_3$O$_4$/GO 中 GO 表面含氧官能团剥离所导致的（McAllister et al., 2007）。温度从

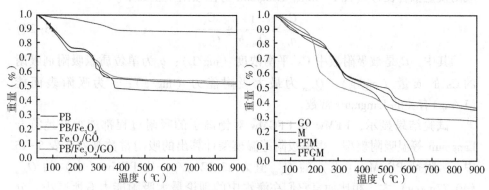

图 5-51　样品 PB、GO、PB/Fe$_3$O$_4$、Fe$_3$O$_4$/GO、

PB/Fe$_3$O$_4$/GO、M、PFM 和 PFGM 的 TGA 图

300℃上升到550℃，由于氧化石墨烯的燃烧和氰根基团的分解（Her et al.，2010），样品 PB/Fe₃O₄/GO 出现了比 PB/Fe₃O₄ 更明显的重量损失。温度进一步升高到950℃时，复合材料中的碳骨架高温分解（Yang et al.，2009），同时 Fe_3O_4 在氧气中被氧化成 Fe_2O_3，PB/Fe₃O₄/GO 的重量损失仍比较明显。样品 PFM 和 PFGM 的热重分析曲线呈现出其各组分的热重曲线变化特性。热重分析的数据结合合成过程中各原料的含量，我们估算了两种微球中各组分的含量，如下所示。

PFM：27.1%（Fe_3O_4）、39.6%（PB）、33.3%（calcium alginate）；

PFGM：1.1%（GO）、26.0%（Fe_3O_4）、39.6%（PB）、33.3%（calcium alginate）。

（二）Cs⁺ 在 PFM 和 PFGM 上的吸附等温线模型

吸附等温线反映的是在一定条件下，达到吸附平衡时，单位质量吸附剂所吸附的被吸附物的质量（q_e，mg/g）与被吸附物浓度（C_e，mg/L）之间的关系。它可以提供表面特性，吸附剂与被吸附物之间亲和力以及吸附机理等相关的信息（Foo et al.，2010；Vijayakumar et al.，2010）。

在 pH 值为7、吸附时间为24h、室温条件下，我们考察了不同铯离子初始浓度的下吸附平衡，并依照两个著名的等温吸附模型——Langmuir 等温吸附模型和 Freundlich 等温吸附模型，对吸附数据分别进行了分析（Langmuir，1918；Freundlich，1906）。等温吸附模型用来描述单分子层吸附，假定吸附表面是均一的，并且在吸附表面上没有吸附质的迁移。结果发现，Langmuir 等温吸附模型拟合良好（图5-52）。Langmuir 等温吸附模型如下。

$$\frac{C_e}{q_e} = \frac{1}{Q_{max}b} + \frac{C_e}{Q_{max}} \qquad (5-24)$$

其中，C_e 是被吸附液中 Cs⁺ 平衡浓度（mg/L）；q_e 为单位质量吸附剂吸附的 Cs⁺ 的质量（mg/g）；Q_{max} 为最大吸附能力（mg/g）；b 为吸附表面能（L/mg）有关的 Langmuir 常数。

试验结果显示，PFMw 和 PFGMw 对铯离子的吸附过程都能很好地符合 Langmuir 等温吸附模型。根据吸附等温模型计算出的吸附常数被列在表5-15中。吸附剂 PFGMw（水）的 Q_{max} 值为43.52mg/g，比 PFMw（水）的 Q_{max}（40.77mg/g）大；相比而言它们在海水中的理论最大吸附能力有所减小，分别为38.74mg/g 和37.37mg/g。

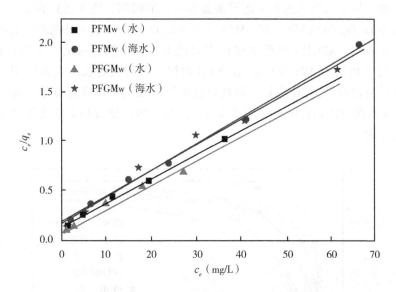

图 5-52　PFMw 和 PFGMwLangmuir 吸附等温线

表 5-15　Langmuir 常数和其相关系数

	Q_{max}（mg/g）	b（L/mg）	R^2
PFMw（水）	40.766	0.176	0.997
PFMw（海水）	37.369	0.150	0.997
PFGMw（水）	43.516	0.219	0.980
PFGMw（海水）	38.745	0.130	0.982

（三）Cs^+ 在 PFM 和 PFGM 上的吸附过程与吸附动力学

图 5-53 描述了吸附剂 PFM、PFGM 和 AFGM 干态和湿态在不同时间间隔、在水和海水中对铯离子的吸附过程。结果表明，干态和湿态微球对 Cs^+ 的吸附过程有着显著的不同。湿态的 PFMw 和 PFGMw 达到吸附平衡需要 10h，而干态的 PFMd 和 PFGMd 则需要 24h 以上；快速吸附阶段湿态微球出现在 0～30min，而干态微球出现在 0～700min；说明烘干过程使微球对铯离子的吸附速率变慢了。这主要是因为烘干前后微球的直径从 2.9～3.1mm 缩小到 1.2～1.3mm，体积减少了近 90%，微球的膨胀度（SD）达到了 88.78g/g。这使得烘干后离子在微球内的扩散阻力增加，与湿态微球（PFMw 和 PFGMw）内大量孔道的多孔结构相比（图 5-47），目标吸附离子达到活性吸附位点所需要的

时间增加，使干态微球达到吸附平衡需要更长的时间。图 5-53 还给出了海藻酸钙笼装 Fe_3O_4/GO 微球（AFGMd）在不同时间间隔在水中对铯离子的吸附过程，结果表明，AFGMd 在整个过程中对铯离子几乎没有吸附。可以推断出，体相吸附剂 PFM 和 PFGM 中的组分 PB 对铯离子的吸附起决定性作用。从这个结果还可以看出，GO 在复合材料对铯离子的吸附中也没有贡献，这可能是因为 GO 表面的富余价键与铁原子等发生配位，因此没有剩余的化学位与铯离子发生作用。

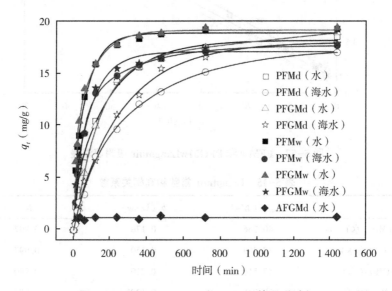

图 5-53　PFM、PFGM 和 AFGM 的吸附过程

我们利用基于假定化学吸附为决速步的准二级动力学方程对得到的动力学数据进行分析（Hameed et al., 2008；Vijayakumar et al., 2010）。准二级动力学公式可表示如下。

$$\frac{t}{q_t} = \frac{1}{k_2 q_e^2} + \frac{t}{q_e} \qquad (5-25)$$

其中，q_e 为吸附平衡时的吸附容量（mg/g）；q_t 为 t 时间时铯离子的吸附量（mg/g），k_2 [g/（mg·min）] 为准二级动力学常数。q_e 和 k_2 的值可由 t/q_t 对 t 作图时的斜率和截距求得。此外，最初的吸附速率 V_0 [mg/（g·min）] 通过以下公式计算。

$$V_0 = k_2 q_e^2 \qquad (5-26)$$

　　动力学曲线如图 5-54 所示；k_2、q_e、V_0 和 R^2 的数值见表 5-16。结果显示，t/q_t 与 t 呈线性关系，其相关系数 R^2 均大于 0.96，说明 PFM 和 PFGM 对铯离子的吸附符合准二级动力学模型。无论是在水中还是海水中，最初的吸附速率 PFGM 均比 PFM 高，湿态微球总高于干态微球，这与它们的微观纳米结构相符。因此，后续实验我们都用湿态微球进行。

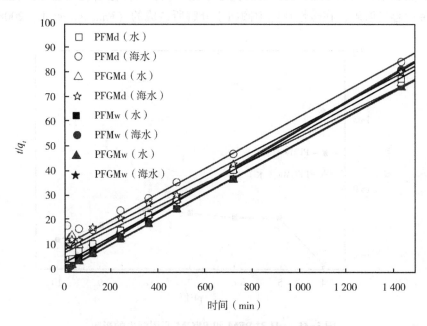

图 5-54　PFM 和 PFGM 的吸附动力学

表 5-16　准二级动力学常数及其相关系数

	q_e (mg/g)	k_2 [g/ (mg·min)]	V_0 [mg/ (g·min)]	R^2
PFMd（水）	19.305	0.000 68	0.253	0.996
PFMd（海水）	19.342	0.000 25	0.092	0.964
PFGMd（水）	21.505	0.000 27	0.124	0.967
PFGMd（海水）	20.284	0.000 26	0.109	0.976
PFMw（水）	19.608	0.002 10	0.807	0.999
PFMw（海水）	18.149	0.001 18	0.389	0.999
PFGMw（水）	19.646	0.002 37	0.913	0.999
PFGMw（海水）	18.218	0.001 39	0.462	0.999

（四）pH、温度和共存离子的影响

我们研究了 pH 值 4（HNO$_3$）~10（NaOH）范围内，酸碱度对吸附剂吸附特性的影响（图 5-55）。结果表明，两种吸附剂的 q_t 值随着 pH 值的增大，均呈现先增大后降低再增大再降低的趋势，并在 pH 值为 8 时，达到最大吸附值。实验结果与 Faustino 以前的研究结果相一致，可能是普鲁士蓝晶体在酸性环境中容易溶解，在碱性环境中倾向于分解所造成的（Faustino et al., 2008）。

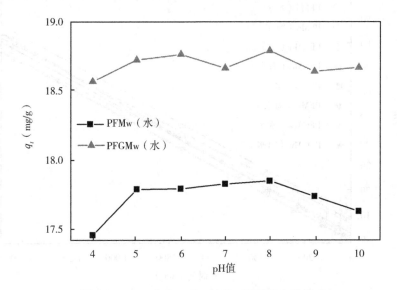

图 5-55 pH 对 PFM 和 PFGM 吸附能力的影响

我们研究了不同温度（273K、298K、323K）下吸附剂对铯离子的平衡吸附容量（q_t，mg/g）的变化（图 5-56）。结果显示，吸附剂 PFM 和 PFGM 的 q_t 随温度的升高而增加，说明所制备的两种吸附剂均具有良好的热稳定性，吸附剂对铯离子的吸附过程是吸热过程，升高温度有利于吸附的进行。

核废水中，铯离子通常与 Na$^+$、Mg^{2+}、Ca^{2+}、K$^+$ 等其他大量离子共存，部分离子的浓度甚至达到 Cs$^+$ 浓度的几百乃至几千倍。能否在这样复杂的环境中选择性去除放射性铯是对吸附剂吸附性能的严峻考验。文中，我们研究了 PFM 和 PFGM 对铯离子的选择性。利用下面公式对分配系数进行计算。

$$K_d = \frac{(C_0 - C_e)}{C_e} \cdot \frac{V}{M} \tag{5-27}$$

其中，C_0 和 C_e 分别是被吸附液中 Cs$^+$ 初始浓度和平衡浓度（mg/L）；V 是

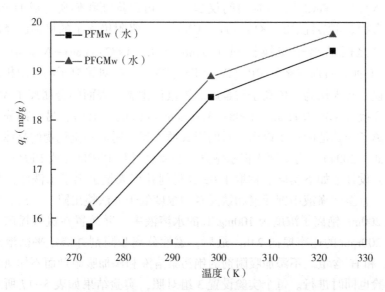

图 5-56　温度对 PFM 和 PFGM 吸附能力的影响

被吸附液体积（mL）；M 为干燥吸附剂的质量（g）；K_d 为分配系数。K_d 值越大，表明目标金属离子与吸附剂之间的亲和力越大。一般来说，K_d 值在 5 000 及以上，说明吸附剂对目标金属离子具有良好的选择性，而如果 K_d 值超过 50 000，表明吸附剂对目标金属离子的选择性近乎完美（Sangvanich et al.，2010；Joshua et al.，2013）。在中性条件下，当 $C_0 = 10mg/L$、$V/M = 400mL/g$ 时，吸附剂 PFGM 和 PFM 的 K_d 值分别为 $4.87×10^4mL/g$ 和 $2.43×10^4mL/g$。这个结果表明，即使常见阳离子（如 Na^+、Mg^{2+}、Ca^{2+} 和 K^+）的浓度大大超过了环境中铯离子的浓度，并不影响微球吸附剂对铯离子的吸附。

吸附实验进行的过程中，我们测定了吸附后溶液中的铁元素浓度，发现其均在 0.001mmol/L 以下，并且在整个过程中未出现微球破裂的现象，说明所制备的微球在使用过程中对环境是安全的。

（五）吸附机理

普鲁士蓝为六面立（正）方结构。Fe^{II}、Fe^{III} 离子交替占据顶点位置，氰基（CN^-）作为立（正）方的各条棱连结处于顶点的铁离子，CN^- 中的 N 原子与 Fe^{III} 配位、C 原子与 Fe^{II} 离子配位（Itaya et al.，1982；Ding et al.，2009）。PB 从制备上可以分为可溶性的 PB 和难溶性的 PB，在本文中分被标记为 KFe[Fe（CN）$_6$] 和 Fe_4[Fe（CN）$_6$]$_3$。在这里我们合成 PB 的原料比为 3 : 2 {K_4

[Fe（CN）$_6$]：FeCl$_3$}，反应时间仅 30min，可以推断我们所合成的 PB 为两者的混合物。可溶性 PB {KFe [Fe（CN）$_6$]} 吸附铯离子的机理已经确定为 K$^+$ 与 Cs$^+$ 之间的离子交换机理（Lehto et al.，1987；Loos-Neskovic et al.，2004）。然而，目前难溶性 PB {Fe$_4$ [Fe（CN）$_6$]$_3$} 对铯离子的吸附机理仍然存在争议。有人认为，铯离子与金属亚铁氰化物晶体表面的金属离子 M^{2+} 发生了离子交换（Ayrault et al.，1998；Avramenko et al.，2011）；另一部分人则认为，铯离子与其他阴离子以离子对的形式插入到金属亚铁氰化物的晶体孔穴中（Ca et al.，2004）。为了深入揭示铯离子在复合材料 PFGM（或 PFM）上的吸附机理，设计了如下实验。称取 1.0g 吸附剂并用大量去离子水洗涤，外加磁铁分离，直至洗涤液中钾元素和铁元素的浓度低于方法检出限。然后，将吸附剂浸入 200mL 铯离子浓度为 100mg/L 的水溶液中，并放置在机械摇床上，室温下以 200rpm 的速率振摇 24h。最后，磁性分离吸附剂并测定平衡溶液中的 Cs$^+$、K$^+$ 和 H$^+$ 含量。不添加吸附剂的铯污染溶液和添加吸附剂而不加氯化铯的对照实验也同时进行。每个实验设置 3 组对照，实验结果如表 5-17 所示。实验结果显示，吸附前后溶液中的 Fe 元素的数量（mmol）没有发生变化，说明复合材料与铯离子之间不存在 Fe^{2+} 与 Cs$^+$ 之间的离子交换；溶液中 K$^+$ 浓度增加，说明确实存在 Cs$^+$ 与 K$^+$ 之间的离子交换；溶液中 H$^+$ 浓度的增加值远大于 Cs$^+$ 浓度的减小值。结合前人的研究结论，可以得出所制备纳米复合材料 PFGM（或 PFM）对 Cs$^+$ 的吸附机理为化学吸附（K$^+$/H$^+$-离子交换）与物理吸附（Cs$^+$ 笼装）的联合吸附机理。

表 5-17　吸附前后各元素的量（mmol）的变化

材料	$\triangle_d Cs^+$	$\triangle_i H^+$	$\triangle_i K^+$	$\triangle Fe$
PFM	0.105 1	0.267 2	0.043 2	0
PFGM	0.144 7	0.322 7	0.057 7	0

注：d 表示减少，i 表示增加。

（六）微球在铯污染土壤修复中的应用

目前，用于重金属污染土壤修复的技术主要有：挖掘收集法、土壤原位固化法、电动修复法和植物修复法等。这些方法有的成本高难以大规模应用，有的周期长见效慢，有的难以从根本上消除污染，开发一种新的高效污染土壤治理技术是环境修复领域人们关注的焦点之一。

本节中，我们研究了磁性微球对铯污染土壤的修复。详细实验设计如下。

称取 2.0g 铯污染土壤，加入到 50mL 离心管中，再加入 20mL 去离子水；分别称取 0.05g、0.10g、0.15g（干重）制备的 PB 基磁性微球（PFM 或 PFGM）加入到相应的离心管中，并放在摇床上 200rpm 的转速下室温振荡 24h，磁性分离吸附剂并将土壤悬浮液置于烘箱中 50℃烘干分析土壤中剩余铯离子的浓度。样品中的铯离子浓度均由 Shimadzu 原子吸收分光光度计 AA-6300C 测得，每个样品设 3 个重复，其算术平均值用于计算土壤样品中铯离子的去除率（E）。实验结果如表 5-18 所示，可以看出，由于 Cs^+ 在水中的高溶解性，以水作为中介，用磁性微球吸附土壤中的铯离子，能够取得较好的净化效果，并且土壤的物理特性不会受到影响。与水体中相似，对铯污染土壤的净化效果 PFGM 显著好于 PFM。此外，我们能够利用简单的外加磁场实现吸附剂微球与土壤悬浮液的分离，这能够从根本上减少土壤中的污染物而不对土壤产生损害；另外，这种方法还能够降低土壤修复成本，缩短土壤修复时间。如果联合植物修复等其他修复技术，将能够实现铯污染土壤的彻底修复。

表 5-18　PB 基微球对污染土壤中铯的去除率

吸附剂量	0.05g	0.10g	0.15g
E（%，PFM）	64.24	74.49	86.35
E（%，PFGM）	69.06	80.00	88.92

参考文献

ABDEL-KARIM A M, ZAKI A A, ELWAN W, et al., 2016. Experimental and modeling investigations of cesium and strontium adsorption onto clay of radioactive waste disposal [J]. Appl. Clay Sci. 132-133: 391-401.

AKHAVAN O, GHADERI E, 2010. Toxicity of graphene and graphene oxide nanowalls against bacteria [J]. ACS Nano, 4: 5731-5736.

ANONYMOUS, 1710. Miscellanea berolinensia ad incrementum scientiarum [M]. 1: 377-378.

ATSDR, 2007. Toxilogical profile for lead; U. S. Department of health and human services [M]. Public Health Services: Atlanta, GA.

AVRAMENKO V, BRATSKAYA S, ZHELEZNOV V, et al., 2011. Colloid stable sorbents for cesium removal: preparation and application of latex particles functionalized with transition metals ferrocyanides [J]. J. Hazard. Mater., 186: 1343-1350.

BHAUMIK M, MCCRINDLE R, MAITY A, 2013. Efficient removal of Congo red from aqueous solutions by adsorption onto interconnected polypyrrole – polyaniline nanofibres [J]. Chem. Eng. J., 228: 506-515.

BHUNIA P, CHATTERJEE S, RUDRA P, et al., 2018. Chelating polyacrylonitrile beads for removal of lead and cadmium from wastewater [J]. Sep. Purif. Technol., 193: 202-213.

BLANCHARD G, MAUNAYE M, MARTIN G, et al., 1984. Removal of heavy metals from waters by means of natural zeolites [J]. Water Res., 18: 1501-1507.

BOLISETTY S, MEZZENGA R, 2016. Amyloid–carbon hybrid membranes for universal water purification [J]. Nat. Nanotechnol., 11: 365-371.

BROWN J, HAMMOND D L, WILKINS B T, et al., 2008. Handbook for assessing the impact of a radiological incident on levels of radioactivity in drinking water and risks to operatives at water treatment works: supporting scientific report [EB]. Health Protection Agency (UK), Radiation Protection Division.

BUUSER H J, SCHWARZENBACH D, PETTER W, et al., 1977. The crystal structure of prussian blue: $Fe_4 [Fe (CN)_6]_3 \cdot xH_2O$ [J]. Inorg. Chem., 16: 2704-2710.

CA D V, COX J A, 2004. Solid phase extraction of cesium from aqueous solution using sol–gel encapsulated cobalt hexacyanoferrate [J]. Microchim. Acta, 147: 31-37.

CALDERONE V R, SHIJU N R, DANIEL C F, et al., 2013. De novo design of nanostructured iron – cobalt fischer – tropsch catalysts [J]. Angewandte Chemie International Edition, 52 (16): 4397-4401.

CALDERONE V R, SHIJU N R, DANIEL C F, et al., 2013. De novo design of nanostructured iron–cobalt fischer–tropsch catalysts [J]. Angew. Chem. Int. Ed., 52: 1-6.

CALDERONE V R, SHIJU N R, CURULLA–FERRÉ D, et al., 2013. De novo design of nanostructured iron–cobalt fischer–tropsch catalysts [J]. Angew. Chem. Int. Ed., 52: 4397-4401.

CAO C Y, QU J, WEI F, et al., 2012. Superb adsorption capacity and mechanism of flowerlike magnesium oxide nanostructures for lead and cadmium ions [J]. ACS Appl. Mater. Interfaces, 4: 4283-4287.

CAO C Y, WEI F, QU J, et al., 2013. Programmed synthesis of magnetic magnesium silicate nanotubes with high adsorption capacities for lead and cadmium ions [J]. Chem. -Eur. J., 19: 1558-1562.

CAO L Y, LIU Y L, ZHANG B H, et al., 2010. In situ controllable growth of prussian blue nanocubes on reduced graphene oxidefacile synthesis and their application as enhanced nanoelectrocatalyst for H_2O_2 reduction [J]. ACS Appl. Mater. Inter., 2: 2339-2346.

CELESTIAN A J, KUBICKI J D, HANSON J, et al., 2008. [J], Journal of the American Chemical Society, 130: 11689-11694.

CHANDRA V, PARK J, CHUN Y, et al., 2010. Water-dispersible magnetite-reduced graphene oxide composites for arsenic removal [J]. ACS Nano, 4: 3979-3986.

CHANG L, CHANG S Q, CHEN W, et al., 2016. Facile one-pot synthesis of magnetic prussian blue core/shell nanoparticles for radioactive cesium removal [J]. RSC Adv., 6: 96223-96228.

CHEN G C, SHAN X Q, WANG Y S, et al., 2008. Effects of copper, lead, and cadmium on the sorption and desorption of atrazine onto and from carbon nanotubes [J]. Environ. Sci. Technol., 42: 8297-8302.

COASNE B, 2016. Multiscale adsorption and transport in hierarchical porous materidls [J], New Journal of Chemistry, 40: 4078-4094.

CROUTHAMEL C E, JOHNSON C E, 1954. Thiocyanate spectrophotometric determination of molybdenum and tungsten [J]. Anal. Chem., 26 (8): 1284-1291.

DATTA S J, MOON W K, CHOI D Y, et al., 2014. A novel vanadosilicate with hexadeca-coordinated Cs^+ ions as a highly effective Cs^+ remover. angew [J]. Chem. Int. Ed., 53: 1-7.

DELCHET C, TOKAREV A, DUMAIL X T, et al., 2012. Extraction of radioactive cesium using innovative functionalized porous materials [J]. RSC Adv., 2: 5707-5716.

DENG H, LI Y X, HUANG Y, et al., 2016. An efficient composition exchanger of silica matrix impregnated with ammonium molybdophosphate for cesium uptake from aqueous solution [J]. Chem. Eng. J., 286: 25-35.

DERMECHE L, THOUVENOT R, HOCINE S, et al., 2009. Preparation and characterization of mixed ammonium salts of keggin phosphomolybdate [J]. Inorg. Chim. Acta, 362: 3896-3900.

DING D H, LEI Z F, YANG Y N, et al., 2014. Selective removal of cesium from aqueous solutions with nickel (Ⅱ) hexacyanoferrate (Ⅲ) functionalized agricultural residue - walnut shell [J]. J. Hazard. Mater., 270: 187-195.

DING D H, ZHAO Y X, YANG S J, et al., 2013. Adsorption of cesium from aqueous solution using agricultural residue - walnut shell: equilibrium, kinetic and thermodynamic modeling studies [J]. Water Res., 47: 2563-2571.

DING D, ZHANG Z, LEI Z, et al., 2016. Remediation of radiocesium-contaminated liquid waste, soil, and ash: a mini review since the fukushima daiichi nuclear power plant accident [J]. Environ Sci Pollut R., 23: 2249-2263.

DING N, KANATZIDIS M G, 2010. Selective incarceration of caesium ions by venus flytrap action of a flexible framework sulfide [J]. Nat. Chem., 2: 187-191.

DUDCHENKO A V, ROLF J, SHI L, et al., 2015. [J], ACS Nano, 9 (10): 9930-9941.

DWIVEDI C, PATHAK S K, KUMAR M, et al., 2015. Preparation and characterization of potassium nickel hexacyanoferrate-loaded hydrogel beads for the removal of cesium ions [J]. Environ. Sci.: Water Res. Technol., 1: 153-160.

EL-ZAHHAR A A, 2013. Sorption of cesium from aqueous solutions using polymer supported bentonite [J]. J. Radioanal. Nucl. Ch., 295: 1693-1701.

FAUSTINO P J, YANG Y S, PROGAR J J, et al., 2008. Quantitative determination of cesium binding to ferric hexacyanoferrate: prussian blue [J]. J. Pharmaceut. Biomed., 47: 114-125.

FOO K Y, HAMEED B H, 2010. Insights into the modeling of adsorption isotherm systems [J]. Chem. Eng. J., 156: 2-10.

FREUNDLICH H M F, 1906. Über die adsorption in lösungen [J]. Z. Phys. Chem., 57A: 385-470.

FUGETSU B, SATOH S, CHIBA T, et al., 2004. Caged multiwalled carbon nanotubes as the adsorbents for affinity-based elimination of ionic dyes [J]. Environ. Sci. Technol., 38: 6890-6896.

GARDELLA J A, FERGUSON S A, CHIN R L, 1986. shakeup satellites for the analysis of structure and bonding in aromatic polymers by X-ray photoelectron spectroscopy [J]. Appl. Spectrosc, 40: 224-232.

GE J, HU Y, BIASINI M, et al., 2007. Superparamagnetic magnetite colloidal nanocrystal clusters [J]. Angew. Chem. Int. Ed., 46: 4342-4345.

GEERE, DUNCAN. Where do you put 250, 000 tonnes of nuclear waste? [EB]. (Wired UK). Wired. co. uk. Retrieved on 2015-12-15.

GLOBAL B P, 2015. Statistical review of world energy 2015. London: BP. Retrieved from http: //www. bp. com/en/global/corporate/about-bp/energy-economics/statistical-review-of-world-energy. html.

GU B X, WANG L M, WANG S X, et al., 2000. The effect of H^+ irradiation on the cs-ion exchange capacity of zeolite-nay [J]. J. Mater. Chem., 10: 2610-2615.

HE J Y, LI Y L, WANG C M, et al., 2017. Rapid adsorption of pb, cu and cd from aqueous solutions by beta-cyclodextrin polymers [J]. Appl. Surf. Sci., 426: 29-39.

HER J H, STEPHENS P W, KAREIS C M, et al., 2010. Anomalous non-prussian blue structures and magnetic ordering of K_2mnii [mnII (CN)$_6$] and Rb$_2$mnii [mnII (CN)$_6$] [J]. Inorg. Chem., 49: 1524-1534.

HIMENO S, HASHIMOTO M, UEDA T, 1999. Formation and conversion of molybdophosphate and - arsenate complexes in aqueous solution [J]. Inorganica Chimica Acta, 284: 237-245.

HOU X L, POVINEC P P, ZHANG L Y, et al., 2013. Iodine-129 in seawater offshore fukushima: distribution, inorganic speciation, sources, and budget [J]. Environ. Sci. Technol., 47: 3091-3098.

HU M, FURUKAWA S, OHTANI R, et al., 2012. Synthesis of prussian blue nanoparticles with a hollow interior by controlled chemical etching [J]. Angew. Chem. Int. Ed., 51: 984-988.

HUANG Y J, LIU S, YANG W J, 2015. Large particle ammonium molyb-dophosphate: preparation and crystallization kinetics [J]. Chinese J. Inorg. Chem., 31: 789-797.

HUMMERS W S, R E, 1958. Offeman, preparation of graphitic oxide [J]. J. Am. Chem. Soc., 80: 1339-1339.

HÜTTEN A, SUDFELD D, ENNEN I, et al., 2004. New magnetic nanoparticles for biotechnology [J]. J. Biotechnol., 112: 47-63.

IAEA, 2015. Nuclear power reactors in the world: 2015 edition [J]. Vienna: International Atomic Energy Agency, 19.

ITAYA K, UCHIDA I, NEFF V D, 1986. Electrochemistry of polynuclear transition metal cyanides: prussian blue and its analogues [J]. Accounts Chem. Res., 19: 162-168.

JANG J, LEE D S, 2016. [J]. Industrial & engineering chemistry research, 55 (13): 3852-3860.

JANG J, MIRAN W, LEE D S, et al., 2018. Amino-functionalized multi-walled carbon nanotubes for removal of cesium from aqueous solution [J]. J. Radioanal. Nucl. Ch., 316: 691-701.

JOSHUA L M, FARD Z H, MALLIAKAS C D, et al., 2013. Selective removal of Cs^+, Sr^{2+}, and Ni^{2+} by $K_2xMgxSn_3-xS_6$ (x = 0.5-1) (KMS-2) relevant to nuclear waste remediation [J]. Chem. Mater., 25: 2116-2127.

KAUR M, ZHANG H, MARTIN L, et al., 2013. Conjugates of magnetic nanoparticle-actinide specific chelator for radioactive waste separation [J]. Environ. Sci. Technol., 47: 11942-11959.

KAYA C, OKANT M, UGURLAR F, et al., 2019. Melatonin - mediated nitric oxide improves tolerance to cadmium toxicity by reducing oxidative stress in wheat plants [J]. Chemosphere, 225: 627-638.

Key World Energy Statistics 2013, International Energy Agency [EB]. 2013, Retrieved 2013-12-03: http://www.iea.org/publications/freepublications/publication/KeyWorld2013.pdf.

KIM H N, REN W X, KIM J S, et al., 2012. Fluorescent and colorimetric sensors for detection of lead, cadmium, and mercury ions [J]. Chem. Soc.

Rev., 41: 3210-3244.

KIM Y T, KIM K H, KANG E S, et al., 2016. [J], Bioconjugate Chemistry, 27 (1): 59-65.

KO D, LEE J S, PATEL H A, et al., 2017. Selective removal of heavy metal ions by disulfide linked polymer networks [J]. J. Hazard. Mater., 332: 140-148.

KOBAYASHI T, OHSHIRO M, NAKAMOTO K, et al., 2016. Decontamination of extra-diluted radioactive cesium in Fukushima water using zeolite-polymer composite fibers [J]. Ind. Eng. Chem. Res., 55: 6996-7002.

KRTIL J, 1962. [J]. Journal of Inorganic and Nuclear Chemistry, 24: 1139-1144.

KUEN Y L, DAVID J M, 2012. Alginate: Properties and biomedical applications [J]. Prog. Polym. Sci., 37: 106-126.

KUMAR V, SHARMA J N, ACHUTHAN P V, et al., 2013. Selective separation of cesium from simulated high level liquid waste solution using 1, 3-dioctyloxy calix [4] arene-benzo-crown-6 [J]. J. Radioanal. Nucl. Ch., 299: 1547-1553.

KUMAR V, SHARMA J N, ACHUTHAN P V, et al., 2016. [J]. RSC Advances, 6: 47120-47129.

LAGADIC I L, MITCHELL M K, PAYNE B D, 2001. Highly effective adsorption of heavy metal ions by a thiol - functionalized magnesium phyllosilicate clay [J]. Environ. Sci. Technol., 35: 984-990.

LAI Y C, CHANG Y R, CHEN M L, et al., 2016. Poly (vinyl alcohol) and alginate cross-linked matrix with immobilized Prussian blue and ion exchange resin for cesium removal from waters [J]. Bioresource Technol., 214: 192-198.

LAN X L, NING Z P, LIU Y Z, et al., 2019. Geochemical distribution, fractionation, and sources of heavy metals in dammed-river sediments: the longjiang river, southern China [J]. Acta Geochimica, 38 (2): 190-201.

LANGMUIR I, 1918. The adsorption of gases on plane surface of glass, mica and platinum [J]. J. Am. Chem. Soc., 40: 1361-1403.

LEE H K, CHOI J W, OH W, et al., 2016. Sorption of cesium ions from aqueous solutions by multi-walled carbon nanotubes functionalized with copper ferrocyanide [J]. J. Radioanal. Nucl. Ch., 309: 477-484.

LEE K Y, KIM K W, PARK M, et al., 2016. Novel application of nanozeolite for radioactive cesium removal from high-salt wastewater [J]. Water Res., 95: 134-141.

LEHTO J, HARJULA R, WALLACE J, 1987. Absorption of cesium on potassium cobalt hexacyanoferrate (II) [J]. J. Radioanal. Nucl. Chem., 111: 297-304.

LI B, ZHOU F, HUANG K, et al, 2016. Highly efficient removal of lead and cadmium during wastewater irrigation using a polyethylenimine-grafted gelatin sponge [J]. Sci. Rep., 6: 33573 (1-9).

LI X P, BIAN C Q, MENG X J, et al., 2016. Design and synthesis of an efficient nanoporous adsorbent for Hg^{2+} and Pb^{2+} ions in water [J]. J. Mater. Chem. A, 4: 5999-6005.

LI, W W, YU H Q, He Z, et al., 2014. Towards sustainable wastewater treatment by using microbial fuel cells-centered technologies [J]. Energy Environ. Sci., 7: 911-924.

LIANG J J, HE B H, LI P, et al., 2019. Facile construction of 3D magnetic graphene oxide hydrogel via incorporating assembly and chemical bubble and its application in arsenic remediation [J]. Chem. Eng. J., 358: 552-563.

LIU J F, ZHAO Z S, JIANG G B, et al., 2008. Coating Fe_3O_4 magnetic nanoparticles with humic acid for high efficient removal of heavy metals in water [J]. Environ. Sci. Technol., 42: 6949-6954.

LOOS-NESKOVIC C, AYRAULT S, BADILLO V, et al., 2004. Merinov, Structure of copper-potassium hexacyanoferrate (II) and sorption mechanisms of cesium [J]. J. Solid State Chem., 177: 1817-1828.

LUO C Z, WAN D, JIA J J, et al., 2016. [J], Nanoscale, 8: 13017-13024.

LV L, SU F, ZHAO X S et al., 2007. Incorporation of hybrid elements into microporous titanosilicate ETS-10: an approach to improving its adsorption properties toward Pb^{2+} [J]. Micropor. Mesopor. Mat., 101: 355-362.

MAHMOUD M E, ABDOU A E H, AHMED S B, et al., 2016. Conversion of waste styrofoam into engineered adsorbents for efficient removal of cadmium, lead and mercury from water [J]. ACS Sustainable Chem. Eng., 4: 819-827.

MANOS M J, DING N, KANATZIDIS M G, et al., 2008. Layered metal sulfides: exceptionally selective agents for radioactive strontium removal [J]. Proc. Natl. Acad. Sci. U. S. A., 105: 3696-3699.

MANOS M J, KANATZIDIS M G, 2009. Highly efficient and rapid Cs+ uptake by the layered metal sulfide K2xMnxSn3-xS6 (KMS-1) [J]. J. Am. Chem. Soc., 131: 6599-6607.

MARCANO D C, KOSYNKIN D V, BERLIN J M, et al., 2010. Improved synthesis of graphene oxide [J]. ACS Nano, 4: 4806-4814.

MATLOCK M M, HENKE K, ATWOOD R D A, et al., 2001. Aqueous leaching properties and environmental implications of cadmium, lead and zinc Trimercaptotriazine (TMT) compounds [J]. Water Res., 35: 3649-3655.

MCALLISTER M J, LI J L, ADAMSON D H, et al., 2007. Single sheet functionalized graphene by oxidation and thermal expansion of graphite [J]. Chem. Mater., 19: 4396-4404.

MEARNS A J, REISH D J, BISSELL M, et al., 2014. Effects of pollution on marine organisms [J]. Water Environ. Res., 86: 1869-1954.

MELO D R, LIPSZTEIN J L, OLIVEIRA C A N, et al., 1997. Radiation protection: medical aspects of the Goiania accident individual monitoring [J]. REMPAN, 97: 185-188.

MONTGOMERY M A, ELIMELECH M, 2007. Water and sanitation in developing countries: including health in the equation [J]. Environ. Sci. Technol., 41: 17-24.

MORI K, SUZUKI K, SHIMIZU K, et al., 2002. Evaporation polymerization of 6-dibutylamino-1,3,5-triazine-2,4-dithiol on iron plates [J]. Langmuir, 18: 9527-9532.

NAULIER M, EYROLLE-BOYER F, BOYER P, et al., 2017. Particulate organic matter in rivers of fukushima: an unexpected carrier phase for radio-cesiums [J]. Sci. Total Environ., 579: 1560-1571.

NESKOVIC C L, AYRAULT S, BADILLO V, et al., 2004. Structure of copper-potassium hexacyanoferrate (II) and sorption mechanisms of cesium

[J]. J. Solid State Chem., 177: 1817-1828.

NILCHI A, SABERI R, MORADI M, et al., 2012. Evaluation of AMP-PAN composite for adsorption of Cs$^+$ ions from aqueous solution using batch and fixed bed operations [J]. J. Radioanal. Nucl. Chem., 292: 609-617.

Nuclear Waste: Amounts and On - Site Storage; Nuclear Energy Institute: Washington [EL]. DC, 2011; http://www. nei. org/resourcesandstats/nuclear-statistics/ nuclearwasteamountsandonsitestorage.

OLEKSIIENKO O, LEVCHUK I, SITARZ M, et al., 2015. Adsorption of caesium (Cs$^+$) from aqueous solution by porous titanosilicate xerogels [J]. Desalin. Water Treat., 1: 1-13.

PAN L H, WANG Z Q, YANG Q, et al., 2018. Efficient removal of lead, copper and cadmium ions from water by a porous calcium alginate/graphene oxide composite aerogel [J]. Nanomaterials, 8 (11): 957.

PARAB H, SUDERSANAN M, 2010. Engineering a lignocellulosic biosorbent -Coir pith for removal of cesium from aqueous solutions: Equilibrium and kinetic studies [J]. Water Res., 44: 854-860.

PARAJULI D, TANAKA H, HAKUTA Y, et al., 2013. Dealing with the aftermath of fukushima daiichi nuclear accident: decontamination of radioactive cesium enriched ash [J]. Environ. Sci. Technol., 47: 3800-3806.

PARK Y, LEE Y C, SHIN W S, et al., 2010. [J]. Chemical Engineering Journal, 162: 685-695.

PAWAR R R, LALHMUNSIAMA, KIM M, et al., 2018. Efficient removal of hazardous lead, cadmium, and arsenic from aqueous environment by iron oxide modified clay-activated carbon composite beads [J]. Appl. Clay Sci., 162: 339-350.

POPA K, PAVEL C C, 2012. Radioactive wastewaters purification using titanosilicates materials: state of the art and perspectives [J]. Desalination, 293: 78-86.

QIU J, 2010. China faces up to groundwater crisis [J]. Nature News, 466: 308.

QU X, ALVAREZ PJ, LI Q, et al., 2013. Applications of nanotechnology in water and wastewater treatment [J]. Water Res., 47: 3931-3946.

Radioactive waste [EB/OL], https://en. wikipedia. org/wiki/Radioactive_ waste. 2016-10-16.

Radionuclides, US Environmental Protection Agency [EB/OL], https://www.epa.gov/radiation/radionuclides, 2016-09-14.

RAMANA M V, 2016. The Palgrave Handbook of the International Political Economy of Energy Part of the series Palgrave Handbooks in IPE, 363-396.

RASOUL J, MOHSEN S, NOUROLLAH M, et al., 2018. Characterization of barley straw biochar produced in various temperatures and its effect on lead and cadmium removal from aqueous solutions [J]. Water Environ. J., 32: 125-133.

REISS G, HÜTTEN A, 2005. Magnetic nanoparticles: applications beyond data storage [J]. Nat. Mater., 4: 725-726.

ROCCHICCIOLI-DELTCHEFF C, FOUFNIER M, FRANCK R, et al., 1983. Vibrational investigations of polyoxometalates. 2. evidence for anion-anion interactions in molybdenum (VI) and tungsten (VI) compounds related to the keggin structure [J]. Inorg. Chem., 22: 207-216.

ROMANCHUK A Y, SLESAREV A S, KALMYKOV S N, et al., 2013. Graphene oxide for effective radionuclide removal [J]. Phys. Chem. Chem. Phys., 15: 2321-2327.

RUI D H, WU Z P, JI M, et al., 2019. Remediation of cd and pb contaminated clay soils through combined freeze-thaw and soil washing [J]. J. Hazard. Mater., 369: 87-95.

SAHA S, SINGHAL R K, BASU H, et al., 2016. Ammonium molybdate phosphate functionalized silicon dioxide impregnated in calcium alginate for highly efficient removal of 137Cs from aquatic bodies [J]. RSC Adv., 6: 95620-95627.

SAITO K, TANIHATA I, FUJIWARA M, et al., 2015. Detailed deposition density maps constructed by large-scale soil sampling for gamma-ray emitting radioactive nuclides from the fukushima dai-ichi nuclear power plant accident [J]. J. Environ. Radioact., 139: 308-319.

SALL M L, DIAW A K D, GNINGUE-SALL D, et al., 2018. Removal of lead and cadmium from aqueous solutions by using 4-amino-3-hydroxynaphthalene sulfonic acid-doped polypyrrole films [J]. Environ. Sci. Pollut. R., 25: 8581-8591.

SANCHEZ - HERNANDEZ R, PADILLA I, LOPEZ - ANDRES S, et al., 2018. Single and competitive adsorptive removal of lead, cadmium, and mercury using zeolite adsorbent prepared from industrial aluminum waste [J]. Desalin. Water. Treat., 126: 181-195.

SANGVANICH T, SUKWAROTWAT V, WIACEK R J, et al., 2010. Selective capture of cesium and thallium from natural waters and simulated wastes with copper ferrocyanide functionalized mesoporous silica [J]. J. Hazard. Mater., 182: 225-231.

SARINA S, BO A, LIU D J, et al., 2014. Separate or simultaneous removal of radioactive cations and anions from water by layered sodium vanadate - based sorbents [J]. Chem. Mater., 26: 4788-4795.

SARMA D, MALLIAKAS C D, SUBRAHMANYAM K S, et al., 2016. $K_2xSn_4-xS_8-x$ (x = 0. 65-1): a new metal sulfide for rapid and selective removal of Cs^+, Sr^{2+} and UO_2^{2+} ions [J]. Chem. Sci., 7: 1121-1132.

SARMA S J, TAY J H, 2018. Aerobic granulation for future wastewater treatment technology: challenges ahead [J]. Environ. Sci. : Water Res. Technol., 4: 9-15.

SCHWARZENBACH R P, ESCHER B I, FENNER K, et al., 2016. The challenge of micropollutants in aquatic systems [J]. Science, 313 (5790): 1072-1077.

SEYFFERTH A L, MCCLATCHY C, PAUKETT M, et al., 2016. Arsenic, lead, and cadmium in U. S. mushrooms and substrate in relation to dietary exposure [J]. Environ. Sci. Technol., 50: 9661-9670.

SHERLALA A I A, RAMAN A A A, BELLO M M, et al., 2018. A review of the applications of organo-functionalized magnetic graphene oxide nanocomposites for heavy metal adsorption [J]. Chemosphere, 193: 1004-1017.

SHIBATA T, SEKO N, AMADA H, et al., 2016. Evaluation of a cesium adsorbent grafted with ammonium 12 - molybdophosphate [J]. Radiat. Phys. Chem., 119: 247-252.

SMIT J V R, 1958. Ammonium salts of the heteropolyacids as cation exchangers [J]. Nature, 181: 1530-1531.

STEINHAUSER G, BRANDL A, JOHNSON T E, et al., 2014. Comparison of the chernobyl and fukushima nuclear accidents: a review of the environmental impacts [J]. Sci. Total Environment., 800-817.

SUN H M, CAO L Y, LU L H, et al., 2011. Magnetite/reduced graphene oxide nanocomposites: one step solvothermal synthesis and use as a novel platform for removal of dye pollutants [J]. Nano Res., 4: 550-562.

SUN L, YU H, FUGETSU B, 2012. Graphene oxide adsorption enhanced by in situ reduction with sodium hydrosulfite to remove acridine orange from aqueous solution [J]. J. Hazard. Mater., 203: 101-110.

SUN L, ZHAO Z L, ZHOU Y C, et al., 2012. Anatase TiO$_2$ nanocrystals with exposed {001} facets on graphene sheets via molecular grafting for enhanced photocatalytic activity [J]. Nanoscale, 4: 613-620.

SUN M H, HUANG S Z, CHEN L H, et al., 2016. [J], Chemical Society Reviews, 45: 3479-3563.

SUN W Z, YANG W Y, XU Z C, et al., 2016. [J], ACS Applied Materials & Interfaces, 8 (3): 2035-2047.

SUN Y B, SHAO D D, CHEN C L, et al., 2013. Highly efficient enrichment of radionuclides on graphene oxide-supported polyaniline [J]. Environ. Sci. Technol., 47: 9904-9910.

SYDORCHUK V, KHALAMEIDA S, SKUBISZEWSKA - ZI E BA J, et al., 2011. [J]. Journal of Thermal Analysis and Calorimetry, 103: 257-265.

TAHMASEBI E, MASOOMI M Y, YAMINI Y, et al., 2015. Application of mechanosynthesized azine-decorated zinc (Ⅱ) metal-organic frameworks for highly efficient removal and extraction of some heavy-metal ions from aqueous samples: a comparative study [J]. Inorg. Chem., 54: 425-433.

TAN Z, HUANG Z, ZHANG D, et al., 2014. Structural characterization of ammonium molybdophosphate with different amount of cesium adsorption [J]. J. Radioanal. Nucl. Ch., 299: 1165-1169.

TANG W, SU Y, LI Q, et al., 2013. [J]. Journal of Materials Chemistry A, 1: 830-836.

TINKOV A A, GRITSENKO V A, SKALNAYA M G, et al., 2018. Gut as a target for cadmium toxicity [J]. Environ. Pollut., 235: 429-434.

TORAD N L, HU M, IMURA M, et al., 2012. [J], Journal of materials chemistry, 22: 18261-18267.

TORRES E, MATA Y N, BLÁZQUEZ M L, et al., 2005. Gold and silver up-
take and nanoprecipitation on calcium alginate beads [J]. Langmuir, 21:
7951-7958.

VAN I, SMIT R, ROBB W, et al., 1959. [J]. Journal of Inorganic and Nu-
clear Chemistry, 12: 104-112.

VIJAYAKUMAR G, YOO C K, ELANGO K G P, et al., 2000. Adsorption
characteristics of rhodamine b from aqueous solution onto baryte [J].
Clean—Soil, Air, Water, 38: 202-209.

VINCENT C, BARRE'Y, VINCENT T, et al., 2015. Chitin-prussian blue
sponges for cs (I) recovery: from synthesis to application in the treatment
[J]. Journal of Hazardous Materials, 287: 171-179.

WALDRON R D, 1955. Infrared spectra of ferrites [J]. Phys. Rev., 99:
1727-1735.

WAN S L, WU J Y, ZHOU S S, et al., 2018. Enhanced lead and cadmium
removal using biochar-supported hydrated manganese oxide (HMO) nanop-
articles: behavior and mechanism [J]. Sci. Total Environ., 616:
1298-1306.

WANG J J, ZHANG W H, WEI J, 2019. Fabrication of poly (beta-cyclo-
dextrin) -conjugated magnetic graphene oxide by surface-initiated RAFT
polymerization for synergetic adsorption of heavy metal ions and organic pollu-
tants [J]. J. Mater. Chem. A, 7: 2055-2065.

WANG S, ALEKSEEV E V, LING J, et al., 2010. Neptunium diverges
sharply from uranium and plutonium in crystalline borate matrixes: insights
into the complex behavior of the early actinides relevant to nuclear waste stor-
age [J]. Angew. Chem. Int. Ed., 49: 1263-1266.

WANG X W, CHU L Y, AGUILA B, et al., 2016. Selective removal of cesi-
um and strontium using porous frameworks from high level nuclear waste [J].
Chem. Commun., 52: 5940-5942.

WANG X, HUANG K, CHEN Y, et al., 2018. Preparation of dumbbell man-
ganese dioxide/gelatin composites and their application in the removal of lead
and cadmium ions [J]. J. Hazard. Mater., 350: 46-54.

WELLS AF, 1975. Structural inorganic chemistry [M] 4: 436-437.

WILDE R E, GHOSH S N, MARSHALL B J, 1970. Prussian blues [J]. Inorg. Chem., 9: 2512-2516.

XU J, LUO L, XIAO G, et al., 2014. Layered C3N3S3 polymer/graphene hybrids as metal-free catalysts for selective photocatalytic oxidation of benzylic alcohols under visible light [J]. ACS Catal., 4: 3302-3306.

XU X, NIE S, DING H Y, et al., 2018. Environmental pollution and kidney diseases [J]. Nat. Rev. Nephrol., 14: 313-324.

YAKOUT S M, ELSHERIF E, 2010. Batch kinetics, isotherm and thermodynamic studies of adsorption of strontium from aqueous solutions onto lowcost rice-straw based carbons [J]. Carbon-Sci. Technol., 3: 144-153.

YANG D J, SARINA S, ZHU H Y, et al., 2011. Capture of radioactive cesium and iodide ions from water by using titanate nanofibers and nanotubes, angew [J]. Chem. Int. Ed., 50: 10594 -10598.

YANG H F, LI F H, SHAN C S, et al., 2009. Covalent functionalization of chemically converted graphene sheets via silane and its reinforcement [J]. J. Mater. Chem., 19: 4632-4638.

YANG H J, LI H Y, ZHAI J L, et al., 2015. [J]. Chemical Engineering Journal, 277: 40-47.

YANG H J, LI H Y, ZHAI J L, et al., 2014. Simple synthesis of graphene oxide using ultrasonic cleaner from expanded graphite [J]. Ind. Eng. Chem. Res., 53: 17878-17883.

YANG H J, SUN L, ZHAI J L, et al., 2014. [J]. Journal of Materials Chemistry A, 2 (2): 326-332.

YANG H J, SUN L, ZHAI J L, et al., 2014. In situ controllable synthesis of magnetic Prussian Blue/graphene oxide nanocomposites for removal of radioactive cesium in water [J]. J. Mater. Chem. A, 2: 326-332.

YANG K J, WANG J, CHEN X X, et al., 2018. Application of graphene-based materials in water purification: from the nanoscale to specific devices [J]. Environ. Sci. Nano, 5: 1264-1297.

YANG X L, WANG X Y, FENG Y Q, et al., 2013. Removal of multifold heavy metal contaminations in drinking water by porous magnetic Fe_2O_3 @ AlO (OH) superstructure [J]. J. Mater. Chem. A, 1: 473-477.

YANTASEE W, WARNER C L, SANGVANICH T, et al., 2007. Removal of heavy metals from aqueous systems with thiol functionalized superparamagnetic nanoparticles [J]. Environ. Sci. Technol., 41: 5114-5119.

YAVUZ C T, MAYO J T, YU W W, et al., 2006. Low-field magnetic separation of monodisperse Fe_3O_4 nanocrystals [J]. Science, 314: 964-967.

YOSHIDA N, KANDA J, 2012. [J]. Science, 336: 1115-1116.

YU H R, HU J Q, LIU Z, et al., 2016. [J/OL]. Journal of Hazardous Materials, DOI: 10. 1016/j. jhazmat. 2016. 10. 024.

YU L, GUO WP, SUN M, et al., 2013. Process analysis of Rb^+ and Cs^+ adsorption from saltlake brine by ammonium molybdophosphate composite material [J]. Adv. Mater. Res., 785-786: 812-816.

YU W, HE J, LIN W, et al., 2015. Distribution and risk assessment of radionuclides released by fukushima nuclear accident at the northwest pacific [J]. J. Environ. Radioactiv., 142: 54-61.

ZAMAN I, KUAN H C, MENG Q, et al., 2012. A facile approach to chemically modified graphene and its polymer nanocomposites [J]. Adv. Funct. Mater., 22: 2735-2743.

ZHANG J L, YANG H J, SHEN G X, et al., 2010. Reduction of graphene oxide via L-ascorbic acid [J]. Chem. Commun., 46: 1112-1114.

ZHANG M, LEI D, YIN X, et al., 2010. Magnetite/graphene composites: microwave irradiation synthesis and enhanced cycling and rate performances for lithium ion batteries [J]. J. Mater. Chem., 20: 5538-5543.

ZHANG X X, WU Y, CHEN B C, et al., 2016. [J]. Journal of Radioanalytical and Nuclear Chemistry, 310: 905-910.

ZHANG Y, DONG C H, SU L, et al., 2016. [J]. ACS Applied Materials & Interfaces, 8 (9): 6301-6301.

ZHAO X L, WANG J, WU F, et al., 2010. Removal of fluoride from aqueous media by Fe_3O_4 @ Al $(OH)_3$ magnetic nanoparticles [J]. J. Hazard. Mater., 173: 102-109.

ZHOU G Y, LIU C B, TANG Y H, et al., 2015. Sponge-like polysiloxane-graphene oxide gel as a highly efficient and renewable adsorbent for lead and cadmium metals removal from wastewater [J]. Chem. Eng. J., 280:

275-282.

ZHU C Z, GUO S J, WANG P, et al., 2010. One-pot, water-phase approach to high-quality graphene/TiO$_2$ composite nanosheets [J]. Chem. Commun., 46: 7148-7150.

第六章 河口海岸生态护岸梯级结构设计

我国修建护岸水利工程的历史已经有两千多年，时至今日大部分的护岸工程依旧是传统的硬质护岸，这些传统的坡面稳定性提升方式能够有效地遏制岸坡塌方、滑坡及相关的水土流失问题，在支撑区域经济发展、保障人们生命财产安全方面做出了突出贡献。但是传统的硬质护岸工程以防洪、稳定性提升等功能为核心，大量使用石料、沥青、混凝土等浆砌封闭性极高的硬质建筑材料，仅从水工学的角度出发做护岸方式设计，割裂了区域海-陆间依靠河口海岸进行的生态过程，损害了河口海岸作为生物栖息地生态服务功能。从长远来看，硬质护岸工程愈来愈无法满足人们日益增长的生态环境需要，严重损害了区域的生态环境利益，更加无法适应我国"生态文明建设"的发展步伐（Granja et al., 1995；高海艳，2019）。

为了弥补传统护岸方式的不足，护岸研究者的研究重心开始向生态护岸的方向转变，期望找到一种能够与区域生态环境和谐共存的护岸方式。生态护岸方式不仅要具备传统护岸方式的抗洪、防涝、保证坡面稳定的力学性能，同时更应该具有生物栖息地恢复或重建、沟通海-陆间物质循环、能量流动、信息交流和区域景观提升的能力。

近年来，随着人们的生态环境意识不断提高，以及国内外学者对生态护岸方式研究的不断加深，大量新型材料及构造方式被运用到生态护岸的开发和建设上来。石笼网格生态护岸技术、基于 SBE 的土工复合材料技术、植物相容型混凝土护岸技术均存在或多或少的缺点，尤其是存在同一性的致命问题：没有为区域生物丧失的栖息地重建做出针对性设计。本节构造了一种新型的具空腔半硬质护岸梯级结构，以期针对性地解决河口海岸蚀退加剧、生物栖息地丧失殆尽、河口海岸岸坡失稳和区域景观损毁等问题（刘娜娜等，2006）。

第一节 生态护岸梯级结构设计原则

我们建议的生态护岸设计服从以下原则。

（1）针对河口海岸土著鱼类和底栖生物丧失的栖息地所做的生物栖息地重建设计遵循空腔优先原则，设计腔体和通道应当不妨碍水生植物的生长、不破坏独立打洞穴居生物的筑巢习性、不影响浅水位鱼类在生态护岸半硬质块体中的正常穿行（本文所设计浅水位生态护岸块体宽度方向为鱼类预留至少 3 个身位的空间，条件满足的情况下设计 4 个身位，以满足其折返游动的需求）。设计中要兼顾产品景观和生态服务能力。

（2）半硬质护岸块体浇筑材料选择低碱、耐蚀水工混凝土，浇筑透水结构，在保证适当的力学性能和足够耐久性的条件下，尽量提高透水率。设计服务期限参照海堤工程 1 类标准，100 年服务期。

（3）生态护岸梯级结构应具有良好的抗滑稳定性、抗沉降特性和足够的超高。护岸结构在抵抗河口海岸侵蚀、提升区域景观方面有着不可替代的作用，其可靠的稳定性是人们生命财产安全及区域景观的保证。

（4）生态护岸梯级结构设计应当符合相关规范要求。严格按照 GB/Z 规范指导性要求设计，参照 GB/T 规范推荐性要求。本文所做生态护岸梯级结构设计主要参照《堤防工程设计规范》（GB 50286—2013），同时参考《水工建筑物滑动模板施工技术规范》（SL 32—2014）、《水工混凝土结构设计规范》（SL 191—2008）和《海堤工程设计规范》（GB/T 51015—2014）有关条文规定。

（5）生态护岸半硬质块体结构、链接和铺设方式应尽可能简单，并多方考虑兼顾模具制造和现场铺设的简便性。同时生态护岸半硬质块体应具有多种铺设方法，以应对地形复杂多变的河口海岸地貌，统筹产品的生态服务功能和制造施工工程的便捷性。

第二节　浅水位生态护岸半硬质块体设计

浅水位虽然永久浸润在河口海岸低潮线之下，但是由于该区域水浅、阳光透射率高、波浪作用频繁致使的水体氧容量极大。同时是海相及大陆架养分交汇区，故而生物相发育优良，有丰富的底栖动物和大量的鱼类。设计中要充分考虑区域盐水生境的独特性，所选目标种要具有代表性，明确以栖息地重建为目的设计所服务的对象形态特征，将生态护岸半硬质块体物理构型与目标种的形态特征有机结合起来。因此针对该区域做生态护岸设计应恰当地选取目标种，并充分考虑所选目标种的体貌特征，尊重其相关生活习性（Eckman et al.，2008）。其次块体铺设应具有多种方式，以应对不同的坡面结构而进行调整，且生态护岸半硬质块体的铺设应使得岸坡稳定性达到《堤防工程设计规范（2013）》的相应要求。

一、浅水位栖息地重建目标种

黄河作为中国第二大河流，同时也是世界上水沙含量最高的河流，其每年向河口区输送大量的泥沙和各类营养盐，形成了一个养分丰足，淡水大量输入，条件适宜，生物种类繁多的河口海岸区域，是很多鱼类觅食、躲避天敌和繁衍的场所，也是黄渤海海域的一个重要的渔业养殖场，每年可带来极高的经济效益（郑亮，2014）。

本节关于浅水位栖息地重建共选取 6 种鱼类作为目标种，调查其身体结构特征、生活习性物种丰度和所处生态位进行生态护岸半硬质块体针对性设计，具体讨论如下。

（一）滩涂鱼

滩涂鱼（*Periophthalmus modestus*）属脊索动物门，辐鳍鱼纲，鲈形目，虾虎鱼科，滩涂鱼属。全世界共有 25 种滩涂鱼，我国莱州湾近岸共有 6 种分布。滩涂鱼体呈圆柱形，细长，体高、体宽间差距不大。正常成熟个体体长在 100~200mm，体重约为 40g，体长/体高为 5（图6-1）。滩涂鱼雌雄个体间差别极小，很难从外观上分辨。滩涂鱼栖息于河口咸淡水交汇区，对恶劣环境，尤其是水质耐受力极强，适广盐，营穴居生活。其巢穴一般为"Y"字形或"U"字形，深度可达 70cm，巢穴一般有两个对外连通口，一个用作进出口，一个用作换气口，一般独居，仅在春夏繁殖季节可见雌雄同穴。滩涂鱼生理结构与常见鱼类不同，滩涂鱼具肺，保持皮肤湿润可以较长时间离水生活，这也决定了它独特的习性。退潮时滩涂鱼会离开巢穴在滩地上跳跃移动择藻类和小型底栖动物为食，而在涨潮时则退回洞穴中躲避。滩涂鱼在河口区物种丰度极高，每年的夏秋之交河口水体盐分较低区域可见大量滩涂鱼聚集（Ikebe et al.，1996. 中国科学院，中国动物主题数据库［EB/OL］. http：//www.zoology. csdb. cn/）。

浅水位生态护岸半硬质块体以滩涂鱼为目标时首要考虑要素是其独立打洞生活的习性，护岸块体空腔要与岸堤土相直接相连，且保证有足够的接触面积不阻挡滩涂鱼巢穴二孔结构的构建。块体尺寸结构上保证护岸半硬质块体单块长不短于 250mm，高不少于 40mm，宽不窄于 200mm。

（二）矛尾虾虎鱼

矛尾虾虎鱼（*Chaemrichthys stigmatias*）属脊索动物门，硬骨鱼纲，鲈形

图 6-1 滩涂鱼外观

目，虾虎鱼科，矛尾虾虎鱼属。矛尾虾虎鱼常见有 4 种，我国仅有 1 种分布，成熟个体体长在 90~120mm，体长/体高为 7（图 6-2）。矛尾虾虎鱼对栖息地要求较为宽松，常见于河口淡咸水交汇区，营底栖生活，河床底泥及礁石混合地带大量存在。矛尾虾虎鱼对水盐含量、水质和水深要求较低，在污染较重区域也可大量存在。矛尾虾虎鱼主食水生植物碎片、藻类和小型鱼虾，从生态过程来看是河口区域底泥和上层水体间沟通的桥梁，在区域食物网中扮演着举足轻重的角色（赵亚辉等，2012；中国科学院，中国动物主题数据库 [EB/OL]. http：//www. zoology. csdb. cn/）。

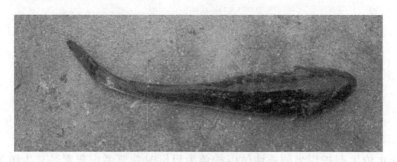

图 6-2 矛尾虾虎鱼外观

浅水位生态护岸半硬质块体以矛尾虾虎鱼为目标时首要考虑要素是其栖息及觅食习性，护岸块体空腔要存在垂向沟通通道，不影响水生植物生长的同时为矛尾虾虎鱼提供一定的栖息觅食空间。块体尺寸结构上保证护岸半硬质块体单块长不短于 170mm，高不少于 25mm，宽不窄于 100mm。

（三）梭鱼

梭鱼（*Sphyraenus*）属脊索动物门，硬骨鱼纲，鲈形目，金梭鱼科，梭鱼属。梭鱼为近海生活鱼类，我国南海、东海、黄海和渤海均有分布，常见栖息于河口淡咸水交汇区和海湾近岸区域，淡水区偶尔可见。梭鱼是一种典型的半洄游鱼类，不进行长距离洄游，其全生命周期内共进行两种洄游，一种是随季节、水温改变进行的短距离、小集群的季节性迁徙，主要是为了觅食和寻找更适宜的栖息地，如冬季至较深海域越冬。第二种是生殖洄游，每年4月梭鱼便会进入河口区产卵，6—7月可见当年产鱼苗在河口区育肥。梭鱼体型较大，大者可长到1.8m左右，成熟个体体长在800mm以上，河口区大多存在的是正育肥的鱼苗，体长大多在200~400mm，体长/体高为2，体侧扁（图6-3）。梭鱼具有近岸生活鱼类的一种普遍性特征——生殖洄游习性，其半洄游特性决定了它洄游距离不长，大多终点在河口淡咸水交汇区，且幼鱼在河口海岸区域育肥时间长达5个月，与其他鱼类相比，梭鱼与河口海岸间生态过程更加繁复，是区域一种极具特色物种（Pharisat et al.，1998；中国科学院，中国动物主题数据库［EB/OL］. http：//www. zoology. csdb. cn/）。

图6-3　梭鱼外观

浅水位生态护岸半硬质块体以梭鱼为目标时首要考虑要素是其生殖洄游习性，护岸块体空腔要根据区域丰度最高的梭鱼幼苗生理结构进行设计，同时要保证块体空腔与岸体存在足够的接触面积，使水生植物茂盛生长，为鱼苗提供充足的食物和适当的庇护。块体尺寸结构上保证护岸半硬质块体单块长不短于400mm，高不少于200mm，宽不窄于200mm。

（四）鲈鱼

鲈鱼（*Lateolabrax japonicus*）中文学名日本真鲈，属脊索动物门，硬骨鱼纲，鲈形目，真鲈科，花鲈属，日本真鲈种。其生理结构表现为体长、侧扁，大个体体长可达 100cm，重 15kg，正常成熟个体 500mm 左右，体重 2kg 左右，体高/体长为 3.7（图 6-4）。鲈鱼在莱州湾近岸大量分布，喜栖息于河口淡咸水交汇区，水质清澈、水生植物茂盛的静水区，生性凶猛有独立的小块领地，以领地内体型较小的鱼虾为食，对水中低氧含量和水体低温耐受较差，幼体成群活动，成熟个体单独行动。雌雄个体外观上区别不大，在生殖期雄鱼会在岸边水流较缓处筑巢，巢穴深度较浅，为 5cm 左右，直径较大，可达 50cm，巢穴常在水下 30cm 处。鲈鱼是河口海岸区域一种常见的凶猛肉食鱼类，处于食物网的较高级别层级，其种群的稳定性关乎区域整个群落的健康可持续发展（Zhang et al., 1999；中国科学院，中国动物主题数据库 ［EB/OL］. http：//www. zoology. csdb. cn/）。

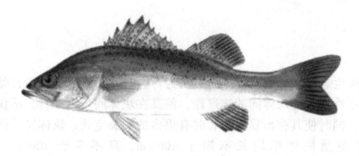

图 6-4 鲈鱼外观

　　浅水位生态护岸半硬质块体以鲈鱼为目标时首要考虑要素是其筑巢习性，护岸块体空腔要根据鲈鱼筑巢习性进行设计，同时要在宏观上提升生态护岸梯级结构的粗糙度，使得铺设护岸结构区域的近岸水体流速明显降低，并保证岸堤土体有足够面积暴露。块体尺寸结构上保证护岸半硬质块体单块长不短于 600mm，高不少于 135mm，宽不窄于 300mm。

（五）刀鲚

　　刀鲚（*Coilia macrognathos* Bleeker）中文学名长颌鲚，属脊索动物门，硬骨鱼纲，鲱形目，鳀科，鲚属，长颌鲚种。刀鲚从头至尾逐渐变窄，呈圆锥形，体长身侧扁，种内大个体体长可达 60cm，重者可达 250g，一般成熟个体体长 200~400mm，体厚 20mm，体长/体高为 4（图 6-5）。刀鲚是一种典型的洄游鱼类，成鱼栖息于河口淡咸水交汇区，每年 2—3 月生殖季节亲鱼由海洄游进入上游淡水区域产卵。幼鱼孵化后顺水进入河口淡咸水交汇区育肥至次年入海生活，冬季不进行迁徙，海湾近岸底层栖息越冬。刀鲚肉质鲜美，含有水解氨基酸、游离氨基酸及 11 种矿物质。随着近年河口海岸区域污染加剧以及人为捕捞强度盲目加大，野生刀鲚逐年减少，某些年份甚至出现了绝迹现象。刀鲚有较高的经济价值，市场上甚至曾经出现过 8 000 元/kg 的天价，其野生种群丰度保持着急速下降的趋势，是河口区域的一种重要保护动物，其栖息地重建重要性不言而喻（李丽等，2018；中国科学院，中国动物主题数据库 [EB/OL]. http：//www. zoology. csdb. cn/）。

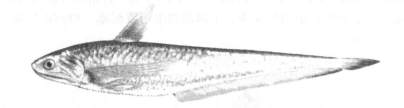

图 6-5　刀鲚外观

浅水位生态护岸半硬质块体以刀鲚为目标时首要考虑要素是其幼苗在河口的生活习性，保证块体间的连通性，使其在块体间可以穿行，不仅增加其生活空间，同时使其在面临捕食者时有更多的周旋空间。块体尺寸结构上保证护岸半硬质块体单块长不短于 400mm，高不少于 70mm，宽不窄于 150mm。

（六）海鲫鱼

海鲫鱼（*Embiotocidae*）属脊索动物门，硬骨鱼纲，鲈形目，海鲫科。科内共含 21 个种，其中 20 种是海水鱼。海鲫鱼个体不大，体呈椭圆柱形，侧扁，正常成熟个体体长 160~230mm，体长/体高为 2.5（图 6-6）。渤海湾、莱州湾近岸分布，数量较少，卵胎生繁殖，每胎 12~40 条（中国科学院，中国动物主题数据库 [EB/OL]. http：//www. zoology. csdb. cn/）。

海鲫鱼是河口常见鱼类，其生活习性极具特色。与常见的洄游性鱼类不同的是，其整个生命周期内均为定居性，仅随季节变化在近海和河口浅水位来回转移，繁殖季节受精卵在雌鱼体内孵化，随后产出幼鱼。很少成群活动，以水中的小型软体动物及水生昆虫为食（Baltz et al.，1984）。针对海鲫鱼设计的护岸半硬质块体长应不短于 230mm，高度不少于 92mm，宽度不窄于 200mm。

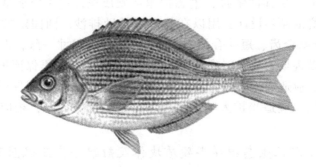

图 6-6 海鲷鱼外观

二、浅水位生态护岸半硬质块体设计

（一）浅水位生态护岸半硬质块体模型外观

浅水位生态护岸半硬质块体模型如图 6-7 所示，其一部分整体构型为长方体，另一部分为楔体，长方块体水平方向共有 4 个过鱼通道，垂直方向有两个植生孔/辅助过鱼通道。水平方向共有 10 个圆固定齿，上下各有 5 个，在其对应面上有相应数量、尺寸的圆固定槽。水平方向有 4 个短啮合槽，两侧各有两个，垂直方向上下面各有 1 个长啮合齿和 1 个长啮合槽。短配合齿

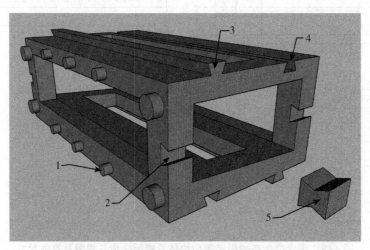

1. 圆固定齿；2. 短啮合槽；3. 长啮合槽；4. 长啮合槽；5. 短配合齿。

图 6-7 浅水位生态护岸半硬质块体模型外观

用以水平方向上块体间链接，生态护岸半硬质块体内部空腔底面为不平设计，为单侧高的倾斜设计，用以在静水时辅助排沙。圆固定槽-圆固定齿、长啮合槽-长啮合齿、短啮合槽-短配合齿应保持尺寸一致，但考虑块体浇筑模子设计及现场安装施工难易程度可做如下调整：若需保证护岸半硬质块体结构强度，应适当缩小啮合齿和固定齿的尺寸大小；若需保证护岸半硬质块体链接强度，应适当扩大啮合槽和固定槽的尺寸大小；相应调整不应超过2mm。

（二）浅水位生态护岸半硬质块体及短配合齿三视图及具体尺寸

浅水位生态护岸半硬质块体及短配合齿三视图与具体尺寸如图6-8所示。为保证铺设及模具制作过程简便易行，在保证浅水位生态护岸半硬质结构整体稳定的前提下，图6-8中相应链接模块可以略做调整（±2mm）。

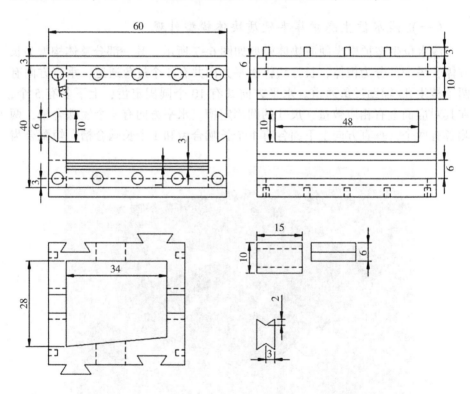

图6-8 浅水位生态护岸半硬质块体及短配合齿三视图及具体尺寸

注：标注尺寸为cm。

（三）浅水位生态护岸半硬质块体连接方式

1. 圆固定槽-圆固定齿链接

圆固定槽-圆固定齿链接方式如图 6-9 所示，该种链接方式主要为生态护岸半硬质块体向海方向水平延伸铺设设计，圆柱形固定齿有较强的抗剪性，较多的圆固定齿分担剪应力，减少了单个圆固定齿的压力和损坏风险，延长了使用寿命。为了辅助链接铺设操作，圆固定槽结合口可做倒圆角处理（圆角半径 $r \leqslant 1mm$）。

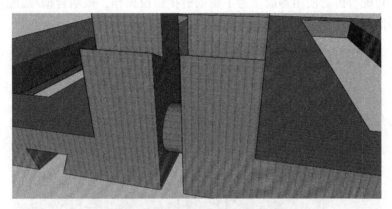

图 6-9　圆固定槽-圆固定齿链接方式

2. 长啮合槽-长啮合齿链接方式

长啮合槽-长啮合齿链接方式如图 6-10 所示，该种链接方式主要为生态护岸半硬质块体垂向和延岸坡方向铺设设计，链接时采用阶梯位向平行位延齿方向推式啮合。进行垂向铺设时将同列块体垂向逐一链接即可，进行延岸坡方

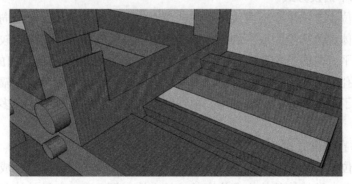

图 6-10　长啮合槽-长啮合齿链接方式

向阶梯铺设时将两链接块体其一绕垂直轴向旋转180°，错半位链接。为了辅助链接铺设操作，长啮合槽/长啮合齿长棱可做倒圆角处理（圆角半径 $r \leqslant$ 1mm）。

3. 短啮合槽-短配合齿链接方式

短啮合槽-短配合齿链接方式如图6-11所示，该种链接方式主要为生态护岸半硬质块体长棱方向水平链接设计，分体式设计使链接铺设操作更加简便易行。短配合齿设计长度有余，可根据施工现场工况进行安装需求调整，同时延长了短配合齿的使用寿命。为了辅助链接铺设操作，短啮合槽/短配合齿长棱可做倒圆角处理（圆角半径 $r \leqslant$ 1mm）。

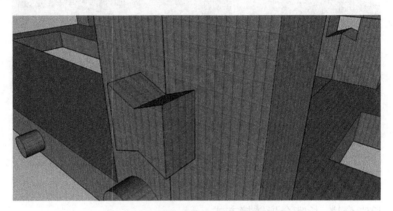

图6-11　短啮合槽-短配合齿链接方式

（四）浅水位生态护岸半硬质块体铺设方式

1. 水平铺设方式

浅水位生态护岸半硬质块体水平铺设方式主要为近岸浅滩区域向海铺设服务，链接体整体构型为扁平的长方体（图6-12）。链接体6面均有较高的暴露面积，水平方向的过鱼孔向外、向内均有较好的通透性，垂直方向的植生孔/辅助过鱼孔保证了水生植物有充足的生长空间，同时接受阳光直接辐射。在设计上保留了层级堆叠装配的能力，根据区域和工况具体需求可选择多层级装配方式。

2. 垂直铺设方式

浅水位生态护岸半硬质块体垂直铺设方式主要为浅水位海岸形成的海蚀垂面铺设服务，链接体整体构型为窄长的长方体（图6-13）。链接体与岸堤海蚀垂面有较高的接触面积，满足有依岸穴居或近岸筑巢习性的浅水位生物生活需

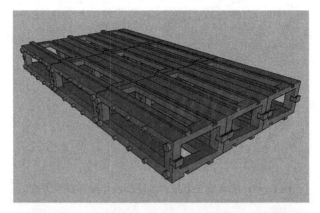

图 6-12 浅水位生态护岸半硬质块体水平铺设方式

要，同时不妨碍水生植物的生长。垂直方向的植生孔/辅助过鱼孔保证了链接体内部水体与外部水体间溶氧等生态环境因子的交流沟通。设计上保留链接体水平向海方向扩展的能力。

图 6-13 浅水位生态护岸半硬质块体垂直铺设方式

3. 阶梯铺设方式

浅水位生态护岸半硬质块体阶梯铺设方式主要为浅水位海岸岸坡坡面铺设服务，链接体整体构型为层级堆叠的阶梯状（图6-14）。链接体保证了较高的水平方向通透性，牺牲了一半的垂向植生孔/辅助过鱼孔面积，在每层级底面形成了一个深6cm、面积达240cm^{2}的凹槽，为特定生物（鲈鱼）筑巢提供了基础条件，同时保证了连接体内水体与外部的物质能量交流。设计上保留链接体与其他链接方式复合链接的能力。

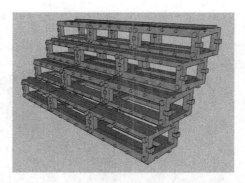

图 6-14　浅水位生态护岸半硬质块体阶梯铺设方式

河口海岸浅水位环境较为复杂，铺设方式的选择要根据铺设工程面向区域的地形地貌、水力等条件进行筛选，必要时可进行多种铺设方式复合使用。

三、浅水位生态护岸半硬质块体与河口海岸常见非硬质护岸结构对比

海岸护岸工程的初衷是在原有自然海岸岸坡上采取人工的工程措施，用以抵抗海浪的侵蚀，遏制水土流失，维护岸线的稳定。护岸工程的修建在我国已经有两千多年的历史，时至今日，逐渐发展为 3 个大类：工程型护岸、景观型护岸和生态型护岸。环境友好型的非硬质护岸多指生态型护岸方式，在进行岸坡稳定性提升设计时，既要从工程的角度出发，寻找安全、经济和高效的方式方法，满足人的经济建设和安全需要，同时更要从生态环境的角度出发进行思考，保证河口海岸土著生物多样性和食物网的复杂性，满足河口海岸栖息的原住生物生存发展需要（姜梅，2000）。近年来我国生态护岸研究飞速发展，出现了多种非硬质护岸方式。

（一）抛石护岸

抛石护岸出现于生态护岸概念兴起初期，时至今日依然是被大范围采用的非硬质护岸方式，相关护岸方式方法形成了成熟完整的设计规范及工程实施规范。抛石护岸针对不同护岸工程设计区按规范采用不同成分、大小的块石，20世纪 70 年代欧洲兴起采用土工合成材料和各类石块滤料做抛石的物质基础，如今在中国也广泛应用。抛石护岸有诸如材料简单易得、施工简便、适应河道形变、设计简便、可多期完工等优点。但其并不适用于河口海岸，河口海岸在长期的人为和自然因素的胁迫下响应为生物栖息地损毁消殆，抛石护岸水下部

分工程有一定的生物栖息地重建功能，但很难对物种进行针对性设计（郭跃美，2001）。河口海岸区域生物各具特色，在进行生物栖息地重建设计时，要进行针对性设计，随机形成的石块空隙无法满足河口海岸区域生物的特异性需求。

（二）石笼网箱护岸

石笼护岸工程最早起源于中国，中国在公元前 250 年修建的闻名于世的都江堰工程中便可见到石笼护岸方式的雏形，欧洲在约 100 年前将其运用在海岸防护工程中。现代常见的石笼护岸方式是利用耐腐蚀且延展性极好的合金编制金属网，根据相关工程设计规范装入石块等填充物作为护岸块体使用。石笼网箱护岸有很多优点。（1）生态性：石笼中石块的空隙相对可控，主动填充泥沙可满足水生生物生长需求，同时可以为目标生物的栖息地重建做针对性设计。（2）透水性：石笼网箱中填充物的选择决定了其透水性的优劣，选择适当粒径的石块可以构建通透性优秀的护岸结构，保证岸体和水体间完整的水文连通性，同时也可以提供一定的水体净化能力。（3）防冲性：石笼网箱可以粉碎浪峰，减小海浪的冲击力，在退浪时，石块的空隙可以及时补充岸堤中的气相，减少海浪的真空挤压力。从整体来看，石笼网箱护岸工程在保证完整性的前提下，存在相当的弹性，在较大的波浪冲击下可以自行调整结构，保证护岸工程不受海浪冲击的影响。（4）适应性：在石笼网箱护岸工程铺设前可进行现场实地调研，现场编制、现场铺设保证了护岸工程对多变的海岸地形有较好的适应性（胡世忠，2000）。但是，石笼网箱较大的自重不适合黄河口海岸的地质条件，黄河口海岸是淤泥质海岸，石笼网箱较大的沉降系数无法保证海岸岸坡的稳定性，护岸工程的建立会导致岸体滑坡、护岸结构整体或偏体沉降等问题，这与构建护岸工程的初衷相悖。

（三）土工织物护岸

土工织物护岸是采用编制而成的模具袋荷载混凝土砂浆、天然土壤等填充物堆积护岸。随着护岸研究的发展出现了复合负载土工袋、土工栅格和钢筋结构的土工织物护岸方式。诚然，土工织物护岸方式可保证区域海-陆间水文连通的有效性，同时也具有一定的物理结构稳固性。但是，其耐久性较差，当生物栖息在护岸结构上或者在海浪的长久侵蚀下，织物袋会发生裂口、破碎现象，严重时会导致整个护岸结构的垮塌（陈学良等，2000）。

（四）工字形护岸块体/日字形护岸块体

工字形护岸块体是一种简单的混凝土几何结构，设计时没有针对应用区水生生物的特异习性进行针对性设计。块体在连接时虽然可以留有空隙为水生动物提供栖息地，但是为保证足够的抗波浪能力而进行多层块体堆叠时会导致内部结构封闭程度提升，从而隔绝海-陆-气三相间的物质循环，使得水生植物生长受阻，水生动物的栖息环境不断恶化，违背了生态环境健康可持续运转的自然规律（陈学良等，2000）。

日字形护岸块体是一种长方体的混凝土筑块，其向水一面有两个面积较大却深度较浅的凹槽，凹槽不与向陆一面相通，是一种隔断式结构。该种护岸块体割裂了海-陆间的水文及生物连通性，虽然设计凹槽可以为营附着生活的底栖动物提供适宜的附着环境，但隔断式的结构阻断了区域的海-陆生态过程。同时，日字形护岸块体不具备稳定性提升设计，难以应对河口海岸多变的地形地貌（邢浩翰等，2014）。

本节所设计的新型浅水位生态护岸半硬质护岸块体，具有较大的体积、可控的空腔，可针对性地为所选目标种进行生物栖息地重建服务，同时较大腔体与岸坡接触面积及针对性设计的植生孔为水生植物生长提供了足够的生长空间。从宏观上来看，浅水位生态护岸半硬质护岸块体为河口海岸海-陆之间物质交换、能量流动提供了一个无限可能的平台，有助于区域受损的食物网重建。同时，设计中为浅水位生态护岸半硬质护岸块体构建了多种链接方式，使得护岸链接体整体结构有极强的适应地形地貌的扩展性，工程实施中可根据铺设护岸结构区域选择适宜的铺设方式。

四、浅水位生态护岸结构稳定性分析

河口海岸岸坡稳定性是指护岸集成模块与一定范围土体在给定的坡高坡角条件下的稳固程度。按照稳固程度可分为稳定岸坡、不稳定岸坡和极限平衡状态岸坡。当岸坡处于不稳定状态时可能发生大规模坡体滑动或崩塌破坏，滑坡是最常见、破坏力最强、危害最严重的一种岸坡损毁情况（陈国庆等，2014；Ikari，2015）。国内外现行的护岸工程均会构建一定的坡面稳定性提升技术，诸如利用植物根系加固护坡结构面向的土体（嵇晓雷等，2016），开挖排水沙井加快护岸结构后水体排出，达到稳坡的效果（冯士筰等，1999）。针对前文所设计的护岸模块稳定性分析依照堤防工程设计规范（2013版）。

$$M = \frac{r_b H^3}{10 K_s (\frac{r_b}{r} - 1)^3 \cot\varphi} \tag{6-1}$$

$$t = na \left(\frac{M}{0.1 r_b} \right)^{\frac{1}{3}} \qquad (6-2)$$

$$K_S = \frac{P_n + S}{P_a} \qquad (6-3)$$

$$S = W\tan\varphi + cL \qquad (6-4)$$

式中：W——岸坡纳入计算土条及其荷载有效重量（kN）；

c——坡下土层凝聚力（kN）；

φ——岸坡内摩擦角（°）；

P_a——滑动动力（kN）；

P_n——抗滑阻力（kN）；

L——坡面母线在水平面投影长度（m）；

M——护岸半硬质块体质量（t），质量控制在 1.25t 以下；

r_b——护岸半硬质块体混凝土材料容重（kN/m³），本文所选用的透水水工混凝土取 $r_b = 20$ kN/m³；

r——水的容重（kN/m³），本文取为 $r = 9.8$kN/m³；

H——设计波浪波高（kN），根据东营港实测波浪波动状况近似取为 $H = 0.6$m；

K_S——稳定系数（kN）；

t——护岸半硬质块体堆叠层厚度（m）；

n——护岸块体堆叠层数；

a——系数，该系数受护岸结构类型及其构造形式而定，本文取 1.32。

国标规范《海堤工程设计规范》（GB/T 51015—2014）中对海堤分为 5 类，从 1 类岸堤至 5 类岸堤工程级别逐渐降低，安全系数要求也相应下降，本文按规范中要求 1 级堤防工程级别正常运用条件下选取目标安全系数，即目标浅水位生态护岸设计达到最高堤防工程级别条件下最高安全系数要求（表 6-1）。

表 6-1 海堤不同工程级别安全系数

	堤防工程级别	1	2	3	4~5
	正常运用条件	1.35	1.30	1.25	1.20
安全系数	非常运用条件 I	1.20	1.15	1.10	1.05
	非常运用条件 II	1.10	1.05	1.05	1.00

经计算得，护岸块体模型单层堆砌稳定安全系数为 1.55，满足《海堤工程设计规范》（GB/T 51015—2014）正常运用条件下 1 级提防工程要求。单个护岸块体质量应不大于 0.24t（M=0.189），护岸块体单层堆积厚度应不大于 0.6m（t=0.6）。几种可选块体模型设计参数见表 6-2。

表 6-2　浅水位护岸块体设计尺寸

长（m）	宽（m）	高（m）	占用空间（m³）	腔体空间（m³）	质量（t）
0.60	0.40	0.44	0.105 6	0.081 6	0.048
0.60	0.45	0.39	0.105 3	0.078 3	0.054
0.60	0.50	0.33	0.099 0	0.069 0	0.060

护岸块体在铺设中可以根据区域具体情况选择前两种中的一种单一类型铺设，也可以选择前两种中的任意一种补以第三种块体混合铺设，适当降低块体平均高度有利于吸引河口区域体型较小的鱼类群及为大量在河口海岸区域育肥的鱼苗提供遮蔽度更高、安全性更强的栖息环境。

第三节　潮间带生态护岸半硬质块体设计

河口海岸潮间带是一段时间内的平均高潮潮位与平均低潮潮位之间的区域，从地质学的角度来看是一片淤泥质沉积海岸，其构型不同于一般的淤泥质海岸，不仅存在潮间带海岸，而且存在潮间带滩涂（冯士筰等，1999）。潮间带滩涂是河口海岸潮间带的主要组成部分，区域坡度较低，属淤泥质海岸常见的缓坡干湿循环区。潮间带滩涂区域植被覆盖极少，仅有聚集生长的互花米草（*Spartina alterniflora* Loisel）等在滩涂上呈斑块状分布。涨潮时潮间带滩涂浸入水中，而在退潮时会出现大小不一的小积水池——潮池。潮池内微环境在一次潮涨潮落间不断发生变化，这要求生活在潮池内的生物必须具有忍受温度、水体含氧量、潮湿度和盐度随潮汐周期性变化的能力。潮间带滩涂在海洋动力的侵蚀和河流动力的淤进共同作用下常出现凹凸不平的地面微地形变化，但随着近年来上游水沙的减少，河口海岸潮间带滩涂存在的水动力驱动下的平衡态被逐渐打破，渐渐地变为由海洋动力主导的单向蚀退状态，区域微地形破灭，潮间带滩涂地形地貌渐趋平整，致使植物种子无法停落生长、潮池消失、潮池生物栖息地尽丧，亟须恢复区域起伏不平的微地形地貌（Heida et al.，2018；Rosolen et al.，2019）。潮间带海岸在前文所述的浅水位延海岸坡面方向的上方，为河流入海口的潮汐消落岸带，区域同样存在水位的周期性变化，部分底栖生物会在特定季节到达或越过此区域至潮上带繁殖。故而要针对性地设计大量底栖孔，满足底栖生物的筑巢或爬越需求。

本节针对潮间带滩涂和潮间带海岸进行不同的特异性设计。针对潮间带滩涂设计微地形重构块体，宏观上来看增加潮间带滩涂地貌粗糙度，微观上改变局部微地形，以期恢复以种子流为代表的健康生态流、为潮池和滩涂生物生活提供适宜条件。针对潮间带海岸考虑区域近30年来常态水位，设计生态护岸潮间带适宜的高程，并将9216特大潮灾、9711特大潮灾和2003风暴潮纳入考量，设计针对特高潮位的堤顶高程，同时考量目标种的生活需求针对性地设计底栖孔的大小和形状。本部分设计依照《堤防工程设计规范》（GB 50286—2013）相关规定及设计方式，参考《海堤工程设计规范》（GB/T 51015—2014）相关规定及设计方式。

一、潮间带栖息地重建目标种

底栖生物（benthos）是河口海岸水生生物的一个重要的生态类型，其定义为：栖息于海洋或内陆水域底层的生物。常见的底栖生物有栖息于水域底层沉积相外表面的类群，也有栖息于水域底层沉积相内部的类群。底栖动物常为无脊椎动物，典型的底栖植物有绿藻、褐藻和红藻等。本文所做潮间带生境重建设计主要针对底栖动物，底栖动物长期生活在水域底层沉积相区域，其最鲜明的特点是生活有很重的地缘性，迁移能力较弱，面向环境污染因子时回避能力极弱，群落弹性恢复力较差，表现为在群落遭受外界扰动时需要较长时间来恢复扰动前状态。河口区域潮间带生存的底栖动物按其生活方式可分为5种类型。（1）固着型：这类底栖生物一般营固着在水域底层沉积相或海岸突出的岩石上生活，几乎没有活动能力，常见的有腔肠动物和苔藓动物等。（2）埋栖型：这类底栖生物营埋入水域沉积相中生活，常见的有双壳类和棘皮类等。（3）钻蚀型：这类底栖生物一般会钻入水中木石、岸体或高等水生植物的茎中生活，常见的有甲壳类。（4）底栖型：贴近水域沉积相表面生活，移动能力较差，少见慢速、小范围游泳活动，常见的有腹足类和棘皮类。（5）游泳型：可以在水体底层爬行或者游泳活动，常见的是一些水生昆虫、虾蟹类生物（宋关玲等，2015；Beukema et al.，1976）。共选取8种河口区底栖生物作为栖息地重建目标种。

（一）花蛤

花蛤（*Ruditapes philippinarum*）学名菲律宾帘蛤，属软体动物门，双壳

纲，帘蛤目，帘蛤科，花帘蛤属，菲律宾帘蛤种。壳长 25~57mm，圆形，人
工养殖种平均壳长 40mm（图 6-15）。菲律宾帘蛤常见栖息于潮间带沙质或小
砾石滩及浅水位泥沙质底泥中。喜静水，最大栖息深度为水下 4m，多见于少
风弱浪的大陆近海内湾，生活区常有淡水注入。栖息底泥含沙量在 70%~
80%。菲律宾帘蛤依靠其发达的足，在泥沙中营挖掘穴居生活。涨潮时随潮水
上升至滩面，进行呼吸、捕食和排泄等活动，而在退潮或受到外界刺激时会紧
闭外壳退回巢穴最深处。洞穴深度一般可达 3~15cm，视季节、体型大小洞穴
深度会有一定变化（Kasai et al.，2010）。

图 6-15　花蛤外观

　　潮间带海岸生态护岸半硬质块体设计以花蛤为目标时首要考虑要素是其独
立打洞生活的习性，护岸半硬质块体要设计底栖孔使得水体与岸堤土体直接相
连，底栖孔直径应不小于 60mm。潮间带滩涂微地形重构半硬质块体设计以花
蛤为目标时首要考虑要素是其喜静水的习性特征，设计时要使得重构的微地形
在涨潮落潮时有减缓水力冲刷作用的能力。

（二）文蛤

　　文蛤（*Meretrix meretrix*）属软体动物门，瓣鳃纲，帘蛤目，帘蛤科，文蛤
属。壳呈圆形略带三角形，潮间带栖息主要为 10mm 及以下幼贝，随其成长逐
渐向较深水域迁移（图 6-16）。文蛤是典型埋栖型贝类，多数栖息在平缓的河
口或者内湾海岸带的潮间带，营掘洞潜沙生活。栖息深度随水温和个体大小发
生相应变化，一般在 1~25cm 波动。文蛤是滤食性动物，在涨潮时会浮至水
面，依靠自身出入水管进行呼吸和滤食，退潮后退回穴底（Lin et al.，2002）。

　　文蛤生活习性与花蛤类似，相关针对性设计仅需改变底栖孔孔径大小，底
栖孔直径应不小于 30mm。

图 6-16　文蛤外观

（三）椎实螺

椎实螺（*Lymnaeidae*）属软体动物门，腹足纲，基眼目，椎实螺科，椎实螺属。椎实螺雌雄同体身具螺型贝壳，螺旋部在下段且占比较小，壳较薄，颜色较暗，壳体半透明（图 6-17）。身体柔软，可完全收入壳中，有肺，同时因其在水下生活，一部分外套膜演化为次生性鳃，使其可以在水中正常呼吸。常成群栖息于静水和暖流水体中，在淡咸水交汇区、泉水、高原水体中均高概率发现。对水质变化较为敏感，常被视作水体污染的指示性物种。成螺体型约 10mm，常作为寄生虫和更高级宿主间的中间宿主存在（Correa et al.，2011）。椎实螺与花蛤、文蛤是河口海岸潮间带生活型为埋栖型生物的代表，三者行动能力均较差，在区域有极高的物种丰度，同时又是许多鱼类寄生性吸虫的中间

图 6-17　椎实螺外观

宿主。

椎实螺生活习性与花蛤类似，相关针对性设计仅需改变底栖孔孔径大小，底栖孔直径应不小于 15mm。

（四）沙蚕

沙蚕（*Nereis succinea*）属环节动物门，多毛纲，游走目，沙蚕科，常用于动物性钓饵。长度在 100mm 左右，体宽 10~20mm（图 6-18）。沙蚕在潮间带极为常见，深海中偶见，其生活型为钻蚀型，近岸岩石下、海藻丛间、珊瑚丛间和软质水体底泥中均可大量发现，洞穴深度可达几十厘米以上。生殖季节或外出觅食时可游泳行动，是我国渔业的一种重要的经济物种（Oglesby et al.，1979）。

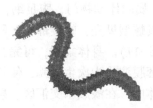

图 6-18　沙蚕外观

潮间带海岸生态护岸半硬质块体设计以沙蚕为目标时首要考虑要素是其选择栖息地习惯，护岸半硬质块体应具有相当的厚度且底栖孔应与岸坡土体直接相连，使其择具植物生长的适宜孔穴生活，孔径应不小于 20mm。潮间带滩涂微地形重构半硬质块体设计以沙蚕为目标时首要考虑要素是其洞穴深度特征，设计时要使得微地形重构半硬质块体空腔直接与滩地土壤相连，且稳固基面不应在空腔垂向上造成阻碍。

（五）招潮蟹

招潮蟹（*Uca*）属节肢动物门，软甲纲，十足目，沙蟹科，招潮蟹属，属内共有 101 种，体宽 35mm（图 6-19）。其蟹螯极为特殊，一大一小，大者像盾牌可以护住整个身体。只有雄蟹具大螯，雌蟹两只螯均较小。此外，双目如同两根直立的火柴棒也是其一大特征。招潮蟹广泛分布在潮间带区域，是一种典型的暖水性群居蟹类。招潮蟹常见栖息于高盐、苦咸水海滩，在泥滩上营穴居生活，每隔几天会重新打洞生活。洞穴深度与地下水埋深有关，一般可达30cm。招潮蟹的生理活动与潮汐相关，涨潮时会在穴底停留，等到退潮时回到地面进行诸如觅食和修补洞穴之类的活动（Ens et al.，1993）。招潮蟹生活型属埋栖型，但其具有较强的行动能力。

图 6-19 招潮蟹外观

招潮蟹少见于潮间带海岸，设计中使潮间带海岸生态护岸半硬质块体保有直径 35mm 以上底栖孔即可。潮间带滩涂微地形重构半硬质块体设计以招潮蟹为目标时首要考虑要素是其洞穴深度特征，具体结构设计与沙蚕要求类似，稳固基面不应阻碍招潮蟹巢穴的建立。

（六）三疣梭子蟹

三疣梭子蟹（*Portunus trituberculatus*）属节肢动物门，软甲纲，十足目，梭子蟹科，梭子蟹属。三疣梭子蟹是我国近海重要的经济蟹属，成蟹一般在 3~5m 水深的海域活动，在水域泥沙底层营穴居生活，主要在潮间带活动的幼蟹宽一般在 150mm 以下，适应高水盐，对水质、水中溶氧要求较高（图 6-20）。幼蟹常在潮间带爬行觅食，在滩涂掘沙潜入地底躲避天敌。常夜间外出觅食，有明显的趋光性（Hamasaki et al.，2006）。

图 6-20 三疣梭子蟹外观

潮间带海岸生态护岸半硬质块体设计以三疣梭子蟹为目标时首要考虑要素是其近岸产卵的生活习惯，护岸半硬质块体应具有相当的厚度，且底栖孔应与岸坡土体直接相连。应针对性设计独特形状的底栖孔，孔径不应小于 200mm，且具有沿径向扩张的扁平结构，贴近蟹类生理结构。潮间带滩涂微地形重构半硬质块体设计以三疣梭子蟹为目标时首要考虑要素是其觅食习性，设计时要使得半硬质块体有较大的遮蔽面积，为三疣梭子蟹提供足够的领地面积支撑其生活。

（七）中华绒螯蟹

中华绒螯蟹（*Eriocheir sinensis*）属节肢动物门，软甲纲，十足目，弓蟹科，绒螯蟹属。体型较大，头胸甲长约 54.6mm，宽约 61mm（图 6-21）。栖息于水域泥岸，主要在淡水水域栖息，但在河口淡咸水交汇区筑巢产卵繁殖后代。主要以水生植物、小型底栖动物、各类有机碎屑和动物尸体为食。出生幼蟹在河口淡咸水交汇区水域营浮游生活，而后进入潮间带海岸营浮游兼底栖生活，经一次蜕壳后在潮间带海岸营底栖兼爬行生活（Nanshan et al.，1999）。

图 6-21　中华绒螯蟹外观

潮间带海岸生态护岸半硬质块体设计以中华绒螯蟹为目标时首要考虑要素是亲蟹近岸产卵的繁殖习惯，护岸半硬质块体应具有相当的厚度，且底栖孔应与岸坡土体直接相连，应针对性设计独特形状的底栖孔，孔径不应小于 300mm，且具有沿径向扩张的扁平结构，贴近蟹类生理结构。

（八）牡蛎

牡蛎（*Ostrea gigas* Tnunb）属软体动物门，瓣鳃纲，牡蛎目，牡蛎科，牡蛎属。牡蛎具双壳，双壳间结构不对称，壳外表粗糙，上壳隆起，下壳扁平用于附着在物体表面。牡蛎营滤食生活，壳打开时每小时可吞入 3 加仑左右的水，滤食其中微小生物。牡蛎附着在坚硬物体表面生活，被附着物体成为牡蛎床，牡蛎床常位于咸水域潮间带中间部分。牡蛎多生活在热带和较温暖的温带，生活区水盐含量越高，个体体型越小，河口区牡蛎壳长在 100~350mm，壳长是壳宽的 3 倍（图 6-22），适广盐（Koganezawa，1978）。

图 6-22　牡蛎外观

　　潮间带护岸半硬质块体针对牡蛎特异性设计应保证护岸半硬质块体有较高的粗糙度，满足其附着生活的条件，保证护岸半硬质块体铺设区每日水流量较大，满足其滤食习性要求。

二、潮间带生态护岸半硬质块体设计

　　针对河口海岸潮间带独特的生境设计两种生态护岸半硬质块体，具体结构形式如下。

（一）潮间带生态护岸半硬质块体模型外观

　　潮间带海岸生态护岸半硬质块体模型如图 6-23 所示，其整体构型为厚度较薄的扁平长方体，长方体水平四面设计了链接模块，共有 9 个底栖孔沟通长方体上下表面。水平方向共有 2 个圆固定齿，在其对应面上有相应数量、尺寸的圆固定槽。水平方向有 1 个啮合齿、1 个啮合槽，二者尺寸对应。圆固定槽-圆固定齿、啮合槽-啮合齿原则上应保持尺寸一致，但考虑块体浇筑模具设计及现场安装施工简便程度，可扩大固定槽和啮合槽的相应尺寸，所作调整不应超过 2mm。针对性设计的底栖孔共两类：其一是圆底栖孔，为体型较小底栖生物设计（如沙蚕、文蛤等），小型底栖生物断面解剖构型可抽象为圆形，且相同设计周长圆形底栖孔面积较大，保证了护岸半硬质块体较好的透水性；其二是蝶形底栖孔，为体型较大底栖动物设计（如蟹类）。蟹类身体构型为高度扁、侧长，且有较大的不可形变的头胸甲，故而针对性的设计主体为大半径圆孔且在一对垂直的直径方向上延伸的蝶形底栖孔，服务于蟹类独特的生理构造。

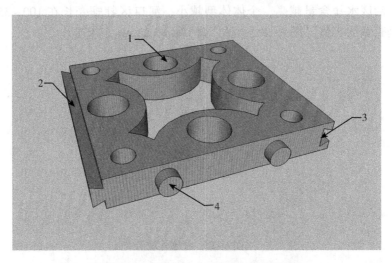

1. 底栖孔；2. 啮合齿；3. 啮合槽；4. 固定圆齿。

图 6-23　潮间带海岸生态护岸半硬质块体模型外观

潮间带滩涂微地形重构半硬质块体模型如图 6-24 所示。图中埋深线以下部分在铺设时埋于滩涂土壤下，地面上露出 1/4 球形——阻力单元，其空腔背

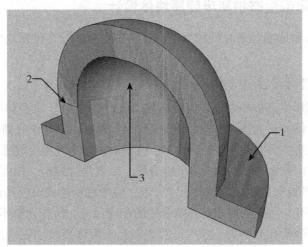

1. 稳固基面；2. 埋深线（仅作模型指示用，并不存在）；3. 阻力单元。

图 6-24　潮间带滩涂生态护岸半硬质块体模型外观注

向海方向。在涨潮时阻力单元球状构型可以有效减弱海浪对单元内部滩涂地面冲击，减弱局部海洋侵蚀作用。退潮时可以为单元内部提供遮阴、抗风等庇护，减弱环境胁迫强度。底部稳固基面可以有效地弱化半硬质块体所受的剪应力。

（二）潮间带生态护岸半硬质块体三视图及具体尺寸

潮间带生态护岸半硬质块体三视图与具体尺寸如图 6-25、图 6-26 所示。为保证铺设及模具制作过程简便易行，在保证浅水位生态护岸半硬质结构整体稳定的前提下，图中相应链接模块可以略做调整（±2mm）。

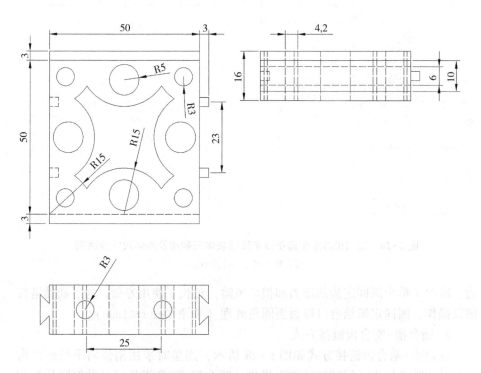

图 6-25　潮间带海岸生态护岸半硬质块体三视图及具体尺寸俯视图

注：标注尺寸单位为 cm。

（三）潮间带海岸生态护岸半硬质块体链接方式

1. 圆固定槽-圆固定齿链接

圆固定槽-圆固定齿链接方式如图 6-27 所示，该种链接方式通过挤压对接操作便可完成，圆柱形固定齿有较强的抗剪性，两个圆固定齿共同分担剪应

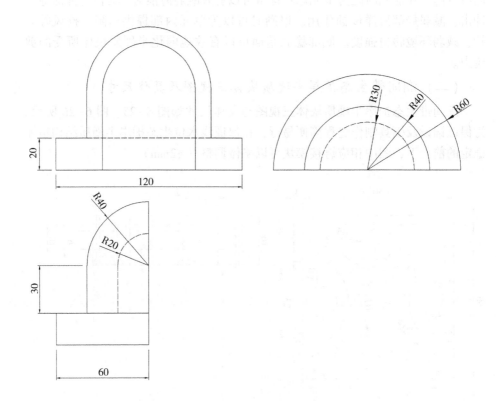

图 6-26　潮间带滩涂生态护岸半硬质块体三视图及具体尺寸侧面图

注：标注尺寸单位为 cm。

力，减少了单个圆固定齿的压力和损坏风险，延长了使用寿命。为了辅助链接铺设操作，圆固定槽结合口可做倒圆角处理（圆角半径 $r \leqslant 1$mm）。

2. 啮合槽-啮合齿链接方式

啮合槽-啮合齿链接方式如图 6-28 所示，连接时采用错位向平行位沿齿方向推式啮合。为了辅助链接铺设操作，啮合槽/啮合齿长棱可做倒圆角处理（圆角半径 $r \leqslant 1$mm）。

（四）潮间带生态护岸半硬质块体铺设方式

1. 潮间带海岸生态护岸半硬质块体铺设方式

潮间带海岸生态护岸半硬质块体铺设方式主要应用在河口海岸潮间带岸坡，链接体整体构型为扁平的长方体，应沿岸坡贴合铺设（图 6-29）。装配过程中应优先进行啮合槽-啮合齿间的链接操作，保证装配过程顺利。铺设时应

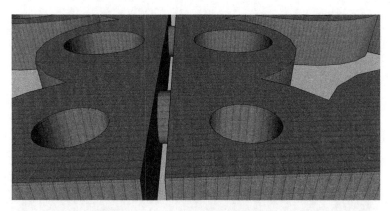

图6-27　潮间带海岸生态护岸半硬质块体圆固定槽-圆固定齿链接方式

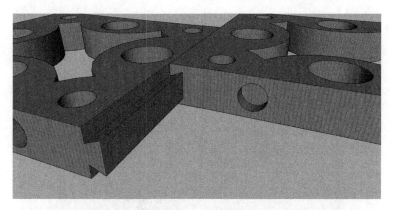

图6-28　潮间带海岸生态护岸半硬质块体啮合槽-啮合齿链接方式

保证半硬质块体啮合齿长棱应垂直于岸坡坡降方向，使得圆固定槽-圆固定齿链接结构有最优的抗剪性。

2. 潮间带滩涂微地形重构半硬质块体铺设方式

潮间带滩涂生态护岸半硬质块体铺设方式主要应用在河口滩涂，阻力单元露于地面之上，内部空腔面向大陆方向，埋深线以下埋入滩涂土壤作为整体结构地基，保证其稳定性。稳固基面上土壤应培实，使其可以较好地抵消海浪冲击带来的半硬质块体内部应力（图6-30）。

三、潮间带海岸生态护岸潮位及堤顶超高设计

黄河口属潮汐河口，即河流入海口的水位和水体含盐量受潮汐涨落和径流

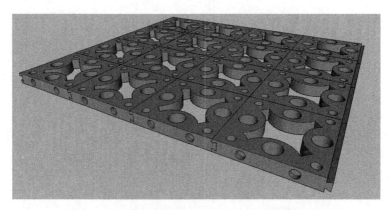

图 6-29　潮间带海岸生态护岸半硬质块体铺设方式

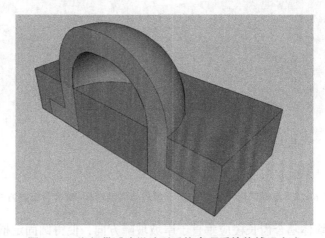

图 6-30　潮间带滩涂微地形重构半硬质块体铺设方式

流量影响。黄河口海岸潮间带在区域独特的海洋动力因素影响下形成半日潮现象：一个太阳周期（24h50min）内存在两次高潮位、两次低潮位，且相同潮位潮高相等，潮变时间相等。针对区域潮位变化现象需要计算常态潮位及风暴潮潮位以确定潮间带岸堤设计高度。同时，考量河口海岸的风浪因素及岸堤安全要求要对堤顶设计一定程度的加高，具体设计方案如下。

（一）潮间带生态护岸潮位计算

水堤、水坝、水闸等工程构筑物在设计时，为了防止发生水位过高而漫顶的事故，需要对设计潮位进行计算来确定构筑物全结构高程。在考虑设计潮位重现期时应采用频率分析法确定高程，河口海岸设计护岸结构时应选取极值Ⅰ型分布曲线进行潮位重现期频率分析（张彦洪等，2016）。本节所做极值Ⅰ型分布曲线分析依《水利工程水力计算规范》（SL104）的有关规定计算。

$$\bar{h} = \frac{1}{n} \sum_{i=1}^{n} h_i \tag{6-5}$$

$$S_1 = \sqrt{\frac{1}{n} \sum_{i=1}^{n} h_i^2 - \bar{h}^2} \tag{6-6}$$

$$h_P = h + P_n S \tag{6-7}$$

式中：$\bar{h}$——研究区潮位的系列均值，数据来源中国海事服务网，数据统计点位为湾湾沟口实测数据；

S_1——研究区分析时段内潮位的系列均方根；

h_P——发生频率为 P 的高潮潮位；

P_n——潮变系数，受频率 P 和统计年数 n 制约，本文选取重现频率为 0.9，查表可得潮变系数为-1.320。

计算选取山东省东营市湾湾沟口潮汐统计数据，选取 1990—2018 年共 28 年数据，h 为 148.87cm，潮高测量基面为常海平面下 130cm 处，故平均潮高为 278.87cm。$S = 8.26$，故设计堤高 h 在 90% 频率分布下 $h_{0.9} = 226.97$cm，设计潮间带常态水位条件下高程应为 267.97cm，取 268cm。

在考虑 28 年连续最高潮系列潮位之外，本文加入考量 3 个发生特大高潮年份的每年 5 个，共 15 个极高潮灾位。其年最高潮位均值 h、均方差 S 按下式确定，P_n 的值查表确定，对应统计年份取为 3（卢光民等，2010）。

$$h = \frac{1}{N} \left(\sum_{j=1}^{a} h_j + \frac{N-a}{n} \sum_{i=1}^{n} h_i \right) \tag{6-8}$$

$$S_2 = \sqrt{\frac{1}{N} \left(\sum_{j=1}^{a} h_j^2 + \frac{N-a}{n} \sum_{i=1}^{n} h_i^2 \right) - h^2} \tag{6-9}$$

式中：h_j——极高潮灾潮位（$j = 1, 2, \cdots, n$）；

h_i——连续最高潮系列潮位（$i = 1, 2, \cdots, n$）；

N——特大高潮年数；

S_2——极高潮灾位均方差。

计算得出，极高潮灾位系列均值 $h = 415.53$，极高潮灾位潮差为 545.53cm。极高潮灾位均方差 $S_2 = 35.25$，设计应对特大高潮灾位堤高在 90%

频率分布下 $h_{0.9}=499cm$，设计潮间带高程应为 499cm。

（二）潮间带生态护岸堤顶超高计算

岸堤设计水位的计算中因统计序列短以及边界条件模拟困难等因素导致误差难以避免，设计水位计算模型无法完全、真实模拟实际的海岸岸堤设计高程。此外，由于海岸带存在各类波浪，波浪在向岸推进过程中遇见作为障碍物的岸堤会形成水浪。波浪不仅会对岸堤产生冲刷力，当其越过堤顶构筑物时可能会造成破坏性的影响。故而岸堤高程设计中除了在考量设计区潮位的系列均值和极高潮灾位之外，依据《堤防工程设计规范》2013 版相关规定，需要设计堤顶超高。堤顶超高核准高程按下式计算。

$$Y = R_P + e + A \tag{6-10}$$

$$R_P = \frac{K\,K_V\,K_P}{\sqrt{1+m^2}}\sqrt{HL} \tag{6-11}$$

$$e = \frac{K\,V^2\,F}{2gd}cos \tag{6-12}$$

式中：Y——设计堤顶超高（m）；

e——研究区风壅水面高度（m）；

K——综合摩阻系数（经验系数），依规范要求取 3.6×10^{-6}；

V——设计风速，取东营市常年平均风速；

F——由研究区逆风向量方向到对岸距离（m）；

d——研究区水域的平均水深（m）；

β——风向与堤轴线的法线间夹角（°）；

A——岸堤安全加高值（m）；

R_P——累积频率为 P 的波浪爬高（m）；

K——护岸结构的糙率及渗透性综合系数，本文取 0.6；

K_V——经验系数，查表得 1.02；

K_P——频率换算系数，查表得 0.97；

m——护岸结构铺设坡率；

α——斜坡坡角（°）；

H——堤前波浪常态波高（m）；

L——堤前波浪常态波长（m）。

经计算得出：累积频率为 P 的波浪爬高为 0.23m，风壅水面高度 $e=$ 0.01m，查表得海堤工程 1 类标准正常运用条件下安全加高值 A 为 1m。潮间带海岸设计总超高应为 1.24m。

第四节　河口海岸潮上带生态护岸设计

潮上带是一个极其广阔的区域，狭义的潮上带指平均高潮线与特大潮水潮位间的区域，广义上的潮上带为平均高潮面至海相所能影响到的最远距离，可向内陆延伸十数千米至数百千米（陆健健，1996）。潮间带生态系统的扩展和延伸依靠波浪条件，对生态环境的改变呈现出显著的梯度差别，生物分布有明显的成带现象，物种的丰度上限受暴露在水外时干燥、温度和盐分等环境因素胁迫，下限受天敌和种间竞争等生物因素胁迫。不同于潮间带生态系统，潮上带几乎完全在水面之上，很少受到海相直接作用，海相对此区域输入的能量较少，仅在风暴潮出现时会对此区域产生较大影响。区域地表水分蒸失量极高，地表沉积相常出现干裂现象，同时表现为石膏等盐分在地表大量堆积，土壤养分随水流失严重（Jiang et al.，2015）。

本节为河口海岸潮上带生态环境因素胁迫地坪设计生物相容性护岸半硬质块体。河口海岸潮上带岸坡是波浪冲击能量所能辐射到的区域，也称为浪溅区。正常情况下，区域内存在波浪冲击能量辐射、岸坡自重滑动失稳等影响坡面稳定因素，在这些因素共同作用下，表现为岸坡稳定性下降（小于1）时，便会导致区域出现岸线垮塌现象，形成或大或小的海蚀崖。如本章前一节所述，设计了潮间带波浪常态/异常态高程和堤顶安全加高，波浪直接作用已经很难达到本文所界定的潮上带，故而针对河口海岸潮上带岸坡所作生态护岸稳定性分析主要考虑岸坡的滑动稳定性，本文所做设计基于极限平衡理论。

一、河口海岸潮上带岸坡生态护岸半硬质块体设计

（一）潮上带生态护岸半硬质块体模型外观

潮上带生态护岸半硬质块体模型如图 6-31 所示，其构型为中空且上下表面通透的长方体，水平四面设计了链接模块，中空较大面积植生孔。水平方向共有 2 个圆固定齿，在其对应面上有相应数量、尺寸的圆固定槽。水平方向有 1 个啮合齿，1 个啮合槽，二者尺寸对应。圆固定槽-圆固定齿、啮合槽-啮合齿原则上应保持尺寸一致，但考虑块体浇筑模具设计及现场安装施工简便程度可扩大固定槽和啮合槽的相应尺寸，所作调整不应超过 2mm。

（二）潮上带生态护岸半硬质块体三视图及具体尺寸

潮上带生态护岸半硬质块体三视图及具体尺寸如图 6-32 所示。为保证安

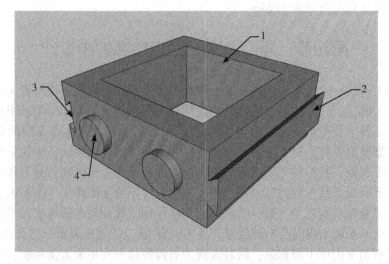

1. 植生孔；2. 啮合齿；3. 啮合槽；4. 固定圆齿。

图6-31 潮上带生态护岸半硬质块体模型

装及模具制作过程简便易行，在保证潮上带护岸链接结构整体稳定的前提下，图中相应链接模块可以略做调整（±2mm）。

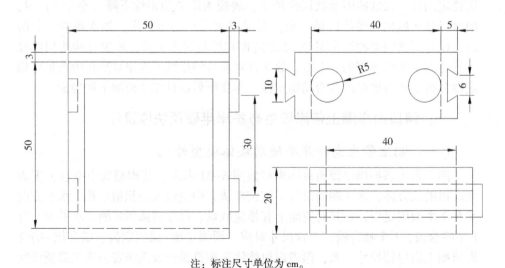

注：标注尺寸单位为 cm。

图6-32 潮上带生态护岸半硬质块体三视图及具体尺寸

（三）潮上带生态护岸半硬质块体链接方式

1. 啮合槽-啮合齿链接方式

啮合槽-啮合齿链接方式如图 6-33 所示，连接时采用错位向平行位沿齿方向推式啮合。为了辅助链接铺设操作，啮合槽/啮合齿长棱可做倒圆角处理（圆角半径 $r \leqslant 1\mathrm{mm}$）。

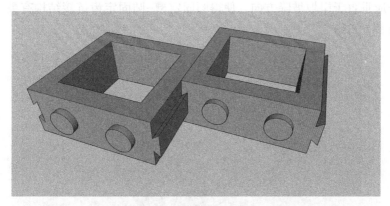

图 6-33　潮上带生态护岸半硬质块体啮合槽-啮合齿链接方式

2. 圆固定槽-圆固定齿链接

圆固定槽-圆固定齿链接方式如图 6-34 所示，该种链接方式通过挤压对接操作便可完成，圆柱形固定齿有较强的抗剪性，两个圆固定齿共同分担剪应力，减少了单个圆固定齿的压力和损坏风险，延长了使用寿命。为了辅助链接铺设操作，圆固定槽结合口可做倒圆角处理（圆角半径 $r \leqslant 1\mathrm{mm}$）。

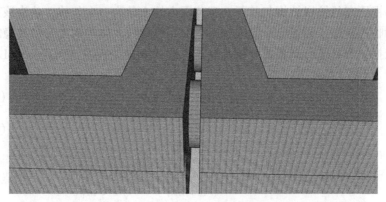

图 6-34　潮上带生态护岸半硬质块体圆固定槽-圆固定齿链接方式

（四）潮上带生态护岸半硬质块体铺设方式

潮上带生态护岸半硬质块体铺设方式主要应用在河口海岸潮上带岸坡，针对已经脱离海浪直接作用却仍处于坡面的潮上带稳定性提升需要设计，链接体整体构型为扁平的长方体，应沿岸坡贴合铺设。装配过程中应优先进行啮合槽-啮合齿间的链接操作，保证装配过程顺利。铺设时应保证半硬质块体啮合齿长棱应垂直于岸坡坡降方向，使得圆固定槽-圆固定齿链接结构有最优的抗剪性（图6-35）。

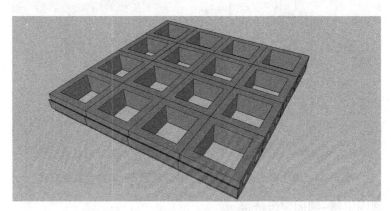

图6-35　潮上带生态护岸半硬质块体铺设方式

二、河口海岸潮上带岸坡生态护岸链接体稳定性分析

本节所作潮上带半硬质块体生态护岸设计岸坡稳定性分析基于极限平衡理论。即视研究的护岸结构与其下一定范围内的土条为一个整体，认为该系统处于滑动临界状态，确定这一极限状态下的相关参数，作为潮上带岸坡稳定性分析的依据。本章节所做相关分析及计算根据《海堤工程设计规范》（SL 435—2008）。相关计算如下。

$$A f_2^2 - B f_2 + C = 0 \qquad (6-13)$$

$$A = \frac{n \, m_1 (m_2 - m_1)}{\sqrt{1 + m_1^2}} \qquad (6-14)$$

$$B = nY \sqrt{1 + m_1^2} + \frac{m_2 - m_1}{\sqrt{1 + m_1^2}} + \frac{n(m_1^2 m_2 + m_1)}{\sqrt{1 + m_1^2}} \qquad (6-15)$$

$$C = Y \sqrt{1 + m_1^2} + \frac{1 + m_1 m_2}{\sqrt{1 + m_1^2}} \qquad (6-16)$$

$$n = \frac{f_1}{f_2} \qquad (6-17)$$

$$k = \frac{\tan\varphi}{f_2} \qquad (6-18)$$

$$YM = \sin\varphi_1 - \sin\varphi_1 \tan\varphi_2 \qquad (6-19)$$

式中：m_1——滑动折点上方坡面坡率；

m_2——滑动折点下方坡面坡率；

f_1——浇筑护岸半硬质块体所用混凝土与基土之间的摩擦系数，本文取 0.6；

f_2——浇筑护岸半硬质块体所用混凝土的内摩擦系数，本文取 0.76；

φ_1——滑动折点上方护岸链接体内摩擦角（°）；

φ_2——滑动折点下方护岸链接体滑动角（°）；

Y——滑动折点上方护岸链接体受折点下方护岸链接体挤压力与折点上方护岸链接体自重比值；

M——单列护岸块体总质量（t）（沿坡降方向）。

经计算，护岸块体坡面稳定系数为 1.34>1，坡面可保持足够的稳定性，Y 为 0.5，经受力分析与文中假设一致。M 为 1.2t，即单列护岸半硬质块体铺设总质量不得超过 1.2t，本文所选用透水混凝土容重为 2 000kg/m^3，根据前文所设计护岸半硬质块体构型可计算得出，单排护岸块体最多铺设 33 块。

第五节　生态护岸梯级结构整体构型研究

本节所设计生态护岸梯级结构的梯级依据潮位变化而确定，针对区域不同的水力条件、目标种的生理结构和习性设计。生态护岸梯级结构整体为多孔质结构，在保证河口海岸稳定的前提下不阻碍海-陆间水文交流，同时针对区域鱼类和底栖生物因人类活动和自然因素而损毁的栖息地进行重建设计。生态护岸梯级结构的构建要根据所选护岸示范工程实施地地貌、生态环境胁迫要素等进行具体规划，可选择一级或多级结构复合铺设。如：区域近岸浅滩沉积相堆积高程较高，浅水位层级可视情况取消，改为铺设潮间带滩涂微地形重构半硬质块体，增大近岸浅滩沉积相的粗糙程度。

一、河口海岸生态护岸梯级结构整体构型

河口海岸生态护岸梯级结构整体构型如图 6-36 所示。平均低潮线以下铺设浅水位护岸半硬质块体，可根据需求沿近岸浅滩向海铺设，根据地貌变化选择不同的铺设方式，或多种铺设方式复合使用。平均低潮线以上至平均高潮线间海岸布置潮间带海岸生态护岸半硬质块体，为区域底栖生物构建适宜的栖息环境。滩涂布置微地形重构半硬质块体恢复区域以潮池为代表的微生境。潮上带生态护岸结构为海岸岸坡稳定性提升设计，为潮上带植被覆盖提供适宜的稳定基础。

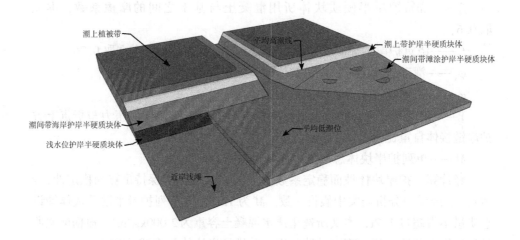

图 6-36　河口海岸生态护岸梯级结构整体构型

二、河口海岸生态护岸梯级结构铺设方式

河口海岸生态护岸梯级结构铺设需因地制宜，考虑工程实施区的生态环境诉求及地形地貌因素。如图 6-37 所示，区域存在不同于无河口淤泥质海岸的特征区域。（1）河岸岸坡：处于黄河流域尚未入海扩张区，坡面斜率较大，高点海拔可达 2.5m，潮下带、潮间带、潮上带三层级完备，受侵蚀作用影响较强。（2）潮上带向海斜坡：区域坡面坡降较缓（1:600），小支流遍布，支流基面侵蚀较严重，稍低于潮上带高程。应在向海岸坡处主要布置潮上带护岸半硬质块体，小支流中可依据具体的水力条件削减浅水位半硬质护岸块体铺设梯级。

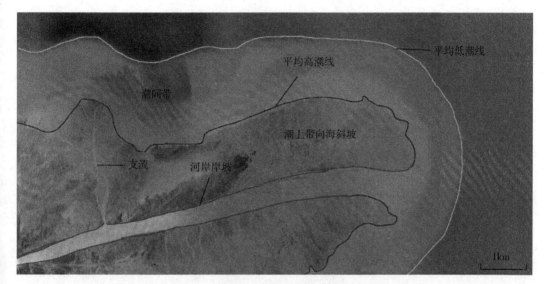

图6-37　河口海岸地形

护岸梯级结构的铺设要考虑施工区的水力和地形因素，同时尽量提供最大的栖息地面积。此外，应将前文所设计的生态护岸半硬质块体与区域土著植物有机地结合起来，不仅可以提升生物对重构的栖息地适应性，更加可以提升区域景观，使得区域人类活动和自然生态和谐可持续发展，本部分以河口海岸三层级完备的河岸岸坡为例展示生态护岸梯级结构铺设方式。

河岸岸坡有较高的坡度，完整的潮下带、潮间带和潮上带，在铺设生态护岸梯级结构时应依据坡面结构和高程合理配置各类半硬质块体使用方式。其流域断面结构如图6-38所示。

区域潮下带向水域中心延伸较长距离，可选择水平和倾斜方式复合铺设。潮间带高程较高，应按文中分析给定高程（波浪高程+堤顶超高）铺设适宜高度的潮间带护岸半硬质块体。潮上带仍存在部分坡体结构，应铺设本文设计的潮上带护岸块体，保证坡面稳定。具体铺设结构见图6-39。

三、河口海岸生态护岸岸坡梯级结构整体沉降核算

地基土层在护岸结构附加外力作用下会发生土层孔隙率降低现象，表现为土层压密及整体沉降。当地基表面沉降量过大或区域沉降量不均匀时，会导致生态护岸梯级结构整体倾斜、开裂，无法达到护岸结构建立的目的（Tan et al.，2002）。地基土层在长期荷载生态护岸梯级结构情况下

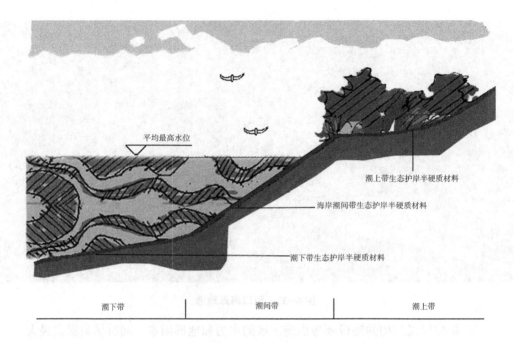

平均最高水位

潮上带生态护岸半硬质材料

海岸潮间带生态护岸半硬质材料

潮下带生态护岸半硬质材料

潮下带	潮间带	潮上带

图 6-38 流域断面

发生的沉降现象可分为 3 类：初始沉降、主固结沉降和次固结沉降。初始沉降指土层外加载荷负载瞬间发生的土层形变，土层仅有形变未发生体变，是土体剪切形变的一种主要形式，常被认为是一种弹性形变，这部分形变是土体外加载荷而发生形变的主要部分，在护岸结构设计时应进行估算。主固结沉降发生在初始沉降之后，由土体内孔隙水分逐渐排出主导，由于河口海岸区域生态环境的独特性，土体孔隙含水量很难大量排出，故不将主固结沉降纳入沉降量核算。次固结沉降量远远小于主固结沉降量，仅在研究区存在压缩比较高的深层土壤所受压力增量比极小时纳入沉降核算（Wei et al.，2014）。

这里所作河口海岸生态护岸梯级结构整体沉降核算基于《海堤工程设计规范》（SL 435—2008）。所选水力条件以平均低潮潮位为荷载计算条件。计算高程选为平均低潮线至潮上带护岸半硬质块体铺设最高点。具体计算如下。

$$S = m \sum_{i=1}^{n} \frac{e_{1i} - e_{2i}}{1 + e_{1i}} h \qquad (6\text{-}20)$$

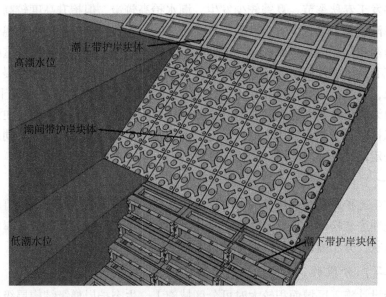

图 6-39　河岸岸坡铺设

$$h = \frac{\sigma_z}{\sigma_B} \leq 0.2 \qquad (6-21)$$

式中：S——护岸链接体最终沉降量（mm）；

n——研究范围内土壤分层数；

e_{1i}——土层 $1i$ 的土壤孔隙比（受重力作用影响）；

e_{2i}——土层 $2i$ 的土壤孔隙比（受重力和附加荷载作用影响）；

h——研究范围内单土层厚度（mm）；

m——沉降量计算修正系数；

σ_z——计算断面之上土层自重应力（kPa）；

σ_B——计算断面处土层附加应力（kPa）。

σ_B 计算值取自本章第三节和第四节相关计算结果，计算得 h 单土层厚度为 0.2mm。沉降量修正系数常取为 1，考虑到河口海岸基土软弱性，本文取沉降量修正系数为 1.3，计算得出最终沉降量 S 为 1.12mm。

四、河口海岸生态护岸梯级结构加固方式

黄河口海岸多发风暴潮，区域遭受的风暴潮可分为两类：由温带高能气旋所引发的温带气旋型风暴潮，以及由台风引发的台风型风暴潮。温带气旋型风

暴潮多发于春秋季节，夏季较少发生，潮水抬高较慢，但抬升高度较高。台风型风暴潮多见于夏秋季节，潮水抬升极快，破坏力强，抬升高度不如温带气旋型风暴潮高（杨桂山，2000）。如果风暴潮发生时间与天文高潮时间重叠，且在区域有强风浪作用时，常常使得潮水高度暴涨，便可能发生洪水漫堤甚至决堤现象，洪水可向大陆延伸几十上百千米，造成的恶劣影响可蔓延数千千米、持续数天之久，吞噬码头、农田甚至城镇（Fritz et al.，2007）。因此在河口海岸生态护岸梯级结构整体构型设计时，不仅要考虑适宜的岸堤高程，同时也要满足一定的岸堤加固需要。具体加固设计如下。

（一）施工面前处理原则

在生态护岸结构铺设前应对与护岸块体结合的施工面进行处理，可利用高压水流冲去疏松浮土层及各种堆积杂物，必要时可进行消坡处理或将岸坡加工为台阶状，分层铺设生态护岸半硬质块体。

（二）分段施工原则

当设计施工区域面积较大时可分区域施工，生态护岸梯级结构层级间坡面坡度比值不应大于 3∶1。

（三）监测原则

对岸堤进行铺设处理过程中应实时监测生态护岸整体结构及地基沉降变形。铺设后也应设立适当的监测周期，选取适当的点位布设监测点以掌握岸堤的健康状况。

参考文献

陈国庆，黄润秋，石豫川，等，2014. 基于动态和整体强度折减法的边坡稳定性分析 [J]. 岩石力学与工程学报，33（2）：243-256.

陈学良，张景明，2000. 土工织物在长江口深水航道治理工程中的应用 [J]. 水运工程（12）：48-52.

冯士筰，李凤岐，李少菁，1999. 海洋科学导论 [M]. 北京：高等教育出版社.

高海艳，2019. 习近平生态文明思想指明未来发展方向 [N]. 中国社会科学报（5）.

郭跃美，2001. 抛石护岸及施工技术 [J]. 湖南水利水电（2）：7-8.

胡世忠，2000. 混凝土异形块和钢筋石笼护岸防冲应用初探 [J]. 中国农

村水利水电 (9)：21-23，52.

嵇晓雷，杨平，2016. 应用分形维数研究狗牙根根系边坡固坡效应 [J].
  林业工程学报，1 (4)：129-133.

姜梅，2000. 略论护岸工程的负面影响——以美国护岸工程为例 [J]. 海
  岸工程 (1)：64-68.

李丽，唐文乔，张亚，2018. 长江下游雌性刀鲚生殖洄游过程中脂肪酸含
  量及其组分的变化 [J]. 水产学报，10 (11)：1-19.

刘娜娜，杨德全，张书宽，2006. 生态河道中护岸形式的探索及应用 [J].
  中国农村水利水电 (10)：97-99.

卢光民，刘庆蕾，宋冬玲，2010. 黄河三角洲沿海三次特大风暴潮研究与
  对策 [C]. 华东七省 (市) 水利学会协作组第二十三次学术研讨会.

陆健健，1996. 中国滨海湿地的分类 [J]. 环境导报 (1)：1-2.

宋关玲，王岩，2015. 北方富营养化水体生态修复技术 [M]. 北京：中国
  轻工业出版社.

邢浩翰，周林飞，张静，2017. 基于鱼类对孔隙选择性试验的多孔型生态
  护岸块体设计 [J]. 中国农村水利水电 (9)：141-145，149.

杨桂山，2000. 中国沿海风暴潮灾害的历史变化及未来趋向 [J]. 自然灾
  害学报，9 (3)：23-30.

张彦洪，王馨梅，高彦婷，2016. 关于堤坝坝顶高程计算中安全加高的讨
  论 [J]. 水土保持，4 (4)：99-104.

赵亚辉，邓维德，康斌，等，2012. 矛尾虾虎鱼的生长与繁殖 [C]. 中国
  海洋湖沼学会鱼类学分会、中国动物学会鱼类学分会学术研讨会.

郑亮，2014. 黄河口海域鱼类群落结构初步研究 [D]. 上海：上海海洋
  大学.

郑松，徐月忠，陈立，等，2018. 组合工字型生态航道护岸施工工艺总结
  及应用 [J]. 科学技术创新 (21)：94-95.

中国科学院. 中国动物主题数据库 [EB/OL]. http：//www. zoology.
  csdb. cn/.

BALTZ D M, 1984. Life history variation among female surfperches (perci-
  formes：embiotocidae) [J]. Environmental Biology of Fishes, 10 (3)：
  159-171.

BEUKEMA J J, 1976. Biomass and species richness of the macro-benthic ani-
  malsliving on the tidal flats of the dutch wadden sea [J]. Neth J Sea Res,

10 (2): 236-261.

CORREA A C, ESCOBAR J S, NOYA O, et al., 2011. Morphological and molecular characterization of neotropic lymnaeidae (gastropoda: lymnaeoidea), vectors of fasciolosis [J]. Infection, Genetics and Evolution: Journal of Molecular Epidemiology and Evolutionary Genetics in Infectious Diseases, 11 (8): 1978-1988.

ECKMAN J E, ANDRES M S, MARINELLI R L, et al., 2008. Wave and sediment dynamics along a shallow subtidal sandy beach inhabited by modern stromatolites [J]. Geobiology, 6 (1): 21-32.

ENS B J, KLAASSEN M, ZWARTS L, 1993. Flocking and feeding in the fiddler crab (uca tangeri): prey avail ability as risk-taking behaviour [J]. Netherlands Journal of Sea Research, 31 (4): 477-494.

FRITZ H M, BLOUNT C, SOKOLOSKI R, et al., 2007. Hurricane katrina storm surge distribution and field observations on the mississippi barrier islands [J]. Estuarine, Coastal and Shelf Science, 74 (1-2): 12-20.

GRANJA H M, CARVALHO G S D, 1995. Is the coastline "protection" of portugal by hard engineering structures effective? [J]. Journal of Coastal Research, 11 (4): 1229-1241.

HAMASAKI K, FUKUNAGA K, KITADA S, 2006. Batch fecundity of the swimming crab portunus trituberculatus (brachyura: portunidae) [J]. Aquaculture, 253 (1-4): 359-365.

HEIDA L. DIEFENDERFER, IAN A. SINKS, SHON A. ZIMMERMAN, et al., 2018. Designing topographic heterogeneity for tidal wetland restoration [J]. Ecological Engineering, 123: 212-225.

IKARI M, 2015. Shear strength, cohesion, and over consolidation in low-stress sediments and their importance for submarine slope failure [C]. AGU Fall Meeting. AGU Fall Meeting Abstracts.

IKEBE Y, OISHI T, 1996. Correlation between environmental parameters and behaviour during high tides in periophthalmus modestus [J]. Journal of Fish Biology, 49 (1): 9.

JIANG TINGTING, PAN JINFEN, PU XINMING, et al., 2015. Current status of coastal wetlands in china: degradation, restoration, and future management [J]. Estuarine, Coastal and Shelf Science, 164 (5):

265-275.

KASAI A, HORIE H, SAKAMOTO W, 2010. Selection of food sources by ruditapes philippinarum and mactra veneriformis (bivalva: mollusca) determined from stable isotope analysis [J]. Fisheries Science, 70 (1): 11-20.

KOGANEZAWA A, 1978. Ecological study of the production of seeds of the pacific oyster crassostrea-gigas [J]. 29: 1-88.

LIN Z H, CHAI X L, FANG J, et al., 2002. Large scale artificial breeding of hard clam meretrix meretrix linneus [J]. Journal of Shanghai Fisheries University, 11 (3): 242-247.

NANSHAN D, WEI L, PENGCHENG C, et al., 1999. Studies on vitellogenesis of eriocheir sinensis [J]. Acta Zoologica Sinica, 45: 88-92.

OGLESBY K L C, 1979. Reproduction and survival of the pileworm nereis succinea in higher salton sea salinities [J]. Biological Bulletin, 157 (1): 153-165.

PHARISAT A, MICKLICH N, 1998. Oligocene fishes in the western paratethys of the rhine valley rift system [J]. Italian Journal of Zoology, 65 (1): 163-168.

ROSOLEN V, BUENO G T, MUTEMA M, et al., 2019. On the link between soil hydromorphy and geomorphological development in the cerrado (brazil) wetlands [J]. Catena, 176: 197-208.

TAN C M, XU R Q, ZHOU J, et al., 2002. Settlement back-analysis and prediction for soft clay ground of embankment [J]. China Journal of Highway & Transport, 15 (1): 14-16.

VANIA ROSOLEN, GUILHERME TAITSON BUENO, MACDEX MUTEMA, et al., 2019. On the link between soil hydromorphy and geomorphological development in the cerrado (brazil) wetlands [J]. Catena, 176: 197-208.

WEI H Y, LIANG G Q, ZHANG C J, 2014. Analysis of monitoring and settlement prediction of wenzhou shoal seawall [J]. Applied Mechanics and Materials, 580 (583): 1993-1999.

ZHANG Y, ZHENG J, XIE Y, et al., 1999. The feeding habits and growth of larval, juvenile and young lateolabrax japonicus [J]. Acta Oceanologica Sinica (3): 57-62.

第七章　河口海岸生态护岸栖息地
重建效果模拟研究

第一节　水体流态及栖息地面积变化分析

生态护岸体系不同于传统的硬质土木工程护岸体系，它要求护岸系统除了具有保证岸坡稳定性和遏制水土流失的能力之外，还要求设计者从生态的角度出发进行思考，保证海陆间存在相互渗透，既保证近岸带的水文及生物连通性，同时又要有一定的景观效果。生态护岸将岸堤的防洪效应、生态效应、景观效应等集于一身，其将生态学与护岸工程的设计及建设结合的理念不仅是护岸工程的一大进步，同时也为未来主流护岸工程的发展奠定了基础（Chun et al.，2003；Browne et al.，2011）。

生态护岸体系的构建将生态学和土木工程学有机地结合在一起，这样的方式利用人工或自然材料不仅满足了护岸的基本要求，而且为区域生物重建了受损的栖息地；保证海相-陆相之间的连通性。既有自然护岸的生态系统自然性、景观服务性和渗透功能性，同时又具备硬质护岸的稳定性和结构性。但是关于生态护岸建设的具体效果，在设计方案实施前需要进行足够的理论分析，同时也要补充适宜的实践结果，才能做出较完整的评价。比较受到公认的方式是在方案实施前选定试验区进行试验性的试点铺设，观测其对海相-陆相间水文连通的影响情况和生物栖息地重建的效果（Bilkovic et al.，2013；Larsen et al.，2007；赵鹏程等，2011）。

目前有关新型多孔质生态护岸块体铺设实例较少，实践基础较差，很难从试验及尚未广泛应用的寥寥数个范例中得出较为科学的结果预测。若冒然铺设而效果不甚理想，会造成极大的材料和经费浪费，损失极大。本章希望通过相关的水力学模型和生物栖息地模型对铺设效果进行模拟，为生态护岸结构的构建提供参考。

一、Froude 数及 WUA 简介

Froude 数，中文名弗劳德数，缩写为 Fr。Froude 数是在流体力学中表征流体惯性力和流体自身重力间关系的一个无量纲参数，是当工程中需要模拟有自由液面的液体流动时的一个必须考量的相似准则数。

鱼类栖息地模拟法以目标物种所需水利条件为衡量因子来确定河流流量条件，该方法具有可定量化且基于生物原则思考的优点。而其中 IFIM 法（Instream flow incremental methodology）是最具科学意义，同时也是最广泛使用的方法，本节所选用的栖息地面积预测模型也是建立在该方法之上的。国内所用的 IFIM 法多是从生态需水量的角度出发进行思考的。生态需水量不单单指区域内生物的生活需水量，更是维持区域生态系统正常运转的需水量，也称生态环境需水量。生态需水量可作为一个临界条件，当一个生态系统被供给的水量达到该临界值时，生态系统便会在水因子的制约下维持稳定的现状，保持健康稳定。而当生态系统被供给的水量低于这一值时，生态系统会表现为水因素胁迫，渐渐走向衰败，出现荒漠化等表象；反之，当被供给水量处于大于这一临界值的一定范围内，生态系统向更加繁荣的方向发展，系统处于良性循环状态（Ying et al.，2006）。

IFIM 法的原理是逐渐增加对系统内输送的水分流量，而观察系统在不同水量条件下响应状态的逐渐变化情况。该方法综合考量了宏观生境和微观生境，共同指示目标生物的适应性栖息面积。其中宏观生境包括水量状态、岸坡物理构型、水温和水质 4 个要素。微观生境包括水面高程、水体流速、岸坡和水体表面覆盖状况 4 个要素（Gracia et al.，1996）。

天然栖息地模型（PHABSIM）是根据河道水流增加法（IFIM）构建的一个最典型的模型，该模型主要有两部分组成：水动力学模型（Hydrodynamic model）和栖息地面积模型（Habitat area model）。PHABSIM 模型在计算时首先将河道横断面分割为一定的计算单元，分别确定每个计算单元中的平均流速、中心点高程、基质糙率等参数，根据所选目标种对这些参数的适应喜好程度建立目标种对不同参数的适应性曲线，分析确定目标种对每个计算单元的喜好程度，最后对每个计算单元的目标种生境适应性系数赋权重得出加权计算结果，将其称为加权可使用栖息的面积（WUA，Weighted Usable Area）。

PHABSIM 模型对于目标鱼类加权可利用栖息地的模拟建立在如下几个假定前提。（1）模型中所选河道断面计算单元的参数：水深、点位坐标、流速和基质等指标是造成物种丰度和分布趋势发生变化的主要因素。（2）每个计

算单元的微生境仅受所选的参数指标影响。（3）河床相应位点坐标固定，河床形态不会随水流流动发生改变。（4）计算得到的目标鱼类加权可利用栖息地面积与物种丰度存在一定的比例关系（张德良等，1987）。

PHABSIM模型模拟过程通过对目标鱼习性的调查了解，分析确定目标鱼种生活中的一些行为特质，并通过一些栖息地的地形及水域信息因子对其进行定义。该方法通过建立目标鱼类加权可利用栖息地面积与河流流量等因素之间的关系，在特定的时序下可以了解目标鱼种在不同生命阶段的权重可利用栖息地面积变化。

二、栖息地面积预测模型原理

栖息地面积预测模型的基础是其水力学模型，模型内部的鱼类栖息地模型及生物水动力模型均是在水力学模型的基础上建立的，模型运行的第一步便是确定所选水域的水力学特征。

（一）水力学模型

栖息地面积预测水力学模型组的基础是一个用以描述具有自由表面的浅水域中流速不恒定且缓慢变化水体运动规律的偏微分方程组——圣维南方程。圣维南方程有三大基本假定：其一，流速在整个过水断面内均匀分布，忽略水体内部垂直方向上的交互作用；其二，河床坡度变化不大，即正切值近似等于正弦值；其三，水体流动状态近似为稳流，水面近似为平面。栖息地面积预测水力学模型组方程如下。

1. 水体质量守恒方程

$$\frac{H}{t} + \frac{q_x}{x} + \frac{q_y}{y} = 0 \tag{7-1}$$

2. X轴向动量守恒方程

$$\frac{q_x}{t} + \frac{(U q_x)}{x} + \frac{(V q_x)}{y} + \frac{g}{2}\frac{H^2}{y} = gH(S_{0x} - S_x) + \frac{1}{\rho}\left[\frac{H\tau_{xx}}{x}\right] + \frac{1}{\rho}\left[\frac{H\tau_{xy}}{y}\right] \tag{7-2}$$

3. Y轴向动量守恒方程

$$\frac{q_y}{t} + \frac{(U q_y)}{x} + \frac{(V q_x)}{y} + \frac{g}{2}\frac{H^2}{y} = gH(S_{0y} - S_y) + \frac{1}{\rho}\left[\frac{H\tau_{yx}}{x}\right] + \frac{1}{\rho}\left[\frac{H\tau_{yy}}{y}\right] \tag{7-3}$$

式中：H——研究位点水深（m）；

U、V——水流速 X 轴方向分量、水流速 Y 轴方向分量（m/s）；

q_x、q_y——流量强度，$q_x = HU$、$q_y = HV$；

g——重力加速度（m/s^2）；

ρ——水体密度（kg/m^3）；

S_{fX}、S_{fY}——河床与水体间摩擦力在 X 轴、Y 轴方向上的分量；

τ_{xx}、τ_{xy}、τ_{yx}、τ_{yy}——水平剪应力张量。

4. 摩擦阻力方程

$$S_x = \frac{\tau_{bx}}{gH} = \frac{\sqrt{U^2 + V^2}}{gH\,C_S^2}U \tag{7-4}$$

$$S_y = \frac{\tau_{by}}{gH} = \frac{\sqrt{U^2 + V^2}}{gH\,C_S^2}V \tag{7-5}$$

式中：τ_{bx}、τ_{by}——X、Y 轴方向的剪应力张量；

C_S——谢才系数，$C_S = 5.75\log(12\dfrac{H}{K_S})$

$$K_S = \frac{12H}{e^m}$$

$$m = \frac{H^{\frac{1}{6}}}{2.5n\,\sqrt{g}} ;$$

5. 剪应力描述方程

$$\tau_{xy} = V_t\left[\frac{U}{y} + \frac{V}{x}\right] \tag{7-6}$$

式中：V_t——黏滞系数，由式

$$V_t = \varepsilon_1 + \varepsilon_2\frac{H\sqrt{U^2 + V^2}}{C_S} + \varepsilon_3^2 H^2\sqrt{2\frac{U}{x} + \left(\frac{U}{y} + \frac{V}{x}\right)^2 + 2\frac{V}{y}}$$

其中 ε_1、ε_2、ε_3 是模型给定的系数。

圣维南方程组是一个泛定方程，模拟水体在非特定条件下的动力学特征，对于具体计算水体，需赋予一定的定解条件才可以进行模拟。模型的计算是一个瞬时过程，通过给定的边界条件使得模拟结果收敛，最终得到唯一解（Steffler et al.，2002）。

（二）栖息地面积预测模型

栖息地面积预测模型中的栖息地面积模型与水力学模型相互独立，根据 PHABSIM 模型对 WUA 进行计算。PHABSIM 模型共有 3 种方式核算河道水域断面计算单元水力学参数指标，分别为：对数回归法（Log Regression）、河流通道输送法（Channel Conveyance）和步推回水法（Step Backwater），根据目标生物对水力学参数的适应型曲线计算 WUA。模型结构如下。

1. 对数回归法

对数回归法是利用相关监测的历史水文数据进行分析，确定河道断面计算单元与水深之间关系的方法。计算方式如下。

$$Q = aD^b \tag{7-7}$$

式中：Q——河道断面计算单元流量（m^3/s）；

D——河道断面计算单元中心点水深（m）；

a，b——参数。

2. 河流通道输送法

河流通道输送法的核心是基于曼宁公式构建的，利用河道断面计算单元的流量和水深数据计算出该河道的曼宁系数（反映河道的粗糙程度），并利用所得的曼宁系数及曼宁公式推导出该断面在不同流量位点的水深。对于均匀流体可以抽象为如下关系。

$$Q = \frac{k}{n} R^{\frac{2}{3}} S^{\frac{1}{2}} = \frac{1}{n}(D) \tag{7-8}$$

式中：Q——河道断面计算单元流量（m^3/s）；

n——糙率，可查表得到；

k——模型转换常量；

R——河道断面计算单元水力半径（m）；

S——河床坡度；

(D)——断面物理构型及河床坡降构成的函数。

3. 步推回水法

步推回水法是利用步推法以河流下游某一断面作为起始面，逐步向上游计算各断面流量和水深的关系。计算方式如下。

$$\frac{n^4 Q^2}{R^{\frac{4}{3}} k^2} = \left(\frac{y_{j+1} - y_j}{x_{j+1} - x_j} \right) (1 - F^2) + S_0 \tag{7-9}$$

式中：Q——河道断面计算单元流量（m^3/s）；

N——糙率，可查表得到；

K——转换常量；

R——河道断面计算单元水力半径（m）；

S_0—河底床坡降；

F——傅里叶系数；

x_j，x_{j+1}——河道 j 及 $j+1$ 断面沿河道方向位置；

y_j，y_{j+1}——河道 j 及 $j+1$ 断面水深（m）。

4. 物种加权可使用栖息的面积 WUA

$$WUA = \sum_{i=1}^{n} CSF(V_i，D_i，C_i) A_i \tag{7-10}$$

式中：$CSF(V_i，D_i，C_i)$——每个影响因子的最适组合值；

i——划分的计算单元；

V——流速相关适应性指数；

D——水深相关适应性指数；

C——河床形态适应性指数；

A_i——每个计算单元面积（m^2）。

（三）弗劳德数

弗劳德数是一种表征水体流动急缓状态的无量纲水力学指数，其计算方式如下式。

$$Fr = \frac{v}{\sqrt{gh}} \tag{7-11}$$

式中：v——计算位点水流的平均流速（m/s）；

h——计算位点水深（m）；

g——重力加速度。

当 $Fr=1$ 时，流体惯性力等于垂直方向上的重力，可认为流体处于临界流动状态，即界于缓流和急流之间的状态。当 $Fr>1$ 时，水流为急流态，水流流速对水体流态状况占主导。

三、模拟结果分析

（一）模拟结果及分析

本节所作模拟计算数据取黄河口实际点位坐标、高程（数据来源于谷歌地图），河道糙率数据为相关工程总结的经验参数。计算结果如下。

图 7-1 中深色代表弗劳德数较低。对比图 7-1 左图和右图，黄河口水体向海方向弗劳德数降低，向岸方向弗劳德数降低，铺设本文所设计生态护岸梯级结构后水体弗劳德数整体明显降低，最大弗劳德数由 0.49 降低为 0.26。抽象认为河口区水体为均质（主要为内含悬浮物均匀），可得出结论河口海岸水

力学条件为：近岸水体流速明显低于离岸水体，在一定范围内向海方向水流速降低，铺设护岸结构后水体流速降低。

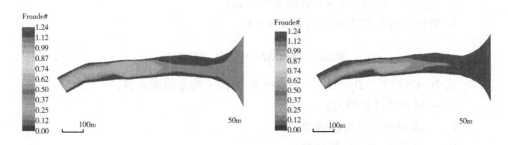

图7-1　铺设前河前后口弗劳德数

模拟结果显示本节所作生态护岸梯级结构设计可以有效提升岸坡坡面粗糙度，降低近岸水体流速，使得近岸水体流速更适合鱼苗育肥、成鱼产卵。水体物理条件更适合目标物种生存。

图7-2中颜色由深灰色域向浅灰色域变化表示区域生物加权可利用栖息地面积升高。对比图7-2左图和右图可明显看出，河口海岸生物权重可利用栖息地面积在生态护岸梯级结构铺设后有明显提升，WUA 由铺设前的246.23提升为325.71（模拟区总面积 $A = 17\,628.12$），WUA 值在总面积中的占比由1.40%提升为1.85%，提升为护岸结构铺设前的1.32倍。

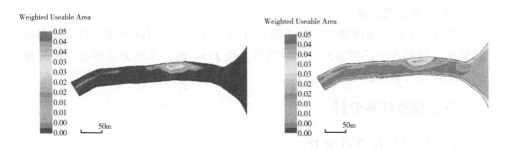

图7-2　铺设前后河口鲈鱼加权可用栖息地面积

结合水体物理性质有关分析，模拟结果显示本文所作生态护岸梯级结构设计可以有效提升区域生物加权可利用栖息地面积（鲈鱼），有较好的水文连通性控制能力及生物连通性提升能力，针对目标物种所做栖息地重建设计有较好的收益。

模拟区 WUA 会随输入流量的变化而发生变化，为了分析护岸结构铺设前后的不同效果，将模拟区水量输入以+10%、+20%、+30%、+40%、+50%比率改变，对比分析铺设护岸结构前后的 *WUA* 变化情况，结果如图7-3所示。

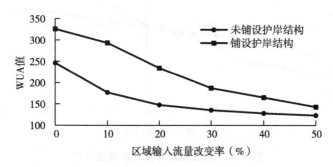

图7-3 *WUA* 随输入流量变化

如图7-3所示，随着模拟区流量输入变大，铺设护岸结构前后 *WUA* 均减小，但铺设护岸结构的区域不同流量条件下 *WUA* 均保持相较未护岸条件下更高的水平。说明生态护岸梯级结构可以更好地提升生物栖息地的抗逆性，使得在较大的环境阻力下，生态护岸梯级结构仍然可以为生物提供较大的生物适应性栖息地面积。

（二）参数敏感性分析

在栖息地面积预测模型计算生物加权可用栖息地面积时，两个主要影响所得结果的输入变量是岸坡粗糙度的变化和鱼类对水环境的适应性曲线。对于鱼类来说，更加适宜的栖息地应该有适宜的水体流速、较少的水沙含量和更加复杂隐蔽的地形，反映在模型中便是栖息地地形粗糙度的变化。本节选取铺设护岸梯级结构前后岸带粗糙度为变量，使其在-50%～+50%变化，观察对模拟结果的影响。结果如图7-4所示。

护岸梯级结构铺设前后 *WUA* 变化率如图7-4所示，铺设护岸梯级结构前 *WUA* 在岸坡粗糙度发生变化时有更高的改变频率，表现为对岸坡粗糙度变化响应更加强烈，即更加敏感。在未铺设护岸结构的自然坡面，水生植物较少，坡面土体直接裸露，河道粗糙度较低，在这种情况下通过提升河道粗糙度，可以获得更多的生物可用栖息地面积。而铺设了护岸结构后的岸坡粗糙度有所升高，岸坡粗糙度对区域生物可用栖息地面积的限制程度有所下降，表现为模型响应敏感性下降。通过增大岸坡粗糙度来增加重构的栖息地面积是河口海岸生态护岸的一种可行的思路。

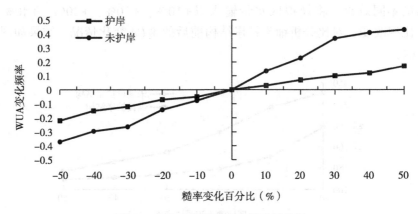

图 7-4　*WUA* 随糙率变化敏感性分析

第二节　栖息地重建效果模拟研究

栖息地面积预测模型将鱼类的环境适应性参数与水力学指标联系起来，进而模拟鱼类适应性栖息地面积变化，在整个栖息地重建过程中仅仅对应了护岸结构铺设引起的水力学条件变化和鱼类适应性栖息地面积之间的关系，对生物种丰度变化这一可以直观感受到的生态收益却无法预测。本节期望依据栖息地面积预测模型的模拟结果，通过一种模拟重建效果量化解析模型，模拟鱼群个体数量对生态护岸梯级结构建立的响应情况。

一、模型种类的确定

确定性模型（Deterministic model）是一个完全固定的因果关系，类比进行数学模型的建立对应着一个完全确定的函数关系，即函数中不含任何未定参数。当模拟鱼种群数量变化时，自变量确定为时间是比较合适的。而选取确定性模型模拟鱼种群数量变化时，会得到一个恒定模型：$f(t) =$ 种群个体数，而与其他参数无关，这显然是不符合客观事实的。

随机性模型（Stochastic model）是将随机变量作为参数，而参数与参数间联系、参数和自变量之间的联系也是随机的，可以如实地反映模型系统内的因果关系。在进行鱼群个体数与栖息地面积间模拟时，可认为鱼群个体数服从一定的概率分布，而影响其分布概率的附加条件可从环境中获得。本节认为鱼群的个体数服从随机性模型发生变化。

　　这里计算以鲈鱼为例，鲈鱼的生长过程周期性明确，即幼鱼破膜—成鱼—死亡。在一个较长的时间序列中，对一个较大水域鲈鱼种群多次取样，每次取样结果是相互独立、离散分布的。但从连续的时间线来看，鲈鱼种群中时刻存在个体数量变化，因此瞬时变化是服从连续分布的。根据连续性分布的生物种群各个瞬时个体数变化规律可构建微分方程，将得到的微分方程离散化，便得到描述长时序、较大范围内水域中鲈鱼种群个体数的差分方程。利用该差分方程的离散性进行数据输入，将得到的离散数据响应结果逼近微分方程，最终得到服从连续性生物种群个体数量对环境变化的响应规律数学模型——重建效果量化解析模型。逼近过程中仅需将微分方程中的参数（随机性模型的性质决定这些参数可以视为时间的函数）关系进行变化，便可得到差分方程的目标解。逼近计算前后，模型中仅存在待求系数的不同，保证了较好的模拟结果。

二、模型的构建

（一）模型建立的假定条件

（1）模拟鱼群自然死亡率设为定值，设为常数 D。

（2）模拟鱼群不具繁殖能力的幼鱼与具繁殖能力的成鱼数成正比关系，比例系数为 A，A 为时间的函数。

（3）模拟鱼群中幼鱼单位时间的死亡数量和成鱼数量成正比关系，比例系数为 B，B 为时间的函数。

（4）模拟鱼群每繁殖期结束时有一定百分比幼鱼长成为成鱼，变异数量与幼鱼总数成正比，变异系数为 C，C 为时间的函数。

（5）模拟鱼群选定较大范围，迁入迁出率对等且维持相对恒定。

（二）模型构建

1. 重建效果量化解析模型的构建

根据前文假设构建方程组如下。

$$Y(t) = A X_n \tag{7-12}$$

$$\frac{dZ}{dt} = -B X_n \tag{7-13}$$

$$X_{n+1} = (1-D) C Y(t_b) \tag{7-14}$$

式中：$Y(t)$——繁殖周期内，时刻 t 幼鱼的数量（尾）；

X_n——第 n 个繁殖周期内，时刻 t 成鱼的数量（尾）；

n（第 n 繁殖期）$\leqslant t_a$（繁殖期开始时间）$\leqslant t \leqslant t_b$（繁殖期结束时间）$\leqslant$

$n+1$（第 $n+1$ 繁殖期）（赵志模等，1990）。

经计算得差分方程如下。

$$X_{n+1} = a X_n e^{-bX_n} \tag{7-15}$$

$a = (1-D) CA$、$b = B (t_b - t_a)$，该差分方程无结果的显式，求解采用递推法。

2. 生物栖息地供需关系模型构建

将时间离散为繁殖周期，第 n 个繁殖周期内，栖息地需求量记为 Y_n，当前种内对栖息地竞争强度记为 Z_n。在同一周期内竞争强度取决于栖息地需求量，$Z_n = f(Y_n)$。下一周期，栖息地需求量取决于上一周期和本周期内竞争强度 $Y_n = g(Z_n, Z_{n+1})$。围绕两曲线交点 P，可取方程组如下（Y_{n+1} 做线性近似变换）。

$$Z_n = Z_0 - \alpha(Y_n - Y_0) \tag{7-16}$$

$$Y_{n+1} = g(Z_0) + \frac{\beta}{2}(Z_n + Z_{n+1} - 2Z_0) \tag{7-17}$$

经整理得：

$$2Y_{n+2} + \alpha Y_{n+1} + \alpha Y_n = (1+\alpha) Y_0 \tag{7-18}$$

式中：α、β 为参数，与鱼类受栖息地胁迫响应状态有关（赵志模，1990），$\alpha\beta$ 取为 $1 - \dfrac{1}{a}$。

三、模拟结果分析

（一）重建效果量化解析模型模拟结果

令 $X_0 = 1$（表示 1 000 尾，取为一个计算单位），每条雌性鲈鱼产卵取为 70 000 粒（怀卵量均值），自然死亡率取为 0.08，可求得 $b = 1.2$。

C 表示幼鱼成长为成鱼的比率，该值对于 WUA 值的变化响应极为敏感，以 WUA 为其取值计算的依据。计算得到铺设护岸梯级结构前后 a 值分别为 2.46 和 3.25。则铺设护岸梯级结构前后差分方程变为 $X_{n+1} = 2.46 X_n e^{-1.2X_n}$ 和 $X_{n+1} = 3.25 X_n e^{-1.2X_n}$，对模型进行步推计算，结果如图 7-5 所示。

不同繁殖周期新增成鱼数与区域原有成鱼数比值如图 7-5 所示，在自然岸带条件下，新增成鱼占比变化率从第 5 个生殖周期开始不再发生改变（变化率小于 1‰），维持在 0.750 1，即每繁殖周期新增成鱼数仅为区域初始成鱼数量的 75.01%。铺设护岸梯级结构后，新增成鱼占比变化率停滞，变化周期

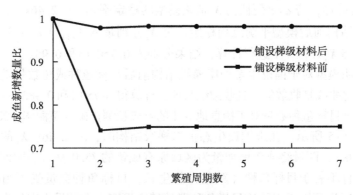

图 7-5　新增成鱼比率随繁殖周期变化

数未发生改变（变化率小于 1‰），最终新增成鱼占比为 0.982 2，即每繁殖周期新增成鱼数为区域初始成鱼数量的 98.22%。

（二）生物栖息地供需关系模型模拟结果

铺设护岸结构前 $\alpha\beta = 1 - \dfrac{1}{2.46} = 0.59$，铺设护岸结构后 $\alpha\beta = 1 - \dfrac{1}{3.25} = 0.69$。方程特征根 $|r_{1,2}| = \dfrac{-\alpha \pm \sqrt{(\alpha)^2 - 8\alpha}}{4}$，则铺设前 $|r| = 0.34$，铺设后 $|r| = 0.31$，均小于 1，方程解稳定存在，可进行后续讨论分析。

四、讨论

（一）模型的平衡点及稳定性分析

1. 重建效果量化解析模型分析

本文所设计生态护岸梯级结构的服务期限为 100 年，但受限于所构建的模型无显性解的条件，关于鱼种数量变化的计算分析仅能通过步推法实现，如前文所示，仅仅计算了 6 个生殖周期。无法对护岸结构漫长的服务期内，目标种对重建的栖息地的响应情况进行定量的科学分析。差分方程平衡点的存在很好地解决了这个问题。

对于本文构建的模型 $X_{n+1} = a X_n e^{-bX_n}$，若存在 X_i 使得等式 $X_i = a X_i e^{-bX_i}$ 成立并存在唯一解，则认为 X_i 是该模型的平衡点。

经计算，模型平衡点为 $X_i = \dfrac{\ln a}{b}$。将方程变形为 $'_{(x)} = a e^{-bX_i}(1 - bX_i) = 1 -$

$\ln a$，最后可得，若 $a < e^2$ 便认为 X_i 是该模型的稳定平衡点，$2.46 < e^2$；$3.25 < e^2$，铺设护岸结构前后模型平衡点均稳定。将 X_i 分别带入 $X_{n+1} = 2.46 X_n e^{-1.2X_n}$ 和 $X_{n+1} = 3.25 X_n e^{-1.2X_n}$ 中进行计算，结果分别为 0.750 13 和 0.982 21。

这表明模型对于铺设生态护岸梯级结构前后目标鱼种成鱼数量随生殖周期增加量变化曲线是收敛的，且收敛线与前文计算得 0.750 1 和 0.982 2 一致，可认为模型对于目标鱼种数量对于栖息地变化的响应预测正确（董丽华，2008）。

如图 7-5 所示，在未铺设生态护岸梯级结构时，$a = 2.46$，X_n 的稳态趋向值为 0.750 1，即最终成鱼增加量为区域原有成鱼的 75.01%，表明河口海岸水体水文条件不利于目标鱼种（鲈鱼）的生长，目标鱼种数量受可用栖息地的限制，表现为环境因素胁迫目标鱼种群的健康发育。在铺设生态护岸梯级结构后，a 上升为 3.25，X_n 的稳态趋向值上升为 0.982 21，即最终成鱼增加量为区域原有成鱼的 98.22%，表明河口海岸在栖息地重建后目标鱼种的数量变化状态保持稳定，说明生态护岸梯级结构可以有效地为目标鱼种提供栖息地改善区域生境质量。

2. 生物栖息地供需关系模拟分析

由式 7-14 计算结果知，本文构建的栖息地供需关系模型特征根存在且小于 1，方程的解是稳定的，即存在 $Y_{n+1} = Y_n = Y_0$ 使得等式成立。即方程变形为 $2 Y_{n+2} + \alpha Y_n + \alpha Y_n = (1 + \alpha) Y_n$，可整理为 $Y_{n+2} = \dfrac{1}{2\alpha} Y_n$。

从式中可得，当栖息地条件稳定时（a 值一定），Y 值在单个计算周期内平衡点是不稳定的，反映在栖息地需求量上是在单个生殖周期内栖息地需求量增长是发散的。栖息地需求量增长在两个繁殖周期之间是稳定的，即与在第 5 生殖周期（经过 4 个周期）达到种群数量增速稳定结果一致。

铺设护岸梯级结构前，$Y_{n+2} = 0.203 Y_n$；铺设护岸梯级结构后，$Y_{n+2} = 0.154 Y_n$。系数 $\dfrac{1}{2\alpha}$ 可以理解为：随繁殖周期（时间参量）种内竞争强度系数，系数值约大，竞争强度越大。铺设护岸结构前后，种内竞争强度系数分别为 0.203 和 0.154.。护岸结构铺设后种内竞争强度下降了 24.13%，即认为铺设护岸结构有助于缓解生物种内由栖息地竞争主导的竞争强度，针对性设计的栖息地重建生态护岸结构对生物种群正向发展有良好的促进作用。

（二）参数敏感性分析

1. 重建效果量化解析模型参数敏感性

模型构建假定之一：每繁殖期结束有一部分（参数 C）幼鱼成长为成鱼。

该假定是本文建立模型的基础，同时也是对栖息地变化最为敏感的变参，模型模拟的结果状态可由该参数的变化得到极好的结论——区域哪种状态对栖息地变化响应更加敏感。将参数 C 进行一定程度的改变，变化范围选为-50% ~ $+50\%$。模型模拟结果的响应如下。

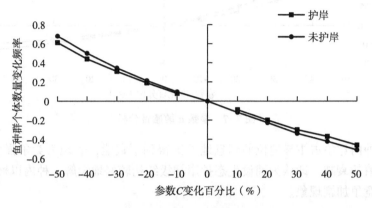

图7-6　参数 C 敏感性分析

如图 7-6 所示，未铺设生态护岸梯级结构的鱼群变化频率较铺设后随参数 C 变化斜率更大，即未铺设护岸结构时鱼群对参数 C 的变化响应更加敏感。参数 C 是一个受生物加权可用栖息地面积控制的时间的函数，即可认为未铺设护岸结构时鱼种群个体数量变化频率对栖息地面积响应更加敏感，可解释为未铺设护岸结构时，区域栖息地面积是目标种群健康发展的主要胁迫要素，在铺设护岸结构后相应的胁迫强度有所下降。

2. 生物栖息地供需关系模型参数敏感性

模型构建时假定区域间物种竞争强度与栖息地面积相关，该假定是模型成立基础。竞争强度是一个时间函数，通过参数 a 的变化可以得出护岸结构铺设前后，种内竞争强度对栖息地面积变化的敏感性。本节将铺设护岸结构前后的参数 a 在-50% ~ $+50\%$变化，观察种内竞争强度的响应情况，结果如图 7-7 所示，未铺设生态护岸梯级结构时增大和减小栖息地面积（参数 a 变化），种内竞争强度相较铺设后响应均更加强烈。在减小栖息地时，未铺设护岸结构情况下，随栖息地面积降低，种内竞争强度较铺设护岸结构情况下增加得更多，表明此时以栖息地的利用为主导的种内矛盾尖锐化，若自然条件下栖息地丧失现象加剧，会导致生物数量大幅下降。在增大栖息地时，未铺设护岸结构情况下，随栖息地面积增大，种内竞争强度相较铺设护岸结构情况下减少得更多，

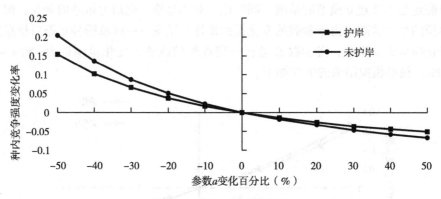

图 7-7 参数 *a* 敏感性分析

表明在种内竞争占主导地位的栖息地冲突得到了宣泄，表现为竞争强度更快、更大量值的衰减。即认为铺设生态护岸梯级结构较好地缓解了种内以栖息地为主导的竞争加剧现象。

参考文献

董丽华，2008. 差分方程的平衡点及其稳定性分析［J］. 牡丹江大学学报（6）：115-116.

张德良，张大雄，1987. 中国大百科全书 74 卷 力学 流体力学［M］. 北京：中国大百科全书出版社.

赵鹏程，陈东田，刘雪，等，2011. 河道生态建设的技术研究［J］. 中国农学通报，27（8）：291-295.

赵志模，郭依泉，1990. 群落生态学原理与方法［M］. 重庆：科学技术文献出版社重庆分社.

BILKOVIC D M，MITCHELL M M，2013. Ecological tradeoffs of stabilized salt marshes as a shoreline protection strategy：effects of artificial structures on macrobenthic assemblages［J］. Ecological Engineering，61：469-481.

BROWNE M A，CHAPMAN M G，2011. Ecologically informed engineering reduces loss of intertidalbiodiversity on artificial shorelines［J］. Environmental Science & Technology，45（19）：8204-8207.

CHUN Z J，ZHUO P B，2003. Study on riparian zone and the restoration and rebuilding of its degraded ecosystem［J］. Acta Ecologica Sinica，23（1）：

56-63.

GARCIA D, JALÓN DE, MAYO M, 1996. Characterization of spanish pyrenean stream habitat: relationships between fish communities and their habitat [J]. Regulated Rivers: Research & Management, 10 (2): 305-316.

LARSEN E W, GIRVETZ E H, FREMIER A K, 2007. Landscape level planning in alluvial riparian floodplain ecosystems: using geomorphic modeling to avoid conflicts between human infrastructure and habitat conservation [J]. Landscape and Urban Planning, 79 (3-4): 338-346.

STEFFLER P, BLACKBURN J, 2002. River2d, two dimensional depth averaged model of river hydrodynamics and fish habitat: introduction to depth averaged modeling and user's manual [R]. Canada: University of Alberta.

YING X M, LI L, 2006. Review on instream flow incremental methodology (IFIM) and applications [J]. Acta Ecologica Sinica, 26 (5): 1567-1573.